ベクトル解析の基礎から学ぶ

電磁気学

浜松芳夫 著
Yoshio Hamamatsu

森北出版株式会社

まえがき

電気・電子系の学科において専門科目の学習に入ると，ほとんどの大学において，基礎として「電気回路」「電磁気学」の２科目を学ぶことになります．しかし，電気回路に比べ，抽象的な部分が多い電磁気学を苦手にしている学生が多いように感じます．この電磁気学は，電気・電子系の学科だけでなく，理学部の物理学科でも学習しますが，理学部では真理を探求するという部分に主眼が置かれています．一方，工学部では，原理を理解して，応用に繋げるというところに主眼が置かれます．このような観点からすると，もちろん，問題が解けることは重要なのですが，式のみを暗記してその問題が解けたとしても，なぜその式が成り立つのかを理解していないと応用することができません．別の言葉でいえば，知識が多いことはよいことですが，それだけでは役に立ちません．知識を自分の中で十分に理解（消化）し，知恵にすることで，初めて応用が可能になります．「数学はもっとも厳密な言葉である」ということを聞いたことがあるかも知れません．解析結果として得られた式は，いろいろなことを私たちに教えてくれます．この点を考慮して本書では，なぜその数式が成り立つのか，あるいは数式のもつ意味を解説することに努めました．さらに，独習を意識して，数式の展開や導出には極力飛び越しのないように記述しました．

初めにも述べたように，電磁気学を苦手にしてしまう理由に，抽象的な部分が多いという以外にも，ベクトルの微分や積分といった数学的にも高度なものを使うために数学に気をとられ，本来の電磁気学まで手が回らないといったこともあるかもしれません．しかし，電界は，クーロンの法則を場の概念によって拡張したものであり，方向成分を抜きにして考えることはできません．

本書では，第２章でベクトル解析に関して詳しく記述しています．これは，その後に続く電磁気学を理解するために必要最小限の内容としました．また，私たちは一般に，一度聞いただけで完璧に理解することは不可能に近く，何度も似たような話を聞くことにより，徐々に理解が深まっていきます．実際の電磁気学の内容に入ってからも，適宜第２章を見返すことにより，ベクトルに関する理解が深まると思います．このため，本書では相互参照をできるだけ多用し，第３章以降の学習において，第２章のどこを参照すればよいかを明示しています．

初めて電磁気学を学習する学生にとって，電磁気学は内容的にも難しい学問分野であることは確かだと思います．あるサッカー選手が暑い日の試合において「寒い」と思い込むことによって試合中ずっと走り回れると聞いたことがあります．同じように，

どのような学問を学ぶ場合であっても，自分自身の経験からも

『難しい → 理解しがたい学問 → あきらめ』

のように負のスパイラルに陥ってしまわないように，『難しくない・おもしろい』と思い込むことも効果があると思います．あきらめずに学習を継続することが重要であると考えます．

最後に，このような機会をいただきました森北出版株式会社，および章立てなどについていろいろと議論いただきました藤原祐介氏，丸山隆一氏，塚田真弓氏に感謝申し上げます．また，細部にわたり丁寧に文章の校正をしていただきました森本靖子氏にも感謝申し上げます．

下記 Web サイトに，例題・演習問題を何点か追加したものを用意しました．学習に役立てていただければ幸いです．

http://www.morikita.co.jp/books/mid/077491

2014 年 10 月

著　者

もくじ

第1章 電磁気学の概要

1.1 電磁気学は何をする学問なのか

電気系の学科において，基礎科目に「電磁気学」と「電気回路」があります．電気回路に比べて，電磁気学は抽象的な部分が多く，苦手にしている学生が多いようです．

「電磁気学は何をする学問なのか」という問いに対しては，電気現象や磁気現象について，その本質を理解するための学問であるといえます．たとえば，電流は電子の移動であり，電流の方向とは逆向きであることはすでに聞いたことがあると思いますが，「電子の移動方向が逆向きであるという事実が電流方向を考慮したさまざまな理論となぜ矛盾しないのか」あるいは「導体内を移動する電子の平均速度はどの程度なのか」といった本質的な部分を理解する学問が電磁気学です．また，「電磁気学をマスターした」＝「マクスウェルの方程式が理解できた」といっても過言ではありません．このことから，電磁気学はマクスウェルの方程式を理解するための学問ともいえます．

1.2 なぜ電磁気学でベクトルを使うのか

本書の特徴は「ベクトル解析を丁寧に説明している」という点にあります．実際，昨今の電磁気学のテキストにおいて，ベクトル表記を用いると難しく見える，学生には理解しづらい，ということからベクトルを用いずに書かれているものも多くあります．それに対し，本書では「**ベクトル表記は便利**」，「**実は，そんなに難しくない**」といったことを伝えるために「ベクトル解析の基礎＋電磁気学」という構成にしました．ここでは，なぜベクトルが必要になるかを説明することにします．

→ 電磁気学で扱う量って？

これから電磁気学で扱う電界や磁界は，高校でも学習した「力」と同じように，「大きさ」と「方向」をもったベクトル量になります．磁界中に置かれた電流に力がはたらくこと（フレミングの左手の法則）を利用したモータでは，力の大きさ（スカラ量）だけでなく，その方向が重要となります．

→ ベクトルで表現すると式が簡素に？

前述のフレミングの左手の法則を例にとります．フレミングの左手の法則は，左手の親指，人差し指，中指をそれぞれが直角になるように広げて**力**，**磁界**，**電流**の方向をそれぞれ示すというものでした．また，電流が受ける力の大きさは，磁界（磁束密度）と電流の積の形で得られ，$F = BI\sin\theta$（θ は電流と磁束密度のなす角）のように習ったと思います．しかし，以上の説明では，力の大きさ（スカラ量）と方向（ベクトル）が別々に説明されています．

図 1.1 に，電流と磁束密度の方向，および電流が受ける力の方向を示します．ここで，ベクトル解析の基礎である**ベクトル積**（**外積**）（☞ 2.2.2 項）を用いることにより，力 $\boldsymbol{F}$ は

$$
\begin{aligned}
\boldsymbol{F} &= \boldsymbol{I} \times \boldsymbol{B} = (I\boldsymbol{a}_x) \times (B_x\boldsymbol{a}_x + B_y\boldsymbol{a}_y) \\
&= IB_x(\boldsymbol{a}_x \times \boldsymbol{a}_x) + IB_y(\boldsymbol{a}_x \times \boldsymbol{a}_y) \\
&= \boldsymbol{0} + IB_y\boldsymbol{a}_z \\
&= IB\sin\theta\boldsymbol{a}_z
\end{aligned} \tag{1.1}
$$

のように，方向も含めて求めることができます．この演算結果を言葉にすれば，「電流が x 方向成分，磁束密度が x, y 方向成分をもつとき，電流が受ける力の方向は z 方向となり，その力の大きさは $IB\sin\theta$ となる」となります．このように，ベクトルを用いると 3 次元空間における演算が可能になり，フレミングの左手の法則を式 (1.1) に示した $\boldsymbol{F} = \boldsymbol{I} \times \boldsymbol{B}$ のように簡素な形の式に表現することができます．

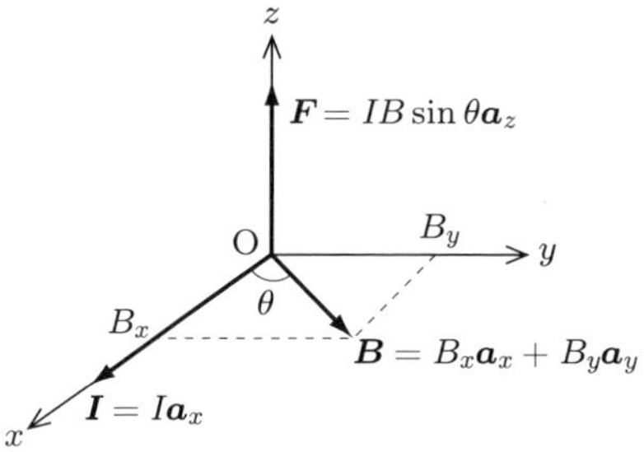

図 1.1　電流と磁束密度と力の関係

→ **ベクトル解析って何？**

ある一つの物体に異なる方向から二つの力を加えたとします．もちろん，物体はある一方向に動くことになります．この方向は，加えた二つの力のベクトル和により求められます．これはベクトル演算（ベクトル＋演算）で，前述のフレミングの法則でも**ベクトル積**（**外積**）というベクトル演算が使われていました．ベクトル解析（ベクトル＋解析）では，ベクトル量の微分や積分なども行うことになります．しかし一般に，大学の低学年時の段階では，数学でもそのような計算を扱うことはほとんどありません．したがって，「なじみがない」ので一見難しそうにみえます．しかし，計算自体はただの微分積分や線形代数なので，慣れてしまえば難しくはありません．

いま，ここでは理解する必要はありませんが（ふ〜ん，て感じで），電界 $\boldsymbol{E}$（ベクトル量）と電位 V（スカラ量）の関係は，微分演算子 ∇（ハミルトンの演算子）を使って，$\boldsymbol{E} = -\nabla V$ のように簡素な形に表現できます．さらに，電磁界理論の基本法則であり，前述したように電磁気学の到達点であるマクスウェルの方程式（微分形）も，以下のように表現できます．

$$\nabla \times \boldsymbol{H} = \boldsymbol{J}_c + \frac{\partial \boldsymbol{D}}{\partial t} \tag{1.2}$$

$$\nabla \times \boldsymbol{E} = -\frac{\partial \boldsymbol{B}}{\partial t} \tag{1.3}$$

$$\nabla \cdot \boldsymbol{D} = \rho \tag{1.4}$$

$$\nabla \cdot \boldsymbol{B} = 0 \tag{1.5}$$

これら四つの式中にも，$\nabla = \dfrac{\partial}{\partial x}\boldsymbol{a}_x + \dfrac{\partial}{\partial y}\boldsymbol{a}_y + \dfrac{\partial}{\partial z}\boldsymbol{a}_z$ や $\dfrac{\partial}{\partial t}$（時間による偏微分）が入っています．このように，電磁界理論の基本法則であるマクスウェルの方程式自体がベクトル解析を用いて表現されています．ここで，一つめの式 (1.2) をスカラで表すと

$$\frac{\partial H_z}{\partial y} - \frac{\partial H_y}{\partial z} = J_{cx} + \frac{\partial D_x}{\partial t} \tag{1.6}$$

$$\frac{\partial H_x}{\partial z} - \frac{\partial H_z}{\partial x} = J_{cy} + \frac{\partial D_y}{\partial t} \tag{1.7}$$

$$\frac{\partial H_y}{\partial x} - \frac{\partial H_x}{\partial y} = J_{cz} + \frac{\partial D_z}{\partial t} \tag{1.8}$$

と 3 本のややこしい式になってしまいます．情報量が多すぎる表記は，ともすると全体像を見失ってしまうことがあります．式 (1.2) の表現のほうが，式 (1.6)〜(1.8) よりも

「**磁界を微分**（**回転という**）**したものは，電流**（**伝導電流＋変位電流**）**に等しい**」

という意味を表していることを容易に認識することができます．このように，電磁気学を理解するためにはベクトル解析についても十分に理解しておく必要があります．

1.3　電磁気学のロードマップ

ほかの学問分野でも同じですが，電磁気学を学習して理解するためには，ある程度は電磁気学の発展に沿って学ぶ必要があります．算数では，和や差の計算を習ってから掛け算を習います．同じ数をいくつも足すときには，掛け算を使えば簡単に求められます．掛け算を先に習うことはありません．電磁気学でも，電界の話の前に必ずクーロンの法則の話が出てきます．このように，歴史的背景も含め，理解のしやすさという観点から，学習の順序はほぼ決まってきます．ここで，大まかに本書で扱うことになる電磁気学の学習のロードマップを示すと，図1.2のような流れになります．

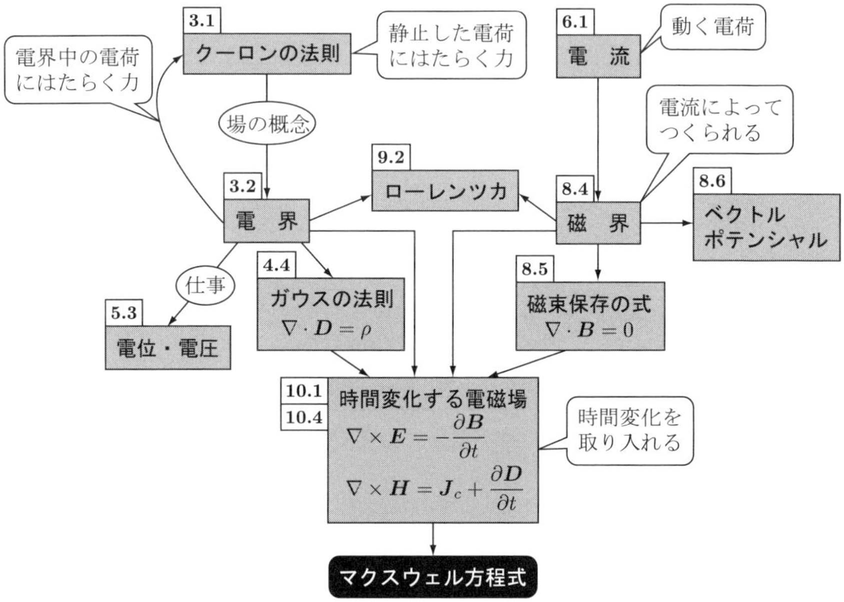

図 **1.2**　電磁気学のロードマップ

まず本書では，具体的な電磁気学の話は第3章から始まります．クーロンの法則（クーロン力）に場の概念を用いることにより，単位電荷にはたらく力から電界が定義されます．つぎに，この電界中の電荷にはたらく力による仕事から，単位電荷に対する仕事量として，電位および電圧が定義されます．ここまでが電気に関する話で，第8章からは電気と磁気の話になります．電流が磁界をつくりだすことはすでに高校の物理などでも習っていると思いますが，電流はベクトルポテンシャルとよばれる物理量を介在として磁界を発生させます．電界中に置かれた電荷には力がはたらきますが，磁界中で運動する電荷にも力がはたらきます．電界と磁界の両方によって電荷にはたらく力がローレンツ力です．そして，電界と磁界の両方が時間的に変化することにより電磁波が発生しますが，その基本法則として，第 12 章のマクスウェルの方程式があります．マクスウェルの方程式は，第 4 章，第 8 章，第 10 章の各章で導かれた 4 本の方程式から成ります．このマクスウェルの方程式を解くことにより，波として空間をどのように電磁波が伝播するかが明らかになります．

第2章 ベクトル解析

第1章で述べたことからも，ベクトル解析は「電磁気学」を学ぶうえで理解しておかなければならない項目の一つであることは理解できたと思います．高校の物理などで，ベクトル量とは大きさと方向をもつ量であり，大きさだけをもつ量をスカラ量ということは習ったと思います．これから電磁気学で扱う電界や磁界などは，大きさだけでなく方向ももっていますので，電磁気学を学ぶうえで，ベクトルに関する演算には十分に慣れておく必要があります．

本章は，第3章以降の学習に入った後でも適宜必要な部分に戻って読み直すことにができるように，相互参照を多用してあります．読み直すことにより理解が深まりますし，徐々にベクトル表記に慣れていきますから，難しく感じることも少なくなると思います．

2.1 ベクトルの構造

スカラ量は大きさのみを，ベクトル量は大きさと方向をもつ量でした．では，このベクトルを数学的に表すにはどのようにすればよいのでしょうか．本書では，スカラ量を表す文字には細字 A, B, C, a, b, c などを用い，ベクトル量を表す文字には太字 $\boldsymbol{A},\boldsymbol{B},\boldsymbol{C},\boldsymbol{a},\boldsymbol{b},\boldsymbol{c}$ などを用いて，両者を区別することにします．

2.1.1 単位ベクトルの導入

図 2.1 のように，3 次元空間における 10 [A] の電流 $\boldsymbol{I}$ をベクトル量としてどのように表すかを考えてみます (☞ 6.1 節)．まず，この電流を言葉で説明してみることにします．

① a から b の方向に 10 [A] の電流が流れている

あるいは，逆に考えて，以下のように説明することもできます．

② b から a の方向に -10 [A] の電流が流れている

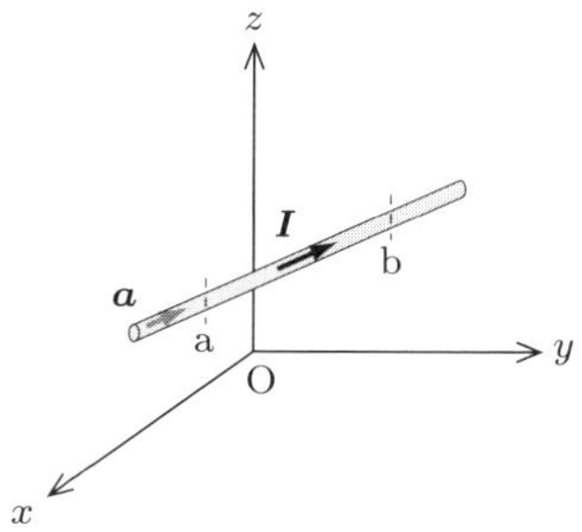

図 **2.1**　3 次元空間における電流 $\boldsymbol{I}$

以上の二つの説明は，空間にある電流を的確に表してはいますが，言葉なので計算には適していません．そこで，これを数学的に表すために，図 2.1 に示した**単位ベクトル** $\boldsymbol{a}$ を導入します．単位ベクトルの大きさは，**積の単位元**（$x \times a = x$ となる $a = 1$）である 1 とします．

そして，$\boldsymbol{I}$ をベクトルの大きさを表すスカラ量（この場合は，10 [A]）と，方向を示す単位ベクトル $\boldsymbol{a}$ の積の形で表します．すると，先ほどの言葉による表現は

① $10\,\boldsymbol{a}$ [A]

② $-10(-\boldsymbol{a}) = 10\,\boldsymbol{a}$ [A]

となり，①，②ともに同じベクトルを表していることがわかります．これが数学的なベクトル表現になります．

■ 2.1.2　2 次元のベクトル

まず，考えやすい 2 次元のベクトルから考えてみます．図 2.2 のように，x-y 座標に任意のベクトル $\boldsymbol{C}$ があるとします．$\boldsymbol{C}$ の大きさ（長さ）を C とします．そして，ベクトル $\boldsymbol{C}$ は，前述のとおり次式のように定義します．

$$\boldsymbol{C} = C\,\boldsymbol{a} (= |\boldsymbol{C}|\boldsymbol{a}) \tag{2.1}$$

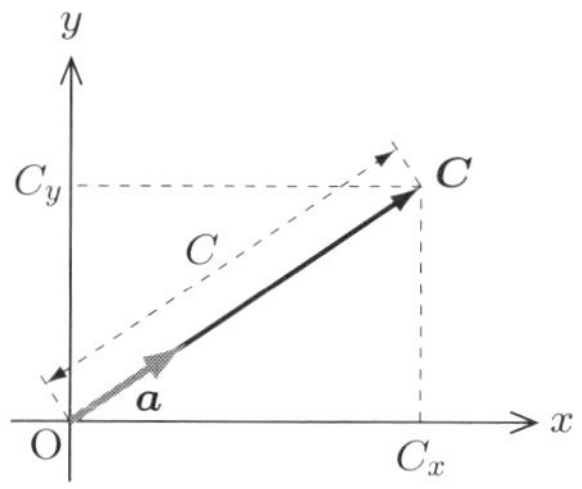

図 **2.2**　2 次元のベクトル $\boldsymbol{C}$

ここで，この式 (2.1) の最後の ( ) 内の $|\boldsymbol{C}|$ ですが，このように $\boldsymbol{C}$ に絶対値の記号 $|\ |$ を付けてベクトル $\boldsymbol{C}$ の大きさを表します．これは，図 2.2 からもわかるように，三平方の定理を使って

$$|\boldsymbol{C}| = C = \sqrt{{C_x}^2 + {C_y}^2} \tag{2.2}$$

となることから，このような記号が使われています．また，単位ベクトル $\boldsymbol{a}$ は，式 (2.1) を変形すれば

$$\boldsymbol{a} = \frac{\boldsymbol{C}}{|\boldsymbol{C}|} = \frac{\boldsymbol{C}}{C} \tag{2.3}$$

で求めることができます．

■ 2.1.3　ベクトルの和と差の概念

いま，図 2.3(a) のように，二つの任意のベクトル $\boldsymbol{A}$，$\boldsymbol{B}$ があるとします．ここで，図に示すように，ベクトルを表す矢印の矢のほうを終点，逆のほうを始点とよぶことにします．この二つのベクトルの和 $\boldsymbol{A}+\boldsymbol{B}$ は，つぎのように定義されています．

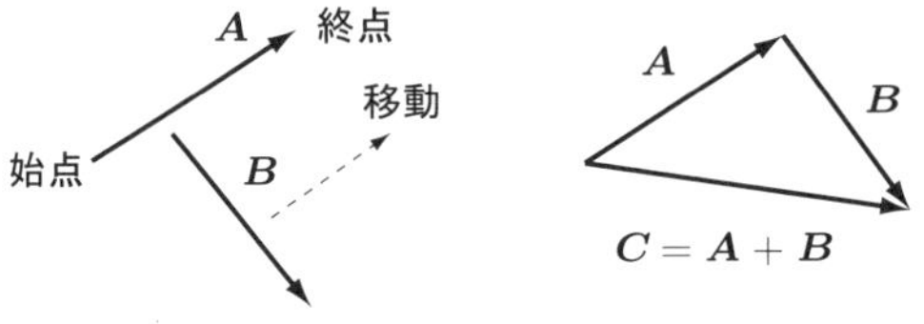

(a)　(b)

図 2.3　ベクトル $\boldsymbol{A}$ とベクトル $\boldsymbol{B}$ の和

まず，ベクトルは平行移動しても変わりませんから，$\boldsymbol{B}$ の始点を $\boldsymbol{A}$ の終点になるように平行移動します（図 (b) 参照）．つぎに，$\boldsymbol{A}$ の始点から $\boldsymbol{B}$ の終点に向かう新しい $\boldsymbol{C}$ というベクトルを描きます．この $\boldsymbol{C}$ を $\boldsymbol{A}$ と $\boldsymbol{B}$ のベクトル和とよび，式では

$$\boldsymbol{C} = \boldsymbol{A} + \boldsymbol{B} \tag{2.4}$$

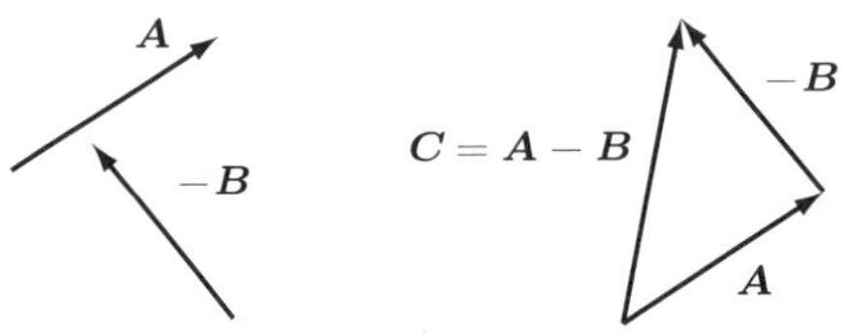

(a)　(b)

図 2.4　ベクトル $\boldsymbol{A}$ とベクトル $\boldsymbol{B}$ の差，またはベクトル $\boldsymbol{A}$ とベクトル $-\boldsymbol{B}$ の和

のように書きます．

つぎに，ベクトルの差ですが，$c = a - b$ という演算は $c = a + (-b)$ と等価です．$-\boldsymbol{B}$ というベクトルは，$\boldsymbol{B}$ と大きさが同じで方向が逆のベクトルを表しています．したがって，$\boldsymbol{A} - \boldsymbol{B}$ の演算は，図 2.3 の和の場合と同じようにして，図 2.4 のようになります．

■ 2.1.4　ベクトルの成分

電磁気学では，よく「ベクトルの成分」といういい方をします．ここで，ベクトルの成分について解説します．まずその前に，ベクトルの分解について考えてみましょう．図 2.2 を例にとります．図 2.2 の $\boldsymbol{C}$ を x 方向と y 方向とに分解したものを，図 2.5 に示します．図では，x 方向のベクトルを $\boldsymbol{A}$，y 方向のベクトルを $\boldsymbol{B}$ としています．

このように分解できることは，「ある物体が原点 O にあり，$\boldsymbol{C}$ という力がこの物体に加わったときと，$\boldsymbol{A}$ と $\boldsymbol{B}$ という二つの力が物体に同時に加わったときの物体の動きは同じになる」という例からもわかります．

この文章は，ベクトルの和の物理的な意味を表していますので，「　」内の文章を式で表すと

$$\boldsymbol{C} = \boldsymbol{A} + \boldsymbol{B} \tag{2.5}$$

と書くことができ，当然ですが，式 (2.4) に一致します．そして，この式 (2.5) の右辺を式 (2.1) のようにベクトルの大きさと x, y 方向の単位ベクトルを使った式の形に書き換えると，図 2.5 からも明らかなように

$$\boldsymbol{C} = \boldsymbol{A} + \boldsymbol{B} = C_x\,\boldsymbol{a}_x + C_y\,\boldsymbol{a}_y \tag{2.6}$$

となります．この式 (2.6) の形は，ベクトルを 3 次元で扱うときの基本となります．ここで着目してもらいたいのは，単位ベクトル $\boldsymbol{a}_x$ と $\boldsymbol{a}_y$ とがたがいに直交している点です．その理由は，「**ベクトルの計算を行う際には，おたがいに直交しているベクトルを**

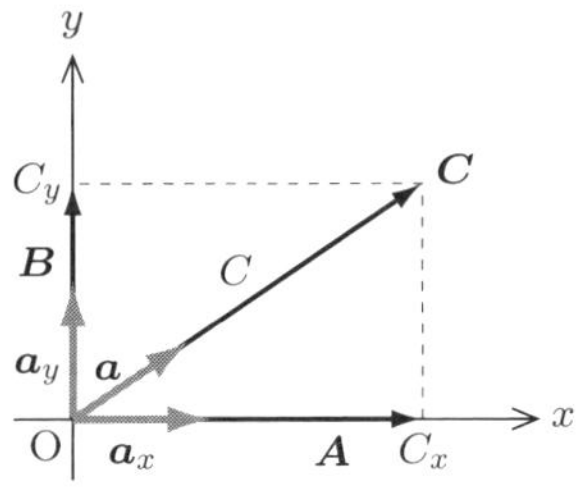

図 **2.5**　ベクトル $\boldsymbol{C}$ をベクトル $\boldsymbol{A}$ とベクトル $\boldsymbol{B}$ に分解

扱うほうが便利」だからです．そして，このように座標軸上の値を使って表したものをベクトルの成分とよびます．つまり，式 (2.6) を言葉にすると

「$\boldsymbol{C}$ は，大きさ C_x の x 成分と大きさ C_y の y 成分からなるベクトルである」

と表現できます．

■ 2.1.5　3 次元のベクトル

ここからは，3 次元のベクトルを扱うことになりますが，もっとも一般的に用いられる座標系は，2 次元のときに使った x-y 座標を単純に 3 次元に拡張した，**直角座標**（**カルテシアン座標**）です．このほかにも，電磁気学では**円柱座標**や**球座標**といった座標系もよく用いられています．その理由は，たとえば，直線状電荷によってつくられる電界の様子（☞ 3.3 節）を解析するには円柱座標を用いるほうが便利ですし，点電荷がつくる電界の場合（☞ 4.4 節）は球座標が便利なためです．

それぞれの座標系がどのようなものであるかを図 2.6 に示します．図 (a)～(c) の各点 P は，3 次元空間における同じ点を表しています．点 P は 3 次元空間に存在していますから，どの座標系でも三つの要素を使えば点 P を一義的に定めることができます．直角座標では，図 (a) のように x, y, z を用いて点 P を 1 点に定められます．すなわち，$\mathrm{P}(x, y, z)$ となります．図 (b) の円柱座標では，点 P から x-y 平面に下ろした垂線の長さを z，その交点から原点までの距離を r とし，x 軸からその線分への角度を ϕ とします．この三つの要素を使って，点 P の位置が $\mathrm{P}(r, \phi, z)$ と定まります．最後の図 (c) の球座標は，ϕ は円柱座標と同じですが，原点から点 P までの距離を r とし，z 軸からその線分への角度を θ として，この三つの要素 $\mathrm{P}(r, \theta, \phi)$ で点 P の位置を定めます．

以上のように，どの座標系であっても三つの要素を使うことで，3 次元空間の点 P の位置を確定させることができます．また，これら三つの座標系を総称して**直交座標系**とよぶこともあります．三つの座標系において，ベクトル $\boldsymbol{A}$ はそれぞれ以下のよう

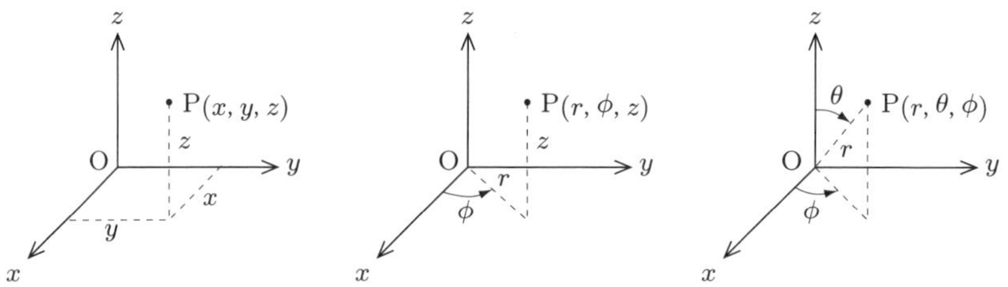

（a）直角座標　　（b）円柱座標　　（c）球座標

図 2.6　電磁気学でよく用いられる 3 種類の座標系

に表されます．

$$\text{直角座標}\quad \boldsymbol{A} = A_x\,\boldsymbol{a}_x + A_y\,\boldsymbol{a}_y + A_z\,\boldsymbol{a}_z \tag{2.7}$$

$$\text{円柱座標}\quad \boldsymbol{A} = A_r\,\boldsymbol{a}_r + A_\phi\,\boldsymbol{a}_\phi + A_z\,\boldsymbol{a}_z \tag{2.8}$$

$$\text{球座標}\quad \boldsymbol{A} = A_r\,\boldsymbol{a}_r + A_\theta\,\boldsymbol{a}_\theta + A_\phi\,\boldsymbol{a}_\phi \tag{2.9}$$

ただし，ここの説明では直角座標のみを扱います．式 (2.8) や式 (2.9) の円柱座標と球座標の単位ベクトル $\boldsymbol{a}_r$，$\boldsymbol{a}_\theta$，$\boldsymbol{a}_\phi$ は決まった一定の方向とならないため，扱いが多少複雑になりますから，2.4 節であらためて説明することにします．

それでは，直角座標を用いて，具体的に 3 次元のベクトルの話に入りましょう．ここで，図 2.7 のように原点 O から点 P に向かうベクトルを $\boldsymbol{A}$ とします．$\boldsymbol{A}$ の各成分の大きさをそれぞれ A_x, A_y, A_z とすると，式 (2.7) で示したように

$$\boldsymbol{A} = A_x\,\boldsymbol{a}_x + A_y\,\boldsymbol{a}_y + A_z\,\boldsymbol{a}_z$$

と書くことができます．このとき，2 次元の三平方の定理を 3 次元に拡張して考えると，ベクトル $\boldsymbol{A}$ の大きさは

$$|\boldsymbol{A}| = A = \sqrt{{A_x}^2 + {A_y}^2 + {A_z}^2} \tag{2.10}$$

となります．

また，3 次元のベクトルであっても，$\boldsymbol{A}$ と同一方向の単位ベクトル $\boldsymbol{a}$ を用いると，式 (2.1) と同じ表現の仕方で，式 (2.7) は

$$\boldsymbol{A} = A\,\boldsymbol{a} \tag{2.11}$$

と表すことができます．

式 (2.7) と式 (2.11) のどちらの表現でも，右辺は大きさを表すスカラ量と方向を示す単位ベクトルの組合せに必ずなっています．

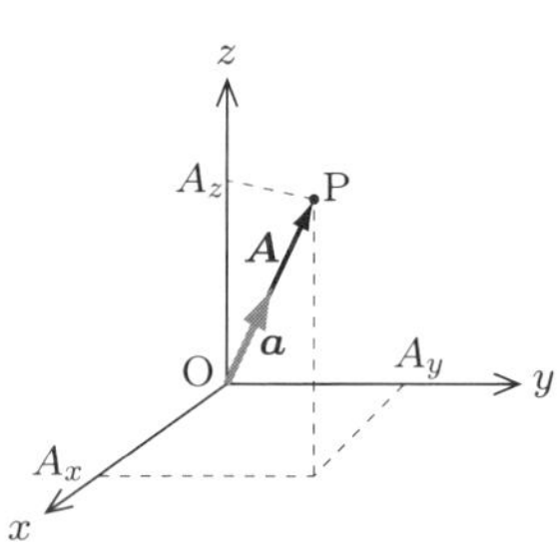

図 **2.7**　直角座標の 3 次元のベクトル $\boldsymbol{A}$

例題 2.1 $\boldsymbol{A} = 3\,\boldsymbol{a}_x + 3\,\boldsymbol{a}_y + 3\,\boldsymbol{a}_z$ を式 (2.11) の形で表しなさい．

解 答 まず，このベクトルの大きさは

$$|\boldsymbol{A}| = A = \sqrt{3^2 + 3^2 + 3^2} = 3\sqrt{3}$$

です．つぎに，単位ベクトル $\boldsymbol{a}$ は，式 (2.3) より

$$\boldsymbol{a} = \frac{\boldsymbol{A}}{|\boldsymbol{A}|} = \frac{3\,\boldsymbol{a}_x + 3\,\boldsymbol{a}_y + 3\,\boldsymbol{a}_z}{3\sqrt{3}} = \frac{\boldsymbol{a}_x + \boldsymbol{a}_y + \boldsymbol{a}_z}{\sqrt{3}}$$

となります．したがって

$$\boldsymbol{A} = A\boldsymbol{a} = 3\sqrt{3}\left(\frac{\boldsymbol{a}_x + \boldsymbol{a}_y + \boldsymbol{a}_z}{\sqrt{3}}\right)$$

のように表されます．

注意 答えの ( ) 内の $\sqrt{3}$ を外に出して，$\boldsymbol{A} = 3\,(\boldsymbol{a}_x + \boldsymbol{a}_y + \boldsymbol{a}_z)$ としてしまうと，$(\boldsymbol{a}_x + \boldsymbol{a}_y + \boldsymbol{a}_z)$ のベクトルの大きさは $\sqrt{3}$ となってしまい，単位ベクトルではなくなってしまうことに注意してください．

2.2 ベクトルの演算

スカラ a とベクトル $\boldsymbol{A}$ の積は

$$a\,\boldsymbol{A} = a\,A_x\,\boldsymbol{a}_x + a\,A_y\,\boldsymbol{a}_y + a\,A_z\,\boldsymbol{a}_z \tag{2.12}$$

のように，各成分の値を a 倍することなります．つぎに，ベクトル $\boldsymbol{A}$ とベクトル $\boldsymbol{B}$ の和と差は

$$\boldsymbol{A} \pm \boldsymbol{B} = (A_x \pm B_x)\,\boldsymbol{a}_x + (A_y \pm B_y)\,\boldsymbol{a}_y + (A_z \pm B_z)\,\boldsymbol{a}_z \tag{2.13}$$

のように，$\boldsymbol{A}$ と $\boldsymbol{B}$ の各成分ごとに和（または差）を計算することになります．ベクトルの演算には，このほかにもスカラ積とベクトル積とよばれる 2 種類の積の演算があります．以下ではこの二つについて説明します．

2.2.1 スカラ積（内積）

はじめに**スカラ積**ですが，この演算は**内積** (inner product) や**ドット積**ともよばれます．本書では，スカラ積とよぶことにします．なぜなら，演算の結果がスカラ量となるからです*1．この演算は，たとえばガウスの法則（☞ 4.3 節）や，ガウスの発散定

---

*1 電磁気学の試験で，学生の解答に $A = a\,\boldsymbol{a}_x + b\,\boldsymbol{a}_y + c\,\boldsymbol{a}_z$ のようなものをしばしば目にします．この解答が間違いであることは一目瞭然です．左辺が A というスカラ量であるのに対し，右辺はベクトル量となっているので，この式の = は成り立ちません．スカラ積とよぶことで，自分自身で間違いに気が付く可能性が高くなります．

理（☞ 4.4 節）のところで用いられます．

このスカラ積は，ふつうの掛け算と似ていますので，ベクトル積に比べると理解しやすいと思います．ただし，スカラ積は対象がベクトルですから，大きさだけでなく**「方向を考慮した掛け算」**といえます．

$\boldsymbol{A}$ と $\boldsymbol{B}$ のスカラ積が C であるとき，

$$C = \boldsymbol{A} \cdot \boldsymbol{B} \tag{2.14}$$

のように記述します．演算記号が「·」なので，ドット積ともよばれます．また，スカラ積では交換の法則が成り立ち，$\boldsymbol{A} \cdot \boldsymbol{B} = \boldsymbol{B} \cdot \boldsymbol{A}$ となります．

もう少し話を具体的にしたいのですが，式が長くなり煩雑ですので，以下では 2 次元のベクトルで考えることにします．

$\boldsymbol{A} = A_x \boldsymbol{a}_x + A_y \boldsymbol{a}_y$，$\boldsymbol{B} = B_x \boldsymbol{a}_x + B_y \boldsymbol{a}_y$ とすると，$\boldsymbol{A}$ と $\boldsymbol{B}$ のスカラ積は

$$\boldsymbol{A} \cdot \boldsymbol{B} = A_x B_x + A_y B_y \tag{2.15}$$

となります．なぜ，このような結果になるのでしょうか．ここで，ふつうの掛け算では

$$(a+b)(c+d) = ac + ad + bc + bd \tag{2.16}$$

となることは知っていると思います．これと同様に考えると

$$\{A_x \boldsymbol{a}_x + A_y \boldsymbol{a}_y\} \cdot \{B_x \boldsymbol{a}_x + B_y \boldsymbol{a}_y\} = \\ A_x B_x (\boldsymbol{a}_x \cdot \boldsymbol{a}_x) + A_x B_y (\boldsymbol{a}_x \cdot \boldsymbol{a}_y) + A_y B_x (\boldsymbol{a}_y \cdot \boldsymbol{a}_x) + A_y B_y (\boldsymbol{a}_y \cdot \boldsymbol{a}_y) \tag{2.17}$$

のように書くことができます．スカラ量に関してはふつうの掛け算でよいのですが，ベクトル量（ここでは単位ベクトル）についてはスカラ積を行いますので，( ) を付けて示してあります．

2.1.4 項において，**「ベクトルの計算を行う際には，おたがいに直交しているベクトルを扱うほうが便利」**と述べました．$\boldsymbol{a}_x \cdot \boldsymbol{a}_y$ の計算をするため，直交した二つの単位ベクトル $\boldsymbol{a}_x$ と $\boldsymbol{a}_y$ を図 2.8(a) に示します．そして，図 (a) を $\boldsymbol{a}_y$ の始点方向から見る

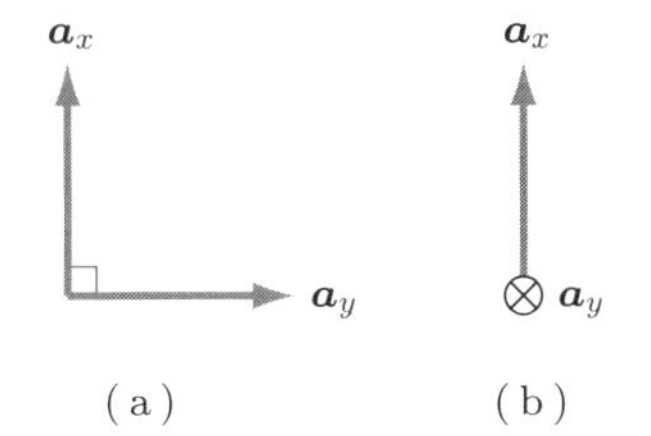

図 2.8 たがいに直交するベクトル

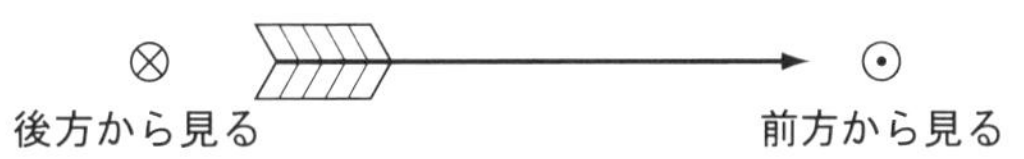

図 2.9 方向を示す記号 ⊗ と ⊙

と，この二つのベクトルは，図 (b) のように見えます．この図の $\otimes$ 印は方向を示す記号で，図 2.9 に示した弓矢の矢を前方から見た場合（$\odot$）と後方から見た場合（$\otimes$）に相当しています．

この結果，図 2.8(b) において $\boldsymbol{a}_x$ の大きさ（長さ）は単位ベクトルですから 1 ですが，$\boldsymbol{a}_y$ は $\otimes$ のように点に見えます．点なので，その大きさ（長さ）はゼロとなります．したがって，ふつうの計算のように $1 \times 0 = 0$ となります．図では示しませんが $\boldsymbol{a}_x \cdot \boldsymbol{a}_x$ であれば，$1 \times 1 = 1$ となることは明らかです．

以上のことから，式 (2.17) において，同方向の単位ベクトルの場合のスカラ積は 1，直交した単位ベクトルの場合はゼロとなり，最終的に，式 (2.15) のように，スカラ積の演算結果はスカラ量となります．

さらに，異なったアプローチから，スカラ積では

$$\boldsymbol{A} \cdot \boldsymbol{B} = A\,B \cos\theta \tag{2.18}$$

という式も成り立ちます．ただし，二つのベクトルのなす角を θ とします．この式が成り立つのであれば，式 (2.15) と式 (2.18) から，$A_x B_x + A_y B_y = A\,B\cos\theta$ の関係も成り立ちます．そこで，図 2.10(a) のような任意のベクトル $\boldsymbol{A}$ と $\boldsymbol{B}$ を考えます．

ここで，$\cos\theta$ の計算を行うために，$\boldsymbol{B}$ が x 軸上にくるように $\boldsymbol{A}$ と $\boldsymbol{B}$ の両方を回転させます (図 (b))．通常は，ベクトルを回転させると元のベクトルと違ったものになってしまいますが，$\boldsymbol{A}$ と $\boldsymbol{B}$ の両方を同じだけ回転させているので，二つのベクトルの関係は変化しません．このようにすると，図 (b) において，$\boldsymbol{A}$ は x, y の両方の成分をもち，$\boldsymbol{B}$ は x 成分のみをもつことに注意してください．したがって，$\boldsymbol{A} = A_x\,\boldsymbol{a}_x + A_y\,\boldsymbol{a}_y$，$\boldsymbol{B} = B_x\,\boldsymbol{a}_x$ となります．そして，それぞれの大きさは，$A = \sqrt{A_x^2 + A_y^2}$，$B = \sqrt{B_x^2} = B_x$ です．

よって，式 (2.15) より

$$\boldsymbol{A} \cdot \boldsymbol{B} = A_x B_x \tag{2.19}$$

となり，また，式 (2.18) より

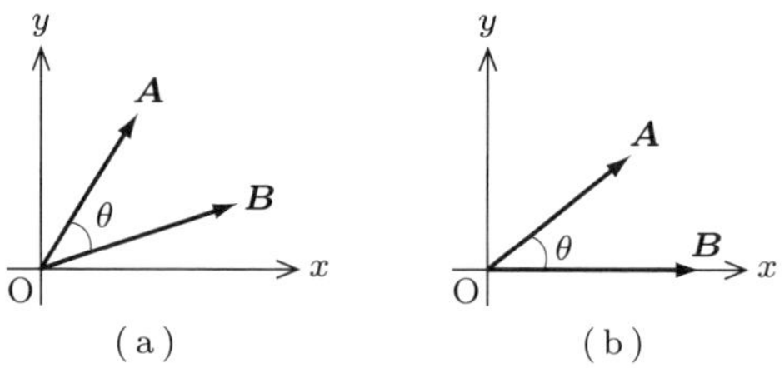

図 **2.10**　任意のベクトル $\boldsymbol{A}$ と $\boldsymbol{B}$

$$\boldsymbol{A}\cdot\boldsymbol{B} = \sqrt{A_x^2 + A_y^2}\,B_x\cos\theta \tag{2.20}$$

となります．ここで，図 (b) の $\boldsymbol{A}$ について着目すると

$$\cos\theta = \frac{A_x}{\sqrt{A_x^2 + A_y^2}} \tag{2.21}$$

ですから，これを式 (2.20) に代入すると

$$\boldsymbol{A}\cdot\boldsymbol{B} = \sqrt{A_x^2 + A_y^2}\,B_x\frac{A_x}{\sqrt{A_x^2 + A_y^2}} = A_xB_x \tag{2.22}$$

となります．式 (2.19) と式 (2.22) が同じ結果となりました．このことから，$A_xB_x + A_yB_y = A\,B\cos\theta$ が成り立つことがわかります．

以上の議論は 2 次元で行いましたが，3 次元でも成り立ちます．そして，式 (2.7) で定義した直角座標の三つの単位ベクトル $\boldsymbol{a}_x, \boldsymbol{a}_y, \boldsymbol{a}_z$ の間には

$$\boldsymbol{a}_x\cdot\boldsymbol{a}_x = \boldsymbol{a}_y\cdot\boldsymbol{a}_y = \boldsymbol{a}_z\cdot\boldsymbol{a}_z = 1 \tag{2.23}$$

$$\boldsymbol{a}_x\cdot\boldsymbol{a}_y = \boldsymbol{a}_y\cdot\boldsymbol{a}_z = \boldsymbol{a}_z\cdot\boldsymbol{a}_x = 0 \tag{2.24}$$

の関係が成り立ちます．したがって，3 次元でのスカラ積の一般的な式は

$$\boldsymbol{A}\cdot\boldsymbol{B} = A_xB_x + A_yB_y + A_zB_z \tag{2.25}$$

あるいは

$$\boldsymbol{A}\cdot\boldsymbol{B} = |\boldsymbol{A}|\,|\boldsymbol{B}|\cos\theta = A\,B\cos\theta \tag{2.26}$$

のどちらかの式を用いて計算することができます．当然，ベクトル $\boldsymbol{A}$，$\boldsymbol{B}$ の形がどのように与えられるかによって，どちらの式を使えばよいかが決まります．

例題 2.2 $\boldsymbol{A} = 5\,\boldsymbol{a}_x + 3\,\boldsymbol{a}_y - \boldsymbol{a}_z$，$\boldsymbol{B} = -3\,\boldsymbol{a}_x + 2\,\boldsymbol{a}_y + 3\,\boldsymbol{a}_z$ のとき，$\boldsymbol{A}$ と $\boldsymbol{B}$ のスカラ積を求めなさい．

解　答 式 (2.25) より，$\boldsymbol{A}\cdot\boldsymbol{B} = \{5\times(-3)\} + (3\times 2) + \{(-1)\times 3\} = -12$

例題 2.3 $A = 8$，$B = 3$ で二つのベクトルのなす角が $\pi/3$ のとき，ベクトル $\boldsymbol{A}$ と $\boldsymbol{B}$ のスカラ積を求めなさい．

解　答 式 (2.26) より，$\boldsymbol{A}\cdot\boldsymbol{B} = 8\times 3\times\cos\dfrac{\pi}{3} = 8\times 3\times\dfrac{1}{2} = 12$

スカラ積の応用

ここで，スカラ積の一つの応用である**射影** (projection) について説明します．任意の二つのベクトル $\boldsymbol{A}$ と $\boldsymbol{B}$ が与えられたとき，たとえばベクトル $\boldsymbol{A}$ の $\boldsymbol{B}$ と同方向の成分の大きさ A_B を知りたいことがあります．このとき，ベクトル $\boldsymbol{B}$ と同方向の単位ベクトルを $\boldsymbol{a}_B$ とすると

$$A_B = \boldsymbol{A} \cdot \boldsymbol{a}_B \tag{2.27}$$

となります．これを

$$A_B = \text{Proj. } \boldsymbol{A} \text{ on } \boldsymbol{B} \tag{2.28}$$

と表し，$\boldsymbol{A}$ の $\boldsymbol{B}$ 上への射影とよびます．この考え方を拡張すると，ベクトル $\boldsymbol{A}$ の任意の方向 k の成分の大きさ A_k は，$A_k = \boldsymbol{A} \cdot \boldsymbol{a}_k$ のようにスカラ積を使って求めることができます．

2.2.2　ベクトル積（外積）

つぎに，二つめの積の演算，**ベクトル積**について説明します．ベクトル積は，**外積** (outer product) あるいは**クロス積**ともよばれますが，ベクトル積の演算結果はベクトル量となりますので，前のスカラ積と同じように，ここでもベクトル積とよぶことにします．スカラ積はふつうの掛け算と似ていましたが，ベクトル積はちょっとイメージが異なります．まず，$\boldsymbol{A}$ と $\boldsymbol{B}$ のベクトル積が $\boldsymbol{C}$ であるとき，

$$\boldsymbol{C} = \boldsymbol{A} \times \boldsymbol{B} \tag{2.29}$$

のように記述します．演算記号が「×」なので，クロス積ともよばれます．この演算は，たとえばビオ－サバールの法則（☞ 8.2 節）のところで用いられます．ただし，このベクトル積は，先ほどのスカラ積のように 2 次元で考えることができません．後の説明で明らかになりますが，これは 3 次元でしか考えることができない演算です．

ここで，「フレミングの左手の法則」を思い出してください．この法則は，左手の親指，人差し指，中指をそれぞれが直角になるように広げて力（$\boldsymbol{F}$），磁界（$\boldsymbol{B}$），電流（$\boldsymbol{I}$）の方向を示すというものでした．力の大きさ F は，B と I の積の形で求められます．しかし，これでは大きさが求められるだけで，力の方向までは求められません．力と磁界，そして電流の三つの要素は，ともに方向をもったベクトル量です．そのため，演算結果の方向まで考慮できるように考えられた演算方法がベクトル積です．ベクトル積は，以下のように定義されています．

図 2.11 に示すように，x-y 平面上に $\boldsymbol{A}$，$\boldsymbol{B}$ があり，なす角を θ とします．そして，$\boldsymbol{A}$，$\boldsymbol{B}$ に垂直で，大きさが A，B によってつくられる平行四辺形の面積（$AB\sin\theta$）

に等しい長さのベクトル $\boldsymbol{C}$ を定義します．また，この $\boldsymbol{C}$ の方向は，掛けられるベクトル（$\boldsymbol{A}$）から掛けるベクトル（$\boldsymbol{B}$）を見たときに，右ねじの進む方向とします（図では反時計回り）．この $\boldsymbol{C}$ が，$\boldsymbol{A}$ と $\boldsymbol{B}$ のベクトル積の演算結果となります．

掛けられるベクトルと掛けるベクトルが逆になった場合（$\boldsymbol{B}\times\boldsymbol{A}$）は，$\boldsymbol{B}$ から $\boldsymbol{A}$（時計回り）となりますので，図において，このときの $\boldsymbol{C}$ は，z 軸の負の方向となります．このことから，ベクトル積では交換の法則が成り立たず，$\boldsymbol{A}\times\boldsymbol{B}=-\boldsymbol{B}\times\boldsymbol{A}$ となります．ベクトル積の演算結果は，図のように x-y 平面から上か下に突き出てしまいますから，先ほど述べたように，2 次元では考えることができません．

ここで，平行四辺形の面積について補足しておきます．図 2.11 の x-y 平面を描いたものを図 2.12 に示します．図において，平行四辺形の高さは $B_y=B\sin\theta$ で，底辺は $A_x=A$ ですから，面積は $A_xB_y=AB\sin\theta$ となります．

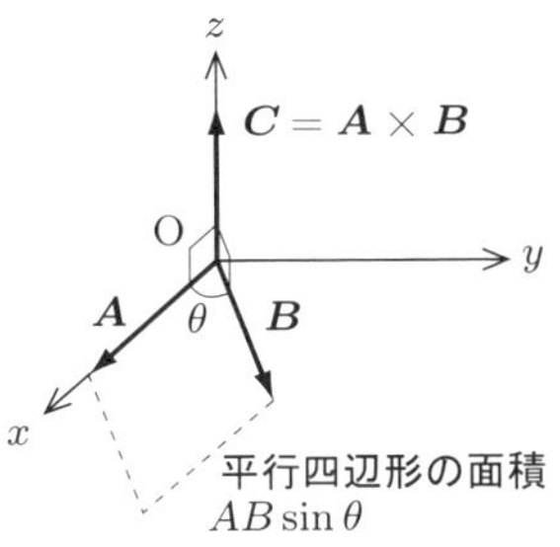

図 **2.11**　ベクトル積

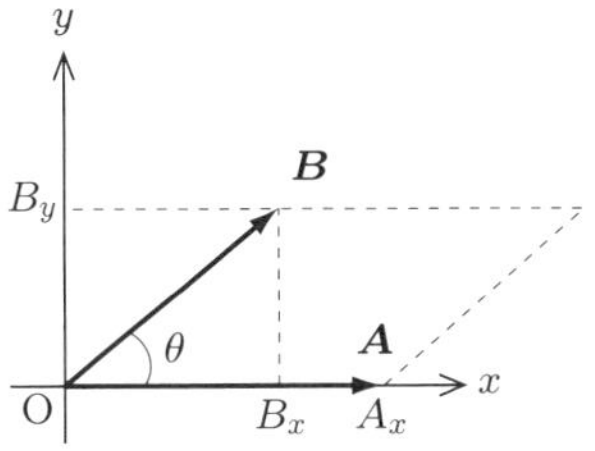

図 **2.12**　図 2.11 の x-y 平面

以上の説明は，x-y 平面上にベクトル $\boldsymbol{A}$，$\boldsymbol{B}$ があると限定した話でしたが，これをもう少し一般化しておきましょう．3 次元空間に任意のベクトル $\boldsymbol{A}$，$\boldsymbol{B}$ があり，なす角を θ とします．このときのベクトル積は

$$\boldsymbol{A}\times\boldsymbol{B}=(AB\sin\theta)\boldsymbol{a}_n \tag{2.30}$$

となります．上式の $\boldsymbol{a}_n$ は，$\boldsymbol{A}$，$\boldsymbol{B}$ によってつくられる平面に垂直な単位ベクトルを表しています．ある面に垂直な方向を法線方向とよびます．**単位法線ベクトル**を，一般に $\boldsymbol{a}_n$ と表記します．式 (2.30) のように，ベクトル積の演算結果はベクトル量となることに注意してください．

では，ベクトル積がどのようなものであるかがわかったところで，つぎに具体的な計算について説明しましょう．まず，二つの任意のベクトル $\boldsymbol{A}$，$\boldsymbol{B}$ があり，$\boldsymbol{A}=A_x\boldsymbol{a}_x+A_y\boldsymbol{a}_y+A_z\boldsymbol{a}_z$，$\boldsymbol{B}=B_x\boldsymbol{a}_x+B_y\boldsymbol{a}_y+B_z\boldsymbol{a}_z$ とします．

スカラ積のときと同じように，スカラ量についてはふつうの掛け算のように考え，ベクトル量の部分だけを ( ) で示すと

$$
\begin{aligned}
\{A_x\,\boldsymbol{a}_x + A_y\,\boldsymbol{a}_y + A_z\,\boldsymbol{a}_z\} \times \{B_x\,\boldsymbol{a}_x + B_y\,\boldsymbol{a}_y + B_z\,\boldsymbol{a}_z\} = \\
A_xB_x(\boldsymbol{a}_x \times \boldsymbol{a}_x) + A_xB_y(\boldsymbol{a}_x \times \boldsymbol{a}_y) + A_xB_z(\boldsymbol{a}_x \times \boldsymbol{a}_z) \\
+ A_yB_x(\boldsymbol{a}_y \times \boldsymbol{a}_x) + A_yB_y(\boldsymbol{a}_y \times \boldsymbol{a}_y) + A_yB_z(\boldsymbol{a}_y \times \boldsymbol{a}_z) \\
+ A_zB_x(\boldsymbol{a}_z \times \boldsymbol{a}_x) + A_zB_y(\boldsymbol{a}_z \times \boldsymbol{a}_y) + A_zB_z(\boldsymbol{a}_z \times \boldsymbol{a}_z)
\end{aligned} \tag{2.31}
$$

のように書けます．

ここで，上式の ( ) 内の単位ベクトル $\boldsymbol{a}_x$，$\boldsymbol{a}_y$，$\boldsymbol{a}_z$ のベクトル積について考えてみます．まずはじめに，同方向のベクトルの場合が考えやすいと思います．同方向ですから，なす角 θ はゼロです．したがって，式 (2.30) において $\sin\theta = 0$ となり，単位ベクトルも含め，同方向のベクトルの場合は，そのベクトル積がゼロとなります．定性的にも，同方向のベクトルですから平行四辺形をつくることができず，面積がゼロとなることからも理解できると思います．つぎに，$\boldsymbol{a}_x \times \boldsymbol{a}_y$ を考えます．なす角 θ は $\pi/2$ ですから $\sin(\pi/2) = 1$ となり，両方とも単位ベクトルですから大きさは 1 となります．そして方向は，$\boldsymbol{a}_x$ から $\boldsymbol{a}_y$ を見ることになりますから反時計回りで，$\boldsymbol{a}_z$ となります．最終的に $\boldsymbol{a}_x \times \boldsymbol{a}_y = \boldsymbol{a}_z$ の結果が得られます．また，$\boldsymbol{a}_x \times \boldsymbol{a}_y$ の順序を逆にした場合は，$\boldsymbol{a}_y \times \boldsymbol{a}_x = -\boldsymbol{a}_z$ となります．

ほかの単位ベクトルについても同じように考えればよく，すべての単位ベクトル $\boldsymbol{a}_x$，$\boldsymbol{a}_y$，$\boldsymbol{a}_z$ のベクトル積についてまとめたものを以下に示します．

$$\boldsymbol{a}_x \times \boldsymbol{a}_x = \boldsymbol{0} \qquad \boldsymbol{a}_y \times \boldsymbol{a}_y = \boldsymbol{0} \qquad \boldsymbol{a}_z \times \boldsymbol{a}_z = \boldsymbol{0} \tag{2.32}$$

$$\boldsymbol{a}_x \times \boldsymbol{a}_y = \boldsymbol{a}_z \qquad \boldsymbol{a}_y \times \boldsymbol{a}_z = \boldsymbol{a}_x \qquad \boldsymbol{a}_z \times \boldsymbol{a}_x = \boldsymbol{a}_y \tag{2.33}$$

$$\boldsymbol{a}_y \times \boldsymbol{a}_x = -\boldsymbol{a}_z \qquad \boldsymbol{a}_z \times \boldsymbol{a}_y = -\boldsymbol{a}_x \qquad \boldsymbol{a}_x \times \boldsymbol{a}_z = -\boldsymbol{a}_y \tag{2.34}$$

ここで，式 (2.33) や式 (2.34) の単位ベクトルの添え字に注目すると，x, y, z が循環した形になっています．そこで，式 (2.33) の関係は，図 2.13(a) の正の場合のように，反時計回りに循環するものとして覚えるとよいでしょう．また，式 (2.34) の場合は，図 (b) の負の場合のように，時計回りで循環するように覚えましょう[*2]．

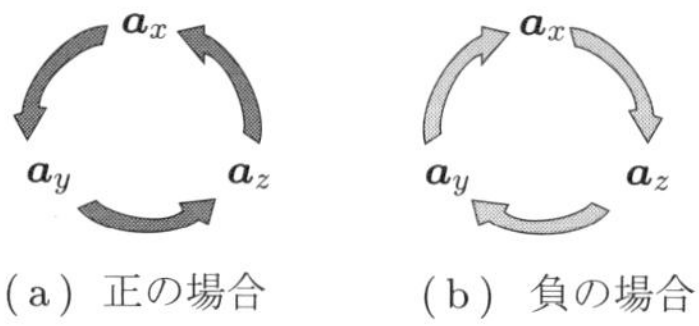

図 2.13　単位ベクトル $\boldsymbol{a}_x$，$\boldsymbol{a}_y$，$\boldsymbol{a}_z$ の循環

---

*2 もちろん，時計回りを正としても問題ありませんが，電気回路で位相を考えるとき，反時計回りを正方向としますので，それにならって反時計方向を正方向としています．

つぎに，単位ベクトルのスカラ積とベクトル積の結果を，「大きさのみ」に着目して比較してみることにします．

●スカラ積

直交したベクトル $\rightarrow 0$

平行なベクトル $\rightarrow 1$

●ベクトル積

直交したベクトル $\rightarrow \pm 1$

平行なベクトル $\rightarrow 0$

以上のように，興味深い性質があることがわかります．ベクトルの微分演算の一つである勾配（☞ 2.3.1 項）の説明でも，この性質を上手く利用しています．

では，話を一般のベクトル積の式 (2.31) に戻しましょう．式 (2.31) に式 (2.32)～(2.34) の結果をそれぞれ代入します．そして，各単位ベクトルごとに式を整理すると

$$\boldsymbol{A} \times \boldsymbol{B} = (A_y B_z - A_z B_y)\boldsymbol{a}_x + (A_z B_x - A_x B_z)\boldsymbol{a}_y + (A_x B_y - A_y B_x)\boldsymbol{a}_z \tag{2.35}$$

のように，ベクトル積の一般的な式が得られます．かなり複雑な形になっていますので，このままの式を覚えるのは少し困難です．間違って覚えてしまうと計算結果も間違ってしまいます．そこで，行列式を使うとこの計算方法をもっと簡単に覚えることができます．式 (2.35) を行列式の形で表すと

$$\boldsymbol{A} \times \boldsymbol{B} = \begin{vmatrix} \boldsymbol{a}_x & \boldsymbol{a}_y & \boldsymbol{a}_z \\ A_x & A_y & A_z \\ B_x & B_y & B_z \end{vmatrix} \tag{2.36}$$

のようになります．まず，行列式の第 1 行目に単位ベクトル $\boldsymbol{a}_x$，$\boldsymbol{a}_y$，$\boldsymbol{a}_z$ を順に書きます．第 2 行目には，掛けられるベクトル ($\boldsymbol{A}$) の x, y, z 成分を書きます．最後の第 3 行目に掛けるベクトル ($\boldsymbol{B}$) の x, y, z 成分を書きます．第 2 行目と第 3 行目は，スカラ量となっていることに注意してください．そして，行列式の演算（たすき掛け）を行うと，式 (2.35) と一致することは容易に確かめられます．この行列式の形の式 (2.36) のほうが式 (2.35) より簡単に覚えられ，間違いも少なくなります．

ところで，同一のベクトルどうしのスカラ積は $\boldsymbol{A} \cdot \boldsymbol{A} = A_x^2 + A_y^2 + A_z^2$ となりますので，これを簡単に $\boldsymbol{A} \cdot \boldsymbol{A} = \boldsymbol{A}^2$ と表記します．一方，同一のベクトルどうしのベクトル積は，もちろん同方向のベクトルですから $\boldsymbol{A} \times \boldsymbol{A} = \boldsymbol{0}$ となるので，$\boldsymbol{A}^2 = \boldsymbol{A} \cdot \boldsymbol{A}$ と $\boldsymbol{A} \times \boldsymbol{A}$ とで混乱が生じることはありません．

例題 2.4　単位ベクトル $\boldsymbol{a}_x$ と $\boldsymbol{a}_z$ のベクトル積を，式 (2.36) の方法を使って求めなさい．

解　答

$$\boldsymbol{a}_x \times \boldsymbol{a}_z = \begin{vmatrix} \boldsymbol{a}_x & \boldsymbol{a}_y & \boldsymbol{a}_z \\ 1 & 0 & 0 \\ 0 & 0 & 1 \end{vmatrix} = (0-0)\boldsymbol{a}_x + (0-1)\boldsymbol{a}_y + (0-0)\boldsymbol{a}_z = -\boldsymbol{a}_y$$

2.3　ベクトルの微分演算

この節では，電磁気学でよく使われる代表的な微分演算である**勾配** (grad)，**発散** (div)，**回転** (rot) の三つについて説明します．

微分演算は，スカラ場（界）やベクトル場（界）（☞ 3.1.1 項）の変化の様子や特徴を知るために必要となる演算です．しかし，そのような説明では具体的なイメージが湧かないと思いますので，少し違った観点から説明します．

ある車が出発地点から目的地点まで行き，再び出発地点に戻ったとき，出発地点からの距離 l と時間 t の関係が，図 2.14 のようなサインカーブだったとします*3．したがって，図を数学的に記述すれば，$l = f(t) = \sin t$ となります．距離を時間で微分すると速さですから，各時刻における速さは $v = f'(t) = \cos t$ となり，図 2.15 の灰色の線のように速さが変化していることがわかります．ここで，時刻 t_1 では速さがゼロですから，距離の変化もゼロであることがわかります．さらに，時刻 t_1 以降は速さが負の値になっていますから，自動車は逆方向に走行していることも知ることができます．

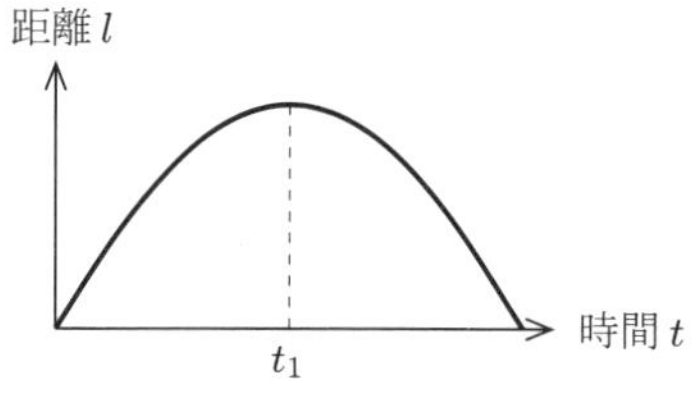

図 2.14　自動車の各時刻における距離

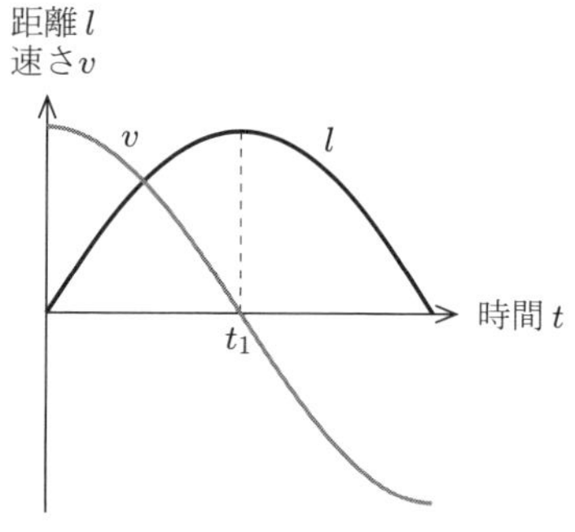

図 2.15　自動車の各時刻における距離と速さ

*3 一般に，三角関数 $y = \sin x$ の x の単位は「度」あるいは「ラジアン」なのですが，ここでは具体的なイメージをつかむために，簡単に $y \to l$，$x \to t$ と当てはめて考えます．

このように，微分演算によって速さと距離の変化の様子や特徴を知ることができます．たとえば，電磁気学でいえば，電位 V が与えられているとき，ベクトル演算子（後述）によって電界 $\boldsymbol{E}$ や電位 V の様子を知ることができます．

このように，変化の様子や特徴を調べることを「分析する，解析する」といいます．微分演算によって以上のような解析ができますから，この章のタイトルでもある「**ベクトル解析**」とよばれています．

ここで，三つの代表的な微分演算の説明に入る前に，次式のような記号 ∇（ナブラ）で表されるベクトル演算子を定義しておきます．この記号 ∇ は，ハミルトンの演算子とよばれています．

$$\nabla \equiv \frac{\partial(\;)}{\partial x}\boldsymbol{a}_x + \frac{\partial(\;)}{\partial y}\boldsymbol{a}_y + \frac{\partial(\;)}{\partial z}\boldsymbol{a}_z \tag{2.37}$$

この ∇ を使うことによって，この後で説明する勾配，発散，回転の各微分演算を統一的に記述することができるようになります．∇ は，いままでに何度も出てきた任意のベクトル $\boldsymbol{A} = A_x\,\boldsymbol{a}_x + A_y\,\boldsymbol{a}_y + A_z\,\boldsymbol{a}_z$ と似た形になっていますが，その成分のところが $\partial(\;)/\partial x$，$\partial(\;)/\partial y$，$\partial(\;)/\partial z$ となっています．これらは微分作用素とよばれ，数値ではありません．具体的には，作用素が偏微分ですから，各 ( ) 内に入る関数を偏微分することになります[*4]．

■ 2.3.1 勾配 （☞ 5.5.1 項）

まずはじめに，**勾配**とよばれる微分演算について説明します．「勾配」という言葉は，日常生活でも「あの坂は勾配がきついので…」のように使われています．自動車の例でも示したように，微分することにより，ある関数 $y = f(x)$ の任意の点 x における傾きが得られます．勾配とよばれる微分演算も「傾きを求める」ということにほかならないのですが，演算の相手が 3 次元ですから，自動車の例のように簡単な話にはなりません．本書では，電位の説明のところで用います．

スカラ関数 $V(x, y, z)$ の勾配を計算する場合，grad V のように記述します（grad は，英語の gradient の略）．具体的に書くと，

$$\mathrm{grad}\,V = \frac{\partial V}{\partial x}\boldsymbol{a}_x + \frac{\partial V}{\partial y}\boldsymbol{a}_y + \frac{\partial V}{\partial z}\boldsymbol{a}_z \tag{2.38}$$

となります．この式の右辺からもわかるように，勾配 (grad) の演算結果はベクトル量となります．このように，スカラ関数（スカラ量）の勾配を計算すると，ベクトル量が出てきます．自動車の例でも，距離（スカラ量）を微分して，速度（ベクトル量）と

*4 微分作用素の ( ) は，強いて付ける必要はありません．数学でも一般の関数 $y = f(x)$ において，関数 f といったり，関数 $f(\;)$ というのと同じです．

なりました．ただ，距離も速度も 1 次元でした．3 次元のスカラ量の場合は，勾配も 3 次元の方向をもつ量となります．

式 (2.38) の右辺第 1 項は，関数 V の x 方向の傾きの大きさ $\partial V/\partial x$ と，x 方向を示す単位ベクトル $\boldsymbol{a}_x$ の積です．同じように，第 2 項は y 方向，第 3 項は z 方向です．三つの項とも，それぞれがベクトル量ですから，これらのベクトル和をとることにより，3 次元空間における傾きと方向が与えられます．また，先ほどの式 (2.37) で定義した ∇ を使うと，式 (2.38) は

$$\mathrm{grad}\, V = \nabla V \tag{2.39}$$

と書くことができます．

では，勾配に関してもう少し詳しく説明をしましょう．ここまでの話では，$V(x, y, z)$ を任意のスカラ関数としていました．また，その理由は後で説明しますが，以下では $V(x, y, z)$ ではなく，2 次元と考えて $V(x, y)$ とします．

$z = V(x, y)$ の一例を図 2.16 に示します．図のように，直角座標の z 軸が関数 $V(x, y)$ の値となります．関数 $V(x, y)$ 自体は 2 次元なのですが，実際に関数の形を描こうとすると，関数の値を表示するための軸が必要となりますので，このように 3 次元の図になります．したがって，関数を $V(x, y, z)$ の 3 次元としてしまうと，x, y, z 軸のほかに $V(x, y, z)$ の値を表すための軸が必要になり，4 次元となり，図が描けませんから，ここでは 2 次元の $V(x, y)$ としています．

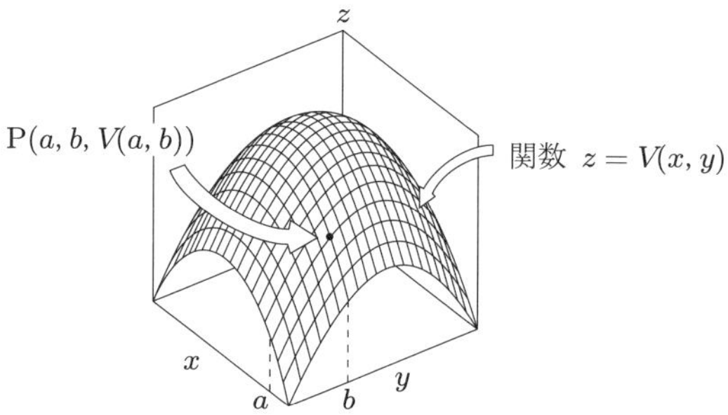

図 **2.16**　任意の関数 $V(x, y)$ の一例

では，図 2.16 の点 $\mathrm{P}(a, b, V(a, b))$ における勾配（傾き）を求めましょう．これは，すでに習っている関数 $y = f(x)$ の接線の傾きと同じです．図 2.17 に，任意の関数 $f(x)$ の点 P における接線の傾きを示します．図のように，独立変数 x の微小変化 Δx と，それに対する従属変数 y の変化量 Δy を考え，点 P における接線の傾きを図のように $\Delta y/\Delta x$ として導関数を求めます．

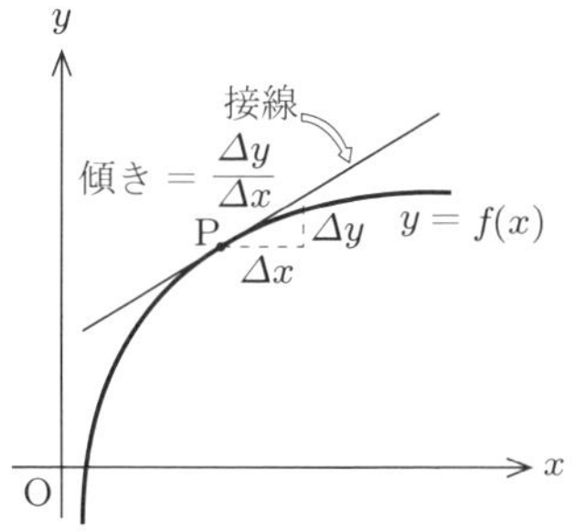

図 2.17 1 変数関数の接線

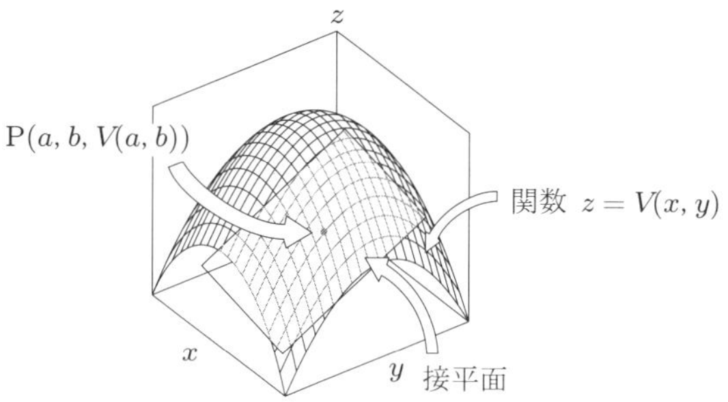

図 2.18 2 変数関数の接平面

一方，独立変数が二つである関数 $V(x, y)$ の場合は，図 2.18 に示すような接平面の傾きを求めることになります．接線の傾きは一方向で定められました．しかし，平面は 2 次元ですから，傾きを定めるためには二つの方向が必要になります．そこで，図 2.19 に示すように，x 方向にある傾きをもつ面 a を考えます．しかし，同じ傾きをもつ面 b も図のように考えることができます．一方向を指定しただけでは，その傾きを満足する面は無限に存在します．そこで，図 2.19 において y 方向の傾きも指定すれば，ただ一つの面に限定することができます．すなわち，図 2.20 に示すように，$\Delta z/\Delta x$ と $\Delta z/\Delta y$ によって面の傾きを定めることができます．ただし，2 変数関数の場合には，x，y それぞれに関して，合計二つの導関数を定義することになります．このような多変数関数における導関数を，**偏導関数**あるいは**偏微分**とよびます．したがって，勾配を求める式が，式 (2.38) のように偏微分を用いた式となるのです．

つぎに，具体的に勾配を求める式が，式 (2.38) となることを説明します．しかし，図 2.16 の 3 次元の図のままでは説明しにくいので，これを 2 次元で表すことにします．これは，登山などで使われる等高線のある地図と同じ考え方です．

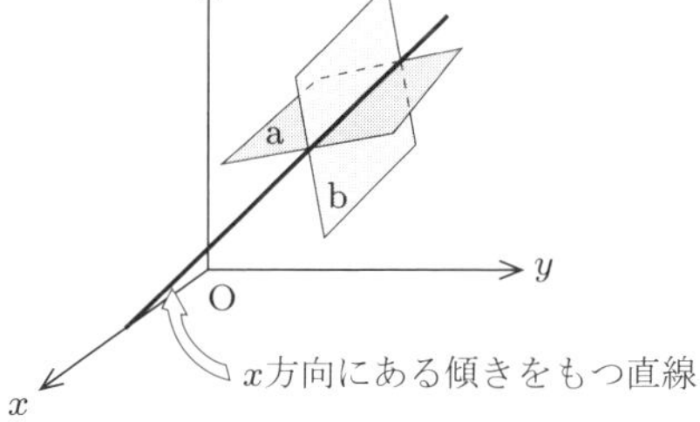

図 2.19 x 方向にある傾きをもつ平面

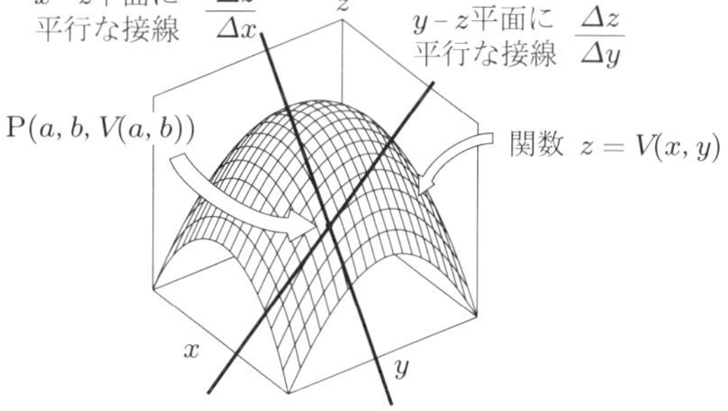

図 2.20 接平面の傾き

また，ここまでの話では，V を任意のスカラ関数としていましたが，ここでは電磁気学の中でも代表的なスカラ関数である電位（☞5.4節，5.5節）とします．電位が3次元空間で $V(x,y,z)$ と定義されているときは，電位の値が同じ点を繋いでいくと最終的に面が形成されます．これを**等電位面**とよびます．ここでは，2次元の $V(x,y)$ としていますので，等電位面ではなく，図2.21のような等高線に相当する等電位線が描かれます．図中の電位 $V_0, V_1, V_2, \ldots$ を，たとえば $5, 10, 15, \ldots$ のように等間隔にとると，この等電位線の間隔が狭いほど，（等高線と同じように）電位の傾きが急であることを表しています．

つぎに，図2.21の電位 V_1 上の破線の微小部分を拡大したものを図2.22に示します．微小部分なので，等電位線は直線と考えます．さらに，電位 V_1 から微小電位 $\pm\delta V$ だけ差のある等電位線を1点鎖線で示しています．微小電位 δV を考えますから，$V_1 \pm \delta V$ の2本の1点鎖線は，V_1 から等しい距離とします．

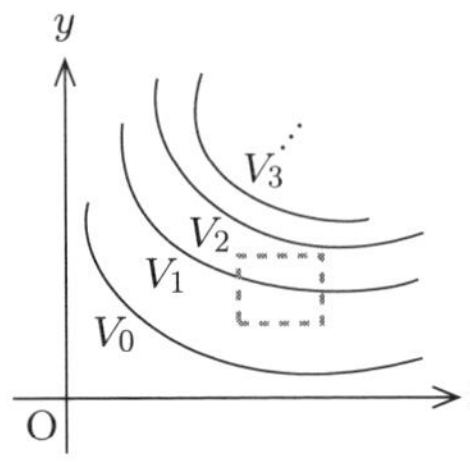

図 2.21　電位 $V(x,y)$ の等電位線の一例

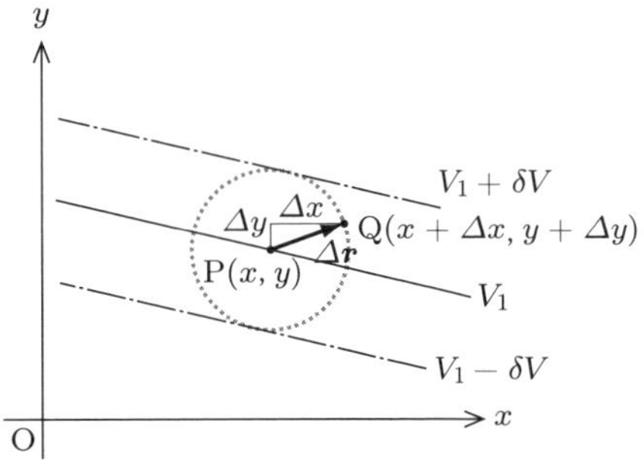

図 2.22　図2.21の破線部拡大図

V_1 上の任意の点 $\mathrm{P}(x,y)$ を中心とした半径 r の円を点線で示しています．この円周上の任意の点を $\mathrm{Q}(x+\Delta x, y+\Delta y)$ とし，点Pから点Qに向かうベクトルを $\Delta\boldsymbol{r}$ とします．ベクトル $\Delta\boldsymbol{r}$ の x 成分の大きさは図のように Δx で，y 成分の大きさは Δy です．したがって，ベクトル $\Delta\boldsymbol{r}$ は，x 方向の単位ベクトル $\boldsymbol{a}_x$ と y 方向の単位ベクトル $\boldsymbol{a}_y$ を用いて

$$\Delta\boldsymbol{r} = \Delta x\,\boldsymbol{a}_x + \Delta y\,\boldsymbol{a}_y \tag{2.40}$$

のように書けます．

つぎに，点Pと点Qの電位差を求めてみましょう．点Pの電位 V_{P} は，座標の値を用いて，$V_{\mathrm{P}} = V(x,y)$ と表され，点Qの電位も $V_{\mathrm{Q}} = V(x+\Delta x, y+\Delta y)$ と表されます．したがって，2点間の電位差 ΔV は，$V_{\mathrm{Q}} - V_{\mathrm{P}}$ より

$$\Delta V = V(x+\Delta x, y+\Delta y) - V(x,y) = \frac{\partial V}{\partial x}\Delta x + \frac{\partial V}{\partial y}\Delta y \tag{2.41}$$

となります．さらに，ここでの $V(x,y)$ に勾配の定義式 (2.38) を適用すると

$$\operatorname{grad} V = \frac{\partial V}{\partial x}\boldsymbol{a}_x + \frac{\partial V}{\partial y}\boldsymbol{a}_y = \boldsymbol{Z} \tag{2.42}$$

となります．初めに書いたように，勾配の演算結果はベクトル量となりますから，上式のように，演算結果をベクトル $\boldsymbol{Z}$ としておきます．そして，この $\boldsymbol{Z}$ と先ほどの式 (2.40) で示した $\Delta\boldsymbol{r}$ のスカラ積をとると

$$\boldsymbol{Z} \cdot \Delta\boldsymbol{r} = \frac{\partial V}{\partial x}\Delta x + \frac{\partial V}{\partial y}\Delta y \tag{2.43}$$

となります．この式と式 (2.41) は等しいので，$\boldsymbol{Z} \cdot \Delta\boldsymbol{r} = \Delta V$ が成り立ちます．

ここで，図 2.22 の点 Q がちょうど V_1 上になった場合を考えてみます．点 P はもともと V_1 上の点ですから，電位は V_1 でした．点 Q も V_1 上になったので，電位は V_1 です．したがって，この場合の 2 点間の電位差 $\Delta V = 0$ となります．2.2.1 項のスカラ積のところ（図 2.8）で説明したように，たがいに直交したベクトルのスカラ積はゼロとなります．$\boldsymbol{Z} \cdot \Delta\boldsymbol{r} = 0$ は，$\boldsymbol{Z}$ と $\Delta\boldsymbol{r}$ が直交していることを示しています．また，点 Q も V_1 上なので，$\Delta\boldsymbol{r}$ は V_1 の等電位線と平行です．逆に，等高線と垂直な方向がもっとも急な傾きになります．このことから，勾配 (grad) の演算により得られたベクトルは，電位 V の変化が最大となる方向を向いており，大きさがその勾配を表していることになります．

以上は，2 次元の $V(x,y)$ についての説明でしたが，このことは 3 次元空間で定義された電位 $V(x,y,z)$ においても成り立ち，初めに示した式 (2.38) となります．

せっかくスカラ関数として電位を考えましたので，電界 (☞ 3.2 節) についても少し記述しておくことにします．電界は，電位の高いところから低いところに向かうベクトル量です．電位 $V(x,y,z)$ のスカラ関数が定義されたとき，5.5 節で説明するように，電界 $\boldsymbol{E}$ は，この勾配を使って

$$\boldsymbol{E} = -\operatorname{grad} V = -\nabla V \tag{2.44}$$

で与えられます．これをベクトル演算子 ∇ を使わずに書くと，x，y，z 成分に対してそれぞれ

$$E_x = -\frac{\partial V}{\partial x}, \quad E_y = -\frac{\partial V}{\partial y}, \quad E_z = -\frac{\partial V}{\partial z}$$

と 3 本の式になるのに対し，以上のように，勾配という微分演算によって，電界 $\boldsymbol{E}$ と電位 V の関係を簡素な形で表現することができました．

例題 2.5　3次元空間の関数 $V(x, y, z) = 2x + 4y$ がある．点 $\mathrm{P}(x, y, z)$ における傾きを求めなさい．

解　答

$$
\begin{aligned}
\boldsymbol{E} &= -\mathrm{grad}\, V \\
&= -\left\{\frac{\partial}{\partial x}(2x+4y)\boldsymbol{a}_x + \frac{\partial}{\partial y}(2x+4y)\boldsymbol{a}_y + \frac{\partial}{\partial z}(2x+4y)\boldsymbol{a}_z\right\} \\
&= -(2\boldsymbol{a}_x + 4\boldsymbol{a}_y + 0\boldsymbol{a}_z) \\
&= -2\boldsymbol{a}_x - 4\boldsymbol{a}_y
\end{aligned}
$$

2.3.2　発散　(☞ 4.4 節，6.3 節，8.5 節)

前項において，勾配という言葉から想像するイメージと，その演算は一致したものになっていたと思います．では，発散という言葉から想像するイメージはどのようなものでしょうか．数学ではよく「解が発散する」のような使い方をしますので，値が無限大に向かっていくような演算を想像するのではないでしょうか．極限 $\lim_{x\to\infty}$ を計算するようなイメージでしょうか．多くの学生はそのようなイメージをもつようです．しかし，ベクトル解析での発散はそのような意味ではなく，「外へ出して散らす」という意味に近い演算となります．本書では，ガウスの発散定理や電荷の保存則の説明のところなどで用います．

もう少し具体的に発散について説明しましょう．**発散**という微分演算は，ベクトル $\boldsymbol{A}$ の発生源がその内部に存在するかどうかを知ることができる演算です．ベクトル $\boldsymbol{A}$ の発散を計算する場合，$\mathrm{div}\boldsymbol{A}$ のように記述します（div は英語の divergence の略）．発散の定義式をつぎに示します．

$$
\mathrm{div}\,\boldsymbol{A} = \lim_{\Delta v\to 0}\frac{1}{\Delta v}\oint \boldsymbol{A}\cdot \mathrm{d}\boldsymbol{s} \tag{2.45}
$$

この式の右辺の積分は面積分です．$\oint$ の周回積分の記号になっているのは，閉じた面に対する面積分を表しています．また，$\mathrm{d}\boldsymbol{s}$ は面素ベクトルで，微小面積 $\mathrm{d}s$ の外向きの法線方向のベクトル $\mathrm{d}\boldsymbol{s} = \mathrm{d}s\boldsymbol{a}_n$ です．また，$\boldsymbol{A}\cdot\mathrm{d}\boldsymbol{s}$ は，ベクトル $\boldsymbol{A}$ と面素ベクトル $\mathrm{d}\boldsymbol{s}$ のスカラ積（内積）です．これは，「スカラ積の応用」で説明した射影の計算にほかなりません（☞ 2.2.1 項）．積分の対象とする面は，閉じた微小体積 Δv の表面になります．式 (2.45) は，この微小体積の表面から出ていく力線の合計を求める式です．ここで，入ってくる力線はマイナス方向に出ていくものと考えます．

式 (2.45) の右辺の面積分を計算するために，任意のベクトル $\boldsymbol{A} = A_x\,\boldsymbol{a}_x + A_y\,\boldsymbol{a}_y + A_z\,\boldsymbol{a}_z$ の終点に，図 2.23 に示すような x, y, z 軸に各辺が平行となる微小体積 Δv の

立方体を考えます．各辺の長さを，図のように $\Delta x, \Delta y, \Delta z$ とします．さらに，六つの面にそれぞれ番号を付けておきます．y-z 平面に平行な二つの面の原点に近いほうから面 1，面 2，x-z 平面に平行な二つの面の原点に近いほうから面 3，面 4，そして x-y 平面に平行な二つの面の原点に近いほうから面 5，面 6 としています．$\boldsymbol{A}$ の x 成分は，面 1 と面 2 の二つの面を貫通します．y 成分は面 3 と面 4 を，z 成分は面 5 と面 6 をそれぞれ貫通します．

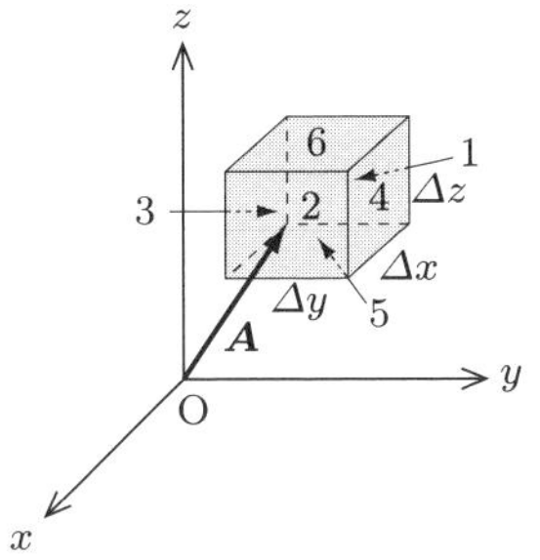

図 2.23　発散 (div) を計算するための微小な立方体

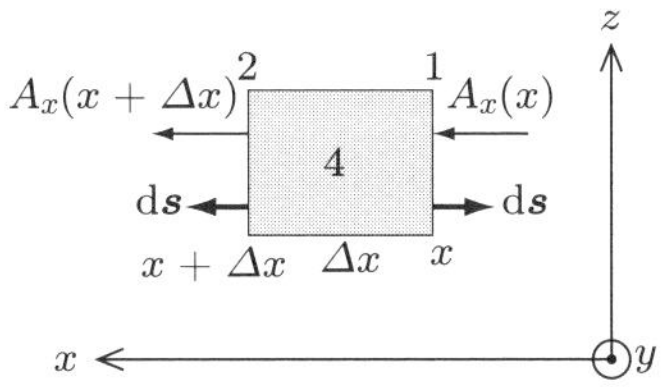

図 2.24　図 2.23 の立方体を $+y$ 方向から見た図

つぎに，この図の立方体を $+y$ 方向から見た場合の図を図 2.24 に示します．式 (2.45) の積分の $\mathrm{d}\boldsymbol{s}$ は各面で外向き方向ですから，図 2.24 のように，面 1, 2 でそれぞれ逆向きになります．また，$\boldsymbol{A}$ の x 成分は，座標の値を用いて，面 1 においては $A_x(x)$ であり，面 2 では $A_x(x+\Delta x)$ となります．微小体積 Δv を考えていますから，立方体の各面も非常に小さいとすると，面 1 において $\boldsymbol{A}(x) = A_x(x)\boldsymbol{a}_x + A_y(x)\boldsymbol{a}_y + A_z(x)\boldsymbol{a}_z$ で，$\mathrm{d}\boldsymbol{s} = \mathrm{d}s(-\boldsymbol{a}_x)$ ですから

$$\begin{aligned}\int_1 \boldsymbol{A}\cdot \mathrm{d}\boldsymbol{s} &= \int_1 \{A_x(x)\boldsymbol{a}_x + A_y(x)\boldsymbol{a}_y + A_z(x)\boldsymbol{a}_z\}\cdot\{\mathrm{d}s(-\boldsymbol{a}_x)\}\\ &= \int_1 \{-A_x(x)\}\mathrm{d}s = -A_x(x)\int_1 \mathrm{d}s = -A_x(x)\Delta y\Delta z \end{aligned} \tag{2.46}$$

と近似することができ，同様に面 2 では

$$\int_2 \boldsymbol{A}\cdot \mathrm{d}\boldsymbol{s} = A_x(x+\Delta x)\Delta y\Delta z \tag{2.47}$$

と近似できます．

さらに，式 (2.47) は，Δx も微小長さなので線形と考えます．つまり，x における A_x の傾き $(\partial A_x/\partial x)$ が Δx の範囲内では直線的に変化していると考えます．したがって，変化量は $(\partial A_x/\partial x)\Delta x$ となりますから，式 (2.47) は

$$\int_2 \boldsymbol{A}\cdot \mathrm{d}\boldsymbol{s} = \left\{A_x(x) + \frac{\partial A_x}{\partial x}\Delta x\right\}\Delta y \Delta z \tag{2.48}$$

のように書き直せます．そして，この面 1, 2 の合計は，式 (2.46) と式 (2.48) より

$$\int_1 \boldsymbol{A}\cdot \mathrm{d}\boldsymbol{s} + \int_2 \boldsymbol{A}\cdot \mathrm{d}\boldsymbol{s} = \frac{\partial A_x}{\partial x}\Delta x \Delta y \Delta z \tag{2.49}$$

となります．面 3, 4 および面 5, 6 の組についても同様にして求めると，

$$\int_3 \boldsymbol{A}\cdot \mathrm{d}\boldsymbol{s} + \int_4 \boldsymbol{A}\cdot \mathrm{d}\boldsymbol{s} = \frac{\partial A_y}{\partial y}\Delta x \Delta y \Delta z \tag{2.50}$$

$$\int_5 \boldsymbol{A}\cdot \mathrm{d}\boldsymbol{s} + \int_6 \boldsymbol{A}\cdot \mathrm{d}\boldsymbol{s} = \frac{\partial A_z}{\partial z}\Delta x \Delta y \Delta z \tag{2.51}$$

となります．これらをすべて合計することにより

$$\oint \boldsymbol{A}\cdot \mathrm{d}\boldsymbol{s} = \left(\frac{\partial A_x}{\partial x} + \frac{\partial A_y}{\partial y} + \frac{\partial A_z}{\partial z}\right)\Delta x \Delta y \Delta z \tag{2.52}$$

のように，式 (2.45) の積分の部分が求められます．$\Delta v = \Delta x \Delta y \Delta z$ であることに注意し，式 (2.52) を式 (2.45) に代入することにより，具体的な直角座標における発散の式は

$$\mathrm{div}\, \boldsymbol{A} = \frac{\partial A_x}{\partial x} + \frac{\partial A_y}{\partial y} + \frac{\partial A_z}{\partial z} \tag{2.53}$$

のようになります．

ベクトル $\boldsymbol{A}$ の発散を求めると，上式のように，その値はスカラ量となります．この値が 0，すなわち $\mathrm{div}\, \boldsymbol{A} = 0$ の場合は，流入量と流出量が等しいことを表しています．ただし，$\mathrm{div}\, \boldsymbol{A} = 0$ は，$\boldsymbol{A} = \boldsymbol{0}$ を意味するのではないことに注意してください．$\mathrm{div}\, \boldsymbol{A} > 0$ は流入量よりも流出量が多いことを表しています．つまり，ベクトル $\boldsymbol{A}$ の発生源が，その内部に存在することを示しています．逆に $\mathrm{div}\, \boldsymbol{A} < 0$ は流入量よりも流出量が少ないことを表しています．このことから，教科書によっては $\mathrm{div}\, \boldsymbol{A} > 0$ を「湧き出し (source) がある」，$\mathrm{div}\, \boldsymbol{A} < 0$ を「吸い込み (sink) がある」のような表現をしています．以上のように，発散という微分演算は，内部から外に出る量を計算する方法になります．

さらに，式 (2.53) は，式 (2.37) で定義したベクトル演算子 ∇ を使うと

$$\mathrm{div}\, \boldsymbol{A} = \nabla \cdot \boldsymbol{A} \tag{2.54}$$

のように書くことができます．つまり，$\mathrm{div}\, \boldsymbol{A}$ の演算は，微分作用素を成分と考えることにより，$\nabla \cdot \boldsymbol{A}$ とまったく同じ計算であり，∇ とのスカラ積を計算することにほかなりません．ある意味，演算方法の点から見れば，発散とスカラ積は親戚関係といえるかも知れません．ただし，スカラ積は二つのベクトルに対する演算ですが，発散

は一つのベクトルに作用させる演算であり，そのベクトルの発生源が，その内部に存在するかどうかを知るための演算であるという点で，本質的に異なっていることに注意してください．

例題 2.6 $\boldsymbol{A} = x^2\,\boldsymbol{a}_x + y^2 z\,\boldsymbol{a}_y + xy\,\boldsymbol{a}_z$ のとき，点 (2,1,1) における $\mathrm{div}\boldsymbol{A}$ を求めなさい．

解 答

$$\begin{aligned}
\mathrm{div}\boldsymbol{A} &= \nabla \cdot \boldsymbol{A} \\
&= \left(\frac{\partial}{\partial x}\,\boldsymbol{a}_x + \frac{\partial}{\partial y}\,\boldsymbol{a}_y + \frac{\partial}{\partial z}\,\boldsymbol{a}_z\right) \cdot \left(x^2\,\boldsymbol{a}_x + y^2 z\,\boldsymbol{a}_y + xy\,\boldsymbol{a}_z\right) \\
&= \frac{\partial}{\partial x}(x^2) + \frac{\partial}{\partial y}(y^2 z) + \frac{\partial}{\partial z}(xy) \\
&= 2x + 2yz + 0
\end{aligned}$$

となるので，点 $(2, 1, 1)$ では，上式に $x = 2, y = 1, z = 1$ をそれぞれ代入し，

$$\mathrm{div}\boldsymbol{A}\Big|_{(2,1,1)} = 2 \times 2 + 2 \times 1 \times 1 = 6$$

となります．

■ 2.3.3 回転 （☞ 10.1 節，10.4 節）

回転とよばれる三つめの微分演算について説明します．三つのなかで，この回転という演算の概念をつかむことが一番難しいと思います．計算方法から見ると，前項の発散の演算結果はスカラ量となり，具体的には ∇ とのスカラ積の計算を行いました．これに対し，回転の演算結果はベクトル量となり，具体的には ∇ とのベクトル積の計算を行うことになります．本書では，ビオ－サバールの法則や，磁界中で運動する電荷にはたらく力の計算などで用います．

また，計算方法が似ていますからイメージも似ているところがあります．2.2.2 項のベクトル積では「フレミングの左手の法則」を例にとりましたが，回転では「アンペアの右ねじの法則」(☞ 8.1 節) を例にとって説明することにします．

図 2.25(a) は，右ねじの法則の例です．直線状電流 I によってつくられる磁束を点線で示しています．磁束は，図のように電流を中心とする同心円状に生じます．磁束の方向は，図のように左回りとなります．ねじをこの方向に回すと，ねじの進む方向と電流の方向は一致します．同心円状になっていますから，渦を巻いているように見えます．そして，図 (b) は逆に，渦を巻いている電流，すなわちコイルに流れる電流

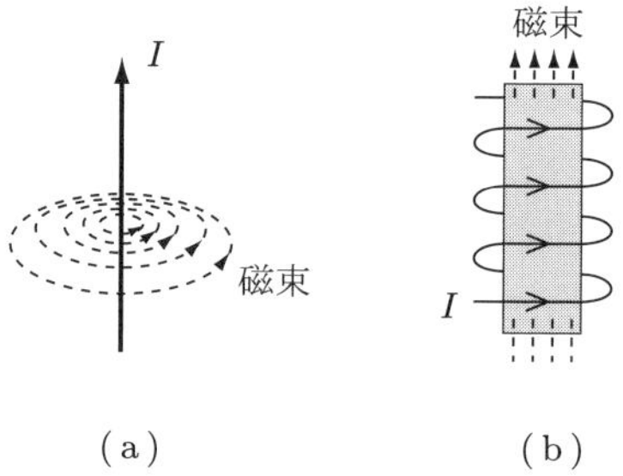

図 2.25　アンペアの右ねじの法則

がつくる磁束を点線で示しています．電流方向をねじを回す方向とすると，ねじの進む方向が磁束の方向になっています．

フレミングの左手の法則では，各ベクトルとも直線状でしたが，右ねじの法則では，渦を巻いたようなベクトルとなっています．すなわち，回転という微分演算は，このようなベクトルの様子を知るための演算です．ここでは詳しい説明は省略しますが，静電界 $\boldsymbol{E}$ では，$\mathrm{rot}\,\boldsymbol{E} = \mathbf{0}$ となります．これは静電界の特徴であり，このような性質を「渦なしの場」とよびます．

ベクトル $\boldsymbol{A}$ の回転を計算する場合，$\mathrm{rot}\,\boldsymbol{A}$ のように記述します (rot は英語の rotation の略)．また，rotation と似た意味の単語である curl を使って，$\mathrm{curl}\,\boldsymbol{A}$ と記述することもあります．そして，閉曲線 C で囲まれた面積を ΔS とし，その面の単位法線ベクトルを $\boldsymbol{a}_n$ とするとき，回転の定義式は

$$(\mathrm{rot}\,\boldsymbol{A}) \cdot \boldsymbol{a}_n = \lim_{\Delta S \to 0} \frac{1}{\Delta S} \oint_C \boldsymbol{A} \cdot \mathrm{d}\boldsymbol{l} \tag{2.55}$$

のようになります．この式の左辺は，$\mathrm{rot}\boldsymbol{A}$ というベクトルの $\boldsymbol{a}_n$ の方向成分の値を表しています．また，右辺の積分は，閉曲線 C に沿った周回積分になります．この周回積分を求めるために，図 2.26 に示したような，点 P を含む直交した微小な三つの面 1～3 を考えます．x - y 平面に平行な面 (z は一定) を面 1，x - z 平面に平行な面 (y は一定) を面 2，y - z 平面に平行な面 (x は一定) を面 3 とします．

はじめにも書いたように，$\mathrm{rot}\,\boldsymbol{A}$ はベクトル量ですから，x, y, z の各成分をもちます．まず，x 成分を求めるために，面 3 を用いて具体的に計算することにします．そこで，面 3 を $+x$ 方向から見た場合の図を図 2.27 に示します．図のように，長方形の横の微小長さを Δy，縦の微小長さを Δz とします．さらに，周回積分を行うために，長方形の各頂点に，図のように原点に近いところから左回りに 1～4 の番号を付けておきます．

周回積分を行う閉曲線 C は，図の長方形の各辺に矢印を付けて示しているように，

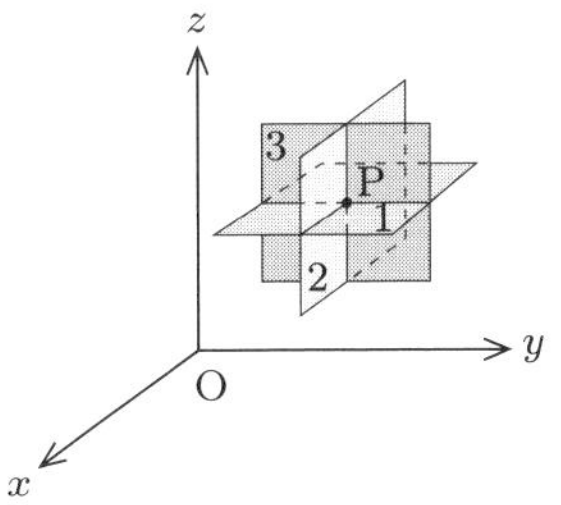

図 2.26 回転 (rot) を計算するための直交する微小な三つの平面

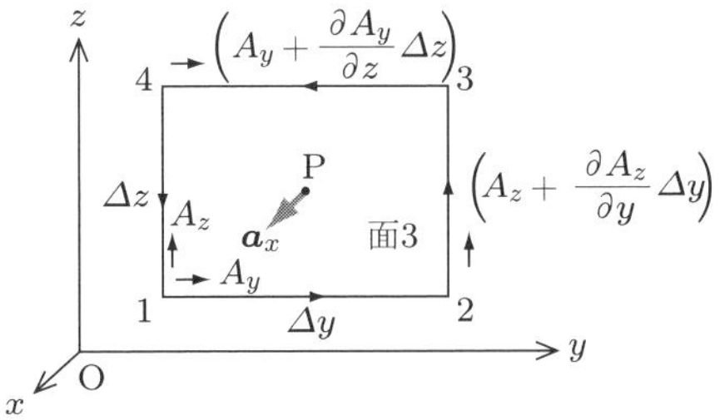

図 2.27 面 3 を $+x$ 方向から見た図

$1 \to 2 \to 3 \to 4 \to 1$ となります．そして，ベクトル $\boldsymbol{A} = A_x\boldsymbol{a}_x + A_y\boldsymbol{a}_y + A_z\boldsymbol{a}_z$ は，点 O を原点とする空間で点 1 に発生しているベクトルとします．

ここで，$\mathrm{rot}\,\boldsymbol{A}$ の x 成分を $(\mathrm{rot}\,\boldsymbol{A})_x$ と書くことにすると，式 (2.55) は

$$(\mathrm{rot}\,\boldsymbol{A})_x = \lim_{\Delta y, \Delta z \to 0} \frac{1}{\Delta y \Delta z} \oint_C \boldsymbol{A} \cdot \mathrm{d}\boldsymbol{l} \tag{2.56}$$

のようになります．さらに，上式の積分に関しても，x 成分ということで $(\oint_C \boldsymbol{A} \cdot \mathrm{d}\boldsymbol{l})_x$ と書くことにすれば

$$\left(\oint_C \boldsymbol{A} \cdot \mathrm{d}\boldsymbol{l}\right)_x = \int_1^2 \boldsymbol{A} \cdot \mathrm{d}\boldsymbol{l} + \int_2^3 \boldsymbol{A} \cdot \mathrm{d}\boldsymbol{l} + \int_3^4 \boldsymbol{A} \cdot \mathrm{d}\boldsymbol{l} + \int_4^1 \boldsymbol{A} \cdot \mathrm{d}\boldsymbol{l} \tag{2.57}$$

となります．

微小な長方形を考えていますから，右辺第 1 項の $1 \to 2$ の積分は，$\boldsymbol{A}$ の y 成分と微小長さ Δy の積となるので

$$\int_1^2 \boldsymbol{A} \cdot \mathrm{d}\boldsymbol{l} = A_y \Delta y \tag{2.58}$$

となります．つぎに，頂点 2 は頂点 1 から微小長さ Δy だけずれているので，第 2 項の $2 \to 3$ の積分は，線形と考えて A_z の y 方向の変化分 $\partial A_z/\partial y$ を考慮して

$$\int_2^3 \boldsymbol{A} \cdot \mathrm{d}\boldsymbol{l} = \left(A_z + \frac{\partial A_z}{\partial y}\Delta y\right)\Delta z \tag{2.59}$$

となります．第 3 項の $3 \to 4$ の積分も，y 成分が z 方向に Δz だけずれていることと，かつ積分の方向が $(A_y + (\partial A_y/\partial z)\Delta z)$ の方向と逆になっていることに注意すると

$$\int_3^4 \boldsymbol{A} \cdot \mathrm{d}\boldsymbol{l} = -\left(A_y + \frac{\partial A_y}{\partial z}\Delta z\right)\Delta y \tag{2.60}$$

となります．最後の第 4 項の $4 \to 1$ の積分も，積分方向が A_z の方向と逆なので

$$\int_4^1 \boldsymbol{A} \cdot \mathrm{d}\boldsymbol{l} = -A_z \Delta z \tag{2.61}$$

となります．

以上の式 (2.58)〜(2.61) の結果から，周回積分の値は

$$\left(\oint_C \boldsymbol{A}\cdot \mathrm{d}\boldsymbol{l}\right)_x = A_y\Delta y + \left(A_z + \frac{\partial A_z}{\partial y}\Delta y\right)\Delta z - \left(A_y + \frac{\partial A_y}{\partial z}\Delta z\right)\Delta y - A_z\Delta z$$
$$= \left(\frac{\partial A_z}{\partial y} - \frac{\partial A_y}{\partial z}\right)\Delta y\Delta z \tag{2.62}$$

のように求められます．そして，上式を式 (2.56) に代入することにより，rot $\boldsymbol{A}$ の x 成分の大きさが求められます．

図 2.26 の面 2 で同様の計算を行うと y 成分が，面 1 から z 成分がそれぞれ求められます．したがって，最終的に x, y, z の三つの成分をまとめると，rot $\boldsymbol{A}$ は

$$\mathrm{rot}\boldsymbol{A} = \left(\frac{\partial A_z}{\partial y} - \frac{\partial A_y}{\partial z}\right)\boldsymbol{a}_x + \left(\frac{\partial A_x}{\partial z} - \frac{\partial A_z}{\partial x}\right)\boldsymbol{a}_y + \left(\frac{\partial A_y}{\partial x} - \frac{\partial A_x}{\partial y}\right)\boldsymbol{a}_z \tag{2.63}$$

のような演算を行うことになります．そして，ベクトル積の場合と同じように行列式の形で表すと，上式は

$$\mathrm{rot}\boldsymbol{A} = \begin{vmatrix} \boldsymbol{a}_x & \boldsymbol{a}_y & \boldsymbol{a}_z \\ \dfrac{\partial}{\partial x} & \dfrac{\partial}{\partial y} & \dfrac{\partial}{\partial z} \\ A_x & A_y & A_z \end{vmatrix} \tag{2.64}$$

のように書くことができます．発散の場合と同じように，式 (2.37) の ∇ を使うと，式 (2.64) は

$$\mathrm{rot}\,\boldsymbol{A} = \nabla \times \boldsymbol{A} \tag{2.65}$$

となります．つまり，rot の演算は，微分作用素を成分と考えると，∇ とのベクトル積を計算することにほかなりません．発散とスカラ積の関係と同じように，この回転とベクトル積は親戚関係ともいえます．

例題 2.7　$\boldsymbol{A} = x^2\,\boldsymbol{a}_x + yz\,\boldsymbol{a}_y + xy\,\boldsymbol{a}_z$ のとき，rot$\boldsymbol{A}$ を求めなさい．

解　答

$$\mathrm{rot}\boldsymbol{A} = \nabla \times \boldsymbol{A} = \begin{vmatrix} \boldsymbol{a}_x & \boldsymbol{a}_y & \boldsymbol{a}_z \\ \dfrac{\partial}{\partial x} & \dfrac{\partial}{\partial y} & \dfrac{\partial}{\partial z} \\ x^2 & yz & xy \end{vmatrix}$$

$$= \left\{ \frac{\partial}{\partial y}(xy) - \frac{\partial}{\partial z}(yz) \right\} \boldsymbol{a}_x + \left\{ \frac{\partial}{\partial z}(x^2) - \frac{\partial}{\partial x}(xy) \right\} \boldsymbol{a}_y$$
$$+ \left\{ \frac{\partial}{\partial x}(yz) - \frac{\partial}{\partial y}(x^2) \right\} \boldsymbol{a}_z$$
$$= (x-y)\boldsymbol{a}_x + (0-y)\boldsymbol{a}_y + (0-0)\boldsymbol{a}_z$$
$$= (x-y)\boldsymbol{a}_x - y\boldsymbol{a}_y$$

2.4 円柱座標と球座標

いままでは直角座標の場合を考えていましたが，電荷の面状分布などの計算では円柱座標を（☞ 3.3.2 項），また，点電荷による電界を求める計算などにおいては球座標を用いることがあります（☞ 4.4 節）．ここでは，円柱座標や球座標と直角座標の関係をどのように表すかについて説明します．

2.4.1 直角座標との関係

式 (2.7)～(2.9) に示した各座標系の座標値や成分の関係をまとめておきます．

●直角座標 $(\boldsymbol{x}, \boldsymbol{y}, \boldsymbol{z})$ と円柱座標 $(\boldsymbol{r}, \boldsymbol{\phi}, \boldsymbol{z})$ の関係

$$x = r\cos\phi, \quad y = r\sin\phi, \quad z = z \tag{2.66}$$

$$r = \sqrt{x^2+y^2}, \quad \phi = \tan^{-1}\left(\frac{y}{x}\right), \quad z = z \tag{2.67}$$

●直角座標 $(\boldsymbol{x}, \boldsymbol{y}, \boldsymbol{z})$ と球座標 $(\boldsymbol{r}, \boldsymbol{\theta}, \boldsymbol{\phi})$ の関係

$$x = r\sin\theta\cos\phi, \quad y = r\sin\theta\sin\phi, \quad z = r\cos\theta \tag{2.68}$$

$$r = \sqrt{x^2+y^2+z^2}, \quad \theta = \tan^{-1}\left(\frac{\sqrt{x^2+y^2}}{z}\right), \quad \phi = \tan^{-1}\left(\frac{y}{x}\right) \tag{2.69}$$

●円柱座標の成分 $(\boldsymbol{A_r}, \boldsymbol{A_\phi}, \boldsymbol{A_z})$ と直角座標の成分 $(\boldsymbol{A_x}, \boldsymbol{A_y}, \boldsymbol{A_z})$ の関係

$$\begin{bmatrix} A_r \\ A_\phi \\ A_z \end{bmatrix} = \begin{bmatrix} \cos\phi & \sin\phi & 0 \\ -\sin\phi & \cos\phi & 0 \\ 0 & 0 & 1 \end{bmatrix} \begin{bmatrix} A_x \\ A_y \\ A_z \end{bmatrix} \tag{2.70}$$

●球座標の成分 $(\boldsymbol{A_r}, \boldsymbol{A_\theta}, \boldsymbol{A_\phi})$ と直角座標の成分 $(\boldsymbol{A_x}, \boldsymbol{A_y}, \boldsymbol{A_z})$ の関係

$$\begin{bmatrix} A_r \\ A_\theta \\ A_\phi \end{bmatrix} = \begin{bmatrix} \sin\theta\cos\phi & \sin\theta\sin\phi & \cos\theta \\ \cos\theta\cos\phi & \cos\theta\sin\phi & -\sin\theta \\ -\sin\phi & \cos\phi & 0 \end{bmatrix} \begin{bmatrix} A_x \\ A_y \\ A_z \end{bmatrix} \tag{2.71}$$

■ 2.4.2　単位ベクトルと長さ，面積，体積の微分表示

円柱座標では，z 軸を中心とする半径 r の円柱の側面上の任意の点 P を考えます．図 2.28 に，三つの単位ベクトル $\boldsymbol{a}_r$，$\boldsymbol{a}_\phi$，$\boldsymbol{a}_z$ を示します．図からも明らかなように，直角座標と異なり，点 P の位置によって，$\boldsymbol{a}_r$ と $\boldsymbol{a}_\phi$ の方向が変化することに注意してください．ここで，前項と同じように，円柱座標の単位ベクトルと直角座標の単位ベクトルの関係を示しておきます．

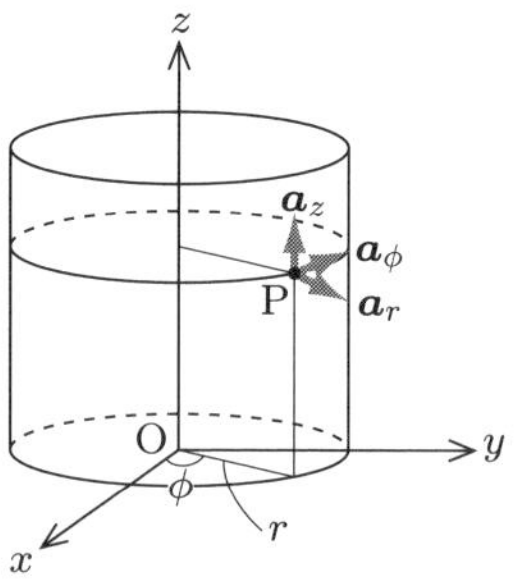

図 **2.28**　円柱座標の単位ベクトル

●円柱座標の単位ベクトル $(\boldsymbol{a}_r, \boldsymbol{a}_\phi, \boldsymbol{a}_z)$ と直角座標の単位ベクトル $(\boldsymbol{a}_x, \boldsymbol{a}_y, \boldsymbol{a}_z)$ の関係

$$\begin{bmatrix} \boldsymbol{a}_r \\ \boldsymbol{a}_\phi \\ \boldsymbol{a}_z \end{bmatrix} = \begin{bmatrix} \cos\phi & \sin\phi & 0 \\ -\sin\phi & \cos\phi & 0 \\ 0 & 0 & 1 \end{bmatrix} \begin{bmatrix} \boldsymbol{a}_x \\ \boldsymbol{a}_y \\ \boldsymbol{a}_z \end{bmatrix} \tag{2.72}$$

ところで，電荷分布が与えられたときの電界は積分を使って求められますが，その際に，長さ，面積，体積の微分表示が有用になります．図 2.29 に示すように，円柱内の微小な立方体のような形（灰色の部分）を考えます．この各辺の微小長さ（微分

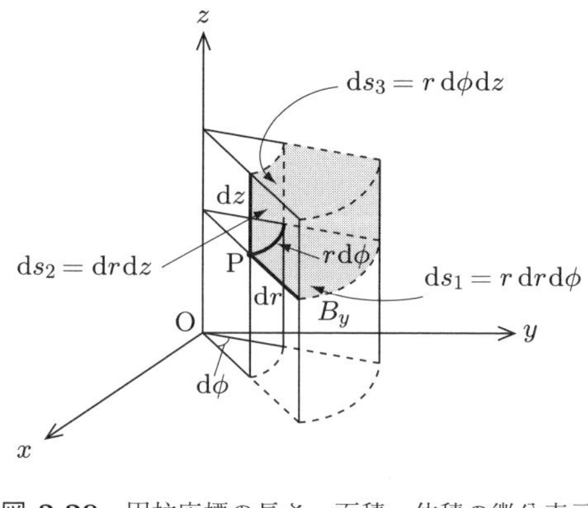

図 **2.29**　円柱座標の長さ，面積，体積の微分表示

線素）は $\mathrm{d}r$，$r\mathrm{d}\phi$，$\mathrm{d}z$ です．ここで，微小角度 $\mathrm{d}\phi$ にはラジアン（弧度法）を用いますので，弧の長さは $r\mathrm{d}\phi$ となります．各微分線素から，立方体の底面の微分面素は $\mathrm{d}s_1 = r\mathrm{d}r\mathrm{d}\phi$，側面の微分面素は $\mathrm{d}s_2 = \mathrm{d}r\mathrm{d}z$，$z$ 軸に近いほうの側面（円柱表面）の微分面素は $\mathrm{d}s_3 = r\mathrm{d}\phi\mathrm{d}z$ となります．さらに，円柱座標の微分体積は，三つの微分線素から $\mathrm{d}v = r\mathrm{d}r\mathrm{d}\phi\mathrm{d}z$ となります．これらの微分面素は，たとえば電荷の分布の計算（☞ **例題 3.5**）やガウスの法則（☞ **例題 4.1**）などで利用することになります．

例題 2.8 図 2.30 に示すような，底面が x-y 平面上にあり，半径 a[m]，高さ h[m] の円柱の上面の面積 S_1 と，側面の面積 S_2 および体積 V を求めなさい．

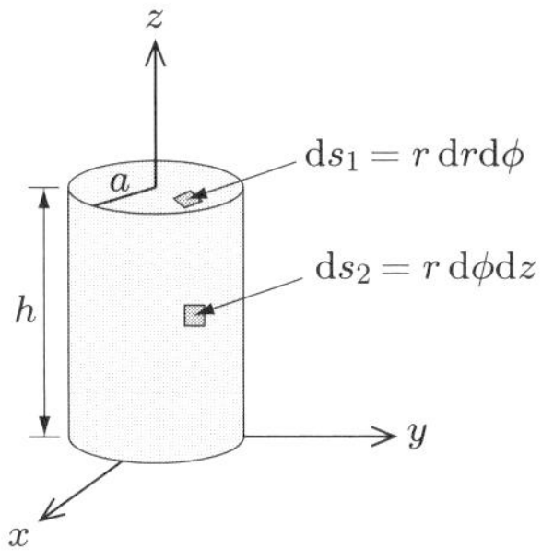

図 2.30 例題 1.8 の円柱

解 答 まず，上面の面積 S_1 は図の微分面素 $\mathrm{d}s_1$ を用いて

$$S_1 = \int_S \mathrm{d}s_1 = \int_0^{2\pi}\int_0^a r\mathrm{d}r\mathrm{d}\phi = 2\pi\left[\frac{r^2}{2}\right]_0^a = \pi a^2 \quad [\mathrm{m}^2]$$

となり，円の面積の公式に等しくなります．つぎに，側面の面積 S_2 は

$$S_2 = \int_S \mathrm{d}s_2 = \int_0^h\int_0^{2\pi} r\mathrm{d}\phi\mathrm{d}z = 2\pi a\Big[z\Big]_0^h = 2\pi ah \quad [\mathrm{m}^2]$$

と求められます．さらに，円柱の体積 V は，円柱座標の微分体積 $\mathrm{d}v$ を使って

$$V = \int_V \mathrm{d}v = \int_0^h\int_0^{2\pi}\int_0^a r\mathrm{d}r\mathrm{d}\phi\mathrm{d}z = 2\pi h\left[\frac{r^2}{2}\right]_0^a = \pi a^2 h \quad [\mathrm{m}^3]$$

と求められます．

つぎに，球座標では，図 2.31 のように原点を中心とする半径 r の球の表面上の任意の点 P を考えます．図から明らかなように，ここでの三つの単位ベクトル $\boldsymbol{a}_r$，$\boldsymbol{a}_\theta$，$\boldsymbol{a}_\phi$ は，円柱座標の場合と同じように，点 P の位置によって方向が変化することに注意してください．また，円柱座標と同じ文字 r を使っていますが，図 2.28 と図 2.31 を比較するとわかるように，意味がそれぞれ違っていることに注意してください．つまり，図 2.28 の円柱座標の $\boldsymbol{a}_r$ は z 軸に対して常に垂直方向となりますが，図 2.31 の

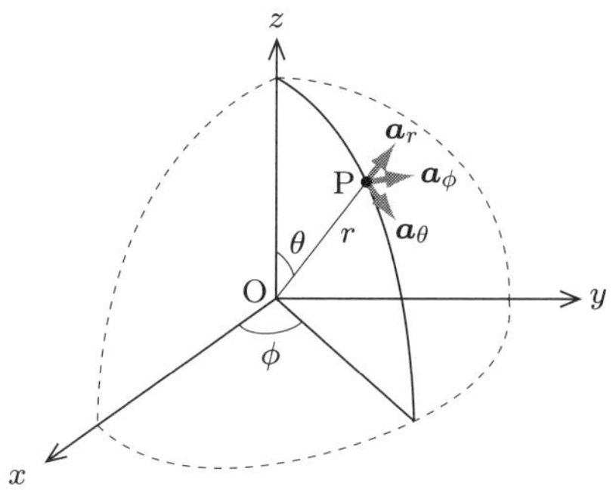

図 2.31　球座標の単位ベクトル

球座標の $\boldsymbol{a}_r$ は原点から点 P の方向となっています．

以下に，球座標の単位ベクトルと直角座標の単位ベクトルの関係を示しておきます．

●球座標の単位ベクトル $(\boldsymbol{a}_r, \boldsymbol{a}_\theta, \boldsymbol{a}_\phi)$ と直角座標の単位ベクトル $(\boldsymbol{a}_x, \boldsymbol{a}_y, \boldsymbol{a}_z)$ の関係

$$\begin{bmatrix} \boldsymbol{a}_r \\ \boldsymbol{a}_\theta \\ \boldsymbol{a}_\phi \end{bmatrix} = \begin{bmatrix} \sin\theta\cos\phi & \sin\theta\sin\phi & \cos\theta \\ \cos\theta\cos\phi & \cos\theta\sin\phi & -\sin\theta \\ -\sin\phi & \cos\phi & 0 \end{bmatrix} \begin{bmatrix} \boldsymbol{a}_x \\ \boldsymbol{a}_y \\ \boldsymbol{a}_z \end{bmatrix} \tag{2.73}$$

この関係式は，点電荷による電界計算（☞ **例題 4.2**）でも利用します．

最後に，球座標の場合も円柱座標と同様に，図 2.32 に示すような球内の微小な立方体のような形（灰色の部分）を考えます．

図の微小な立方体の各辺の微分線素は，$\mathrm{d}r$，$r\mathrm{d}\theta$，$r\sin\theta\mathrm{d}\phi$ です．各微分線素から立方体の底面（原点に近い側）の微分面素は $\mathrm{d}s_1 = r^2\sin\theta\mathrm{d}\theta\mathrm{d}\phi$，側面の微分面素は $\mathrm{d}s_2 = r\mathrm{d}r\mathrm{d}\theta$，上面（$\theta$ 方向）の微分面素は $\mathrm{d}s_3 = r\sin\theta\mathrm{d}r\mathrm{d}\phi$ となります．さらに，微分体積は，三つの微分線素から $\mathrm{d}v = r^2\sin\theta\mathrm{d}r\mathrm{d}\theta\mathrm{d}\phi$ となります．

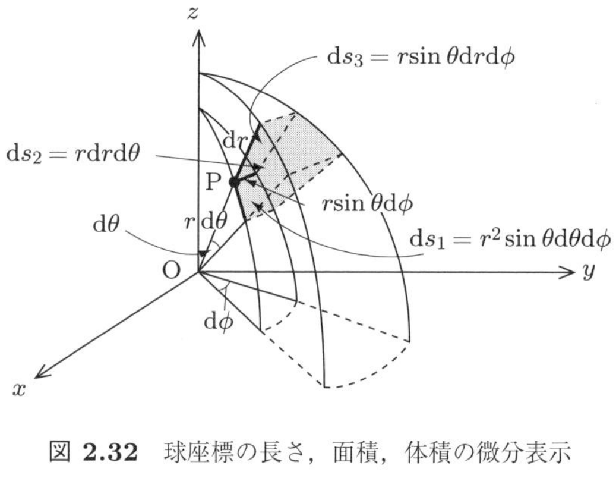

図 2.32　球座標の長さ，面積，体積の微分表示

例題 2.9 図 2.33 に示すような，半径 a[m] の球の一部分 ($\phi_1 = \pi/6$, $\phi_2 = \pi/3$, $\theta = \pi/2$) の球面の表面積 S_1 および体積 V を求めなさい．

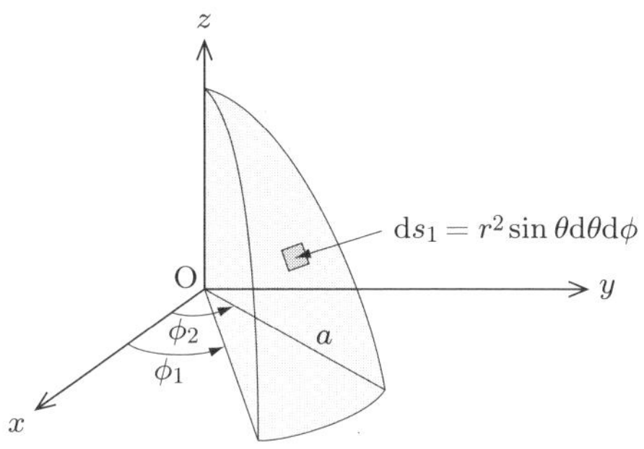

図 2.33 例題 2.9 の球の一部分

解 答 まず，球表面の微分面素は，図に示すように，$\mathrm{d}s_1 = r^2\sin\theta\mathrm{d}\theta\mathrm{d}\phi$ ですから

$$S_1 = \int_S \mathrm{d}s_1 = \int_{\pi/6}^{\pi/3}\int_0^{\pi/2} r^2\sin\theta\mathrm{d}\theta\mathrm{d}\phi = \left(\frac{\pi}{6}\right)a^2\Big[-\cos\theta\Big]_0^{\pi/2} = \left(\frac{\pi}{6}\right)a^2 \quad [\mathrm{m}^2]$$

となります．つぎに，球座標での微分体積は $\mathrm{d}v = r^2\sin\theta\mathrm{d}r\mathrm{d}\theta\mathrm{d}\phi$ ですから

$$V = \int_V \mathrm{d}v = \int_{\pi/6}^{\pi/3}\int_0^{\pi/2}\int_0^a r^2\sin\theta\mathrm{d}r\mathrm{d}\theta\mathrm{d}\phi = \left(\frac{\pi}{6}\right)\left[\frac{r^3}{3}\right]_0^a\Big[-\cos\theta\Big]_0^{\pi/2}$$
$$= \left(\frac{\pi}{18}\right)a^3 \quad [\mathrm{m}^3]$$

となります．

例題 2.10 円柱座標上の点 $\mathrm{P}(2, \pi/6, 0)$ から点 $\mathrm{Q}(2, \pi, 2)$ の距離を求めなさい．

解 答 円柱座標表示には角度が用いられているため，三平方の定理から直接距離を計算できません．したがって，点 P,Q を直角座標の表示に直す必要があります．式 (2.70) より（あるいは図を描くことにより），それぞれ

円柱座標：$\mathrm{P}(2, \pi/6, 0)$ → 直角座標：$\mathrm{P}(\sqrt{3}, 1, 0)$

円柱座標：$\mathrm{Q}(2, \pi, 2)$ → 直角座標：$\mathrm{Q}(-2, 0, 2)$

となります．よって，距離 d は

$$d = \sqrt{(\sqrt{3}+2)^2 + (1-0)^2 + (0-2)^2} = 4.35$$

となります．

2.4.3 円柱座標の微分演算

円柱座標における勾配 (grad)，発散 (div)，回転 (rot) の式を示しておきます．

$$\mathrm{grad}\, V = \frac{\partial V}{\partial r}\boldsymbol{a}_r + \frac{1}{r}\frac{\partial V}{\partial \phi}\boldsymbol{a}_\phi + \frac{\partial V}{\partial z}\boldsymbol{a}_z \tag{2.74}$$

$$\mathrm{div}\, \boldsymbol{A} = \frac{1}{r}\frac{\partial}{\partial r}(rA_r) + \frac{1}{r}\frac{\partial A_\phi}{\partial \phi} + \frac{\partial A_z}{\partial z} \tag{2.75}$$

$$\begin{aligned}\mathrm{rot}\boldsymbol{A} &= \left(\frac{1}{r}\frac{\partial A_z}{\partial \phi} - \frac{\partial A_\phi}{\partial z}\right)\boldsymbol{a}_r + \left(\frac{\partial A_r}{\partial z} - \frac{\partial A_z}{\partial r}\right)\boldsymbol{a}_\phi + \frac{1}{r}\left\{\frac{\partial (rA_\phi)}{\partial r} - \frac{\partial A_r}{\partial \phi}\right\}\boldsymbol{a}_z \\ &= \begin{vmatrix} \dfrac{\boldsymbol{a}_r}{r} & \boldsymbol{a}_\phi & \dfrac{\boldsymbol{a}_z}{r} \\ \dfrac{\partial}{\partial r} & \dfrac{\partial}{\partial \phi} & \dfrac{\partial}{\partial z} \\ A_r & rA_\phi & A_z \end{vmatrix}\end{aligned} \tag{2.76}$$

■ 2.4.4　球座標の微分演算

球座標における勾配 (grad)，発散 (div)，回転 (rot) の式を示しておきます．

$$\mathrm{grad}\, V = \frac{\partial V}{\partial r}\boldsymbol{a}_r + \frac{1}{r}\frac{\partial V}{\partial \theta}\boldsymbol{a}_\theta + \frac{1}{r\sin\theta}\frac{\partial V}{\partial \phi}\boldsymbol{a}_\phi \tag{2.77}$$

$$\mathrm{div}\, \boldsymbol{A} = \frac{1}{r^2}\frac{\partial}{\partial r}(r^2 A_r) + \frac{1}{r\sin\theta}\frac{\partial}{\partial \theta}(A_\theta \sin\theta) + \frac{1}{r\sin\theta}\frac{\partial A_\phi}{\partial \phi} \tag{2.78}$$

$$\begin{aligned}\mathrm{rot}\boldsymbol{A} &= \frac{1}{r\sin\theta}\left\{\frac{\partial (A_\phi \sin\theta)}{\partial \theta} - \frac{\partial A_\theta}{\partial \phi}\right\}\boldsymbol{a}_r + \frac{1}{r}\left\{\frac{1}{\sin\theta}\frac{\partial A_r}{\partial \phi} - \frac{\partial (rA_\phi)}{\partial r}\right\}\boldsymbol{a}_\theta \\ &\quad + \frac{1}{r}\left\{\frac{\partial (rA_\theta)}{\partial r} - \frac{\partial A_r}{\partial \theta}\right\}\boldsymbol{a}_\phi \\ &= \begin{vmatrix} \dfrac{\boldsymbol{a}_r}{r^2\sin\theta} & \dfrac{\boldsymbol{a}_\theta}{r\sin\theta} & \dfrac{\boldsymbol{a}_\phi}{r} \\ \dfrac{\partial}{\partial r} & \dfrac{\partial}{\partial \theta} & \dfrac{\partial}{\partial \phi} \\ A_r & rA_\theta & rA_\phi \sin\theta \end{vmatrix}\end{aligned} \tag{2.79}$$

2.5　ベクトル解析の諸公式

ここでは，いままでに説明した式のうち重要なものと，これから学ぶ電磁気学で必要になるベクトル解析の公式をまとめておきます．以下では，f, g を任意のスカラ関数，$\boldsymbol{A}, \boldsymbol{B}, \boldsymbol{C}$ を任意のベクトルとします．

●スカラ積 (内積, ドット積)

$$\boldsymbol{A} \cdot \boldsymbol{B} = A_x B_x + A_y B_y + A_z B_z = A\,B\cos\theta \tag{2.80}$$

●ベクトル積 (外積, クロス積)

$$\boldsymbol{A} \times \boldsymbol{B} = (A_y B_z - A_z B_y)\boldsymbol{a}_x + (A_z B_x - A_x B_z)\boldsymbol{a}_y + (A_x B_y - A_y B_x)\boldsymbol{a}_z$$
$$= \begin{vmatrix} \boldsymbol{a}_x & \boldsymbol{a}_y & \boldsymbol{a}_z \\ A_x & A_y & A_z \\ B_x & B_y & B_z \end{vmatrix} \tag{2.81}$$

●スカラ三重積・ベクトル三重積

$$\boldsymbol{A} \cdot (\boldsymbol{B} \times \boldsymbol{C}) = \boldsymbol{B} \cdot (\boldsymbol{C} \times \boldsymbol{A}) = \boldsymbol{C} \cdot (\boldsymbol{A} \times \boldsymbol{B}) \tag{2.82}$$

$$\boldsymbol{A} \times (\boldsymbol{B} \times \boldsymbol{C}) = (\boldsymbol{A} \cdot \boldsymbol{C})\boldsymbol{B} - (\boldsymbol{A} \cdot \boldsymbol{B})\boldsymbol{C} \tag{2.83}$$

●勾配 (grad)

直角座標 $$\mathrm{grad}\, f = \nabla f = \frac{\partial f}{\partial x}\boldsymbol{a}_x + \frac{\partial f}{\partial y}\boldsymbol{a}_y + \frac{\partial f}{\partial z}\boldsymbol{a}_z \tag{2.84}$$

円柱座標 $$\mathrm{grad}\, f = \frac{\partial f}{\partial r}\boldsymbol{a}_r + \frac{1}{r}\frac{\partial f}{\partial \phi}\boldsymbol{a}_\phi + \frac{\partial f}{\partial z}\boldsymbol{a}_z \tag{2.85}$$

球座標 $$\mathrm{grad}\, f = \frac{\partial f}{\partial r}\boldsymbol{a}_r + \frac{1}{r}\frac{\partial f}{\partial \theta}\boldsymbol{a}_\theta + \frac{1}{r \sin\theta}\frac{\partial f}{\partial \phi}\boldsymbol{a}_\phi \tag{2.86}$$

●発散 (div)

直角座標 $$\mathrm{div}\, \boldsymbol{A} = \nabla \cdot \boldsymbol{A} = \frac{\partial A_x}{\partial x} + \frac{\partial A_y}{\partial y} + \frac{\partial A_z}{\partial z} \tag{2.87}$$

円柱座標 $$\mathrm{div}\, \boldsymbol{A} = \frac{1}{r}\frac{\partial}{\partial r}(rA_r) + \frac{1}{r}\frac{\partial A_\phi}{\partial \phi} + \frac{\partial A_z}{\partial z} \tag{2.88}$$

球座標 $$\mathrm{div}\, \boldsymbol{A} = \frac{1}{r^2}\frac{\partial}{\partial r}(r^2 A_r) + \frac{1}{r \sin\theta}\frac{\partial}{\partial \theta}(A_\theta \sin\theta) + \frac{1}{r \sin\theta}\frac{\partial A_\phi}{\partial \phi} \tag{2.89}$$

●回転 (rot)

直角座標 $$\mathrm{rot}\boldsymbol{A} = \nabla \times \boldsymbol{A}$$
$$= \left(\frac{\partial A_z}{\partial y} - \frac{\partial A_y}{\partial z}\right)\boldsymbol{a}_x + \left(\frac{\partial A_x}{\partial z} - \frac{\partial A_z}{\partial x}\right)\boldsymbol{a}_y$$
$$+ \left(\frac{\partial A_y}{\partial x} - \frac{\partial A_x}{\partial y}\right)\boldsymbol{a}_z$$
$$= \begin{vmatrix} \boldsymbol{a}_x & \boldsymbol{a}_y & \boldsymbol{a}_z \\ \dfrac{\partial}{\partial x} & \dfrac{\partial}{\partial y} & \dfrac{\partial}{\partial z} \\ A_x & A_y & A_z \end{vmatrix} \tag{2.90}$$

円柱座標

$$\mathrm{rot}\boldsymbol{A} = \left(\frac{1}{r}\frac{\partial A_z}{\partial \phi} - \frac{\partial A_\phi}{\partial z}\right)\boldsymbol{a}_r + \left(\frac{\partial A_r}{\partial z} - \frac{\partial A_z}{\partial r}\right)\boldsymbol{a}_\phi + \frac{1}{r}\left\{\frac{\partial (rA_\phi)}{\partial r} - \frac{\partial A_r}{\partial \phi}\right\}\boldsymbol{a}_z = \begin{vmatrix} \dfrac{\boldsymbol{a}_r}{r} & \boldsymbol{a}_\phi & \dfrac{\boldsymbol{a}_z}{r} \\ \dfrac{\partial}{\partial r} & \dfrac{\partial}{\partial \phi} & \dfrac{\partial}{\partial z} \\ A_r & rA_\phi & A_z \end{vmatrix} \tag{2.91}$$

球座標

$$\mathrm{rot}\boldsymbol{A} = \frac{1}{r\sin\theta}\left\{\frac{\partial (A_\phi \sin\theta)}{\partial \theta} - \frac{\partial A_\theta}{\partial \phi}\right\}\boldsymbol{a}_r + \frac{1}{r}\left\{\frac{1}{\sin\theta}\frac{\partial A_r}{\partial \phi} - \frac{\partial (rA_\phi)}{\partial r}\right\}\boldsymbol{a}_\theta + \frac{1}{r}\left\{\frac{\partial (rA_\theta)}{\partial r} - \frac{\partial A_r}{\partial \theta}\right\}\boldsymbol{a}_\phi = \begin{vmatrix} \dfrac{\boldsymbol{a}_r}{r^2\sin\theta} & \dfrac{\boldsymbol{a}_\theta}{r\sin\theta} & \dfrac{\boldsymbol{a}_\phi}{r} \\ \dfrac{\partial}{\partial r} & \dfrac{\partial}{\partial \theta} & \dfrac{\partial}{\partial \phi} \\ A_r & rA_\theta & rA_\phi \sin\theta \end{vmatrix} \tag{2.92}$$

●ガウスの発散定理　(☞ 4.4 節)

$$\oint_S \boldsymbol{A}\cdot \mathrm{d}\boldsymbol{s} = \int_V (\mathrm{div}\boldsymbol{A})\,\mathrm{d}v \tag{2.93}$$

●ストークスの定理　(☞ 8.7 節)

$$\oint_C \boldsymbol{A}\cdot \mathrm{d}\boldsymbol{l} = \int_S (\mathrm{rot}\boldsymbol{A})\cdot \mathrm{d}\boldsymbol{s} \tag{2.94}$$

●その他の諸公式

$$\mathrm{grad}\,(fg) = g\,\mathrm{grad}\,f + f\,\mathrm{grad}\,g \tag{2.95}$$

$$\mathrm{rot}\,\mathrm{grad}\,f = \boldsymbol{0} \quad \text{または} \quad \nabla\times(\nabla f) = \boldsymbol{0} \tag{2.96}$$

$$\mathrm{div}\,\mathrm{rot}\,\boldsymbol{A} = 0 \quad \text{または} \quad \nabla\cdot(\nabla\times\boldsymbol{A}) = 0 \tag{2.97}$$

$$\mathrm{div}\,(f\boldsymbol{A}) = \boldsymbol{A}\cdot\mathrm{grad}\,f + f\,\mathrm{div}\,\boldsymbol{A} \tag{2.98}$$

$$\mathrm{rot}\,(f\boldsymbol{A}) = \mathrm{grad}\,f\times\boldsymbol{A} + f\,\mathrm{rot}\,\boldsymbol{A} \tag{2.99}$$

$$\mathrm{div}\,(\boldsymbol{A}\times\boldsymbol{B}) = \boldsymbol{B}\cdot\mathrm{rot}\boldsymbol{A} - \boldsymbol{A}\cdot\mathrm{rot}\boldsymbol{B} \tag{2.100}$$

$$\mathrm{rot}\,(\boldsymbol{A}\times\boldsymbol{B}) = (\boldsymbol{B}\,\mathrm{grad})\,\boldsymbol{A} - (\boldsymbol{A}\,\mathrm{grad})\,\boldsymbol{B} + \boldsymbol{A}\,\mathrm{div}\,\boldsymbol{B} - \boldsymbol{B}\,\mathrm{div}\,\boldsymbol{A} \tag{2.101}$$

ただし，$(\boldsymbol{B}\,\mathrm{grad})\,\boldsymbol{A} = B_x\dfrac{\partial A_x}{\partial x} + B_y\dfrac{\partial A_y}{\partial y} + B_z\dfrac{\partial A_z}{\partial z}$

$$\mathrm{grad}\,(\boldsymbol{A}\cdot\boldsymbol{B}) = (\boldsymbol{B}\,\mathrm{grad})\,\boldsymbol{A} + (\boldsymbol{A}\,\mathrm{grad})\,\boldsymbol{B} + \boldsymbol{A}\times\mathrm{rot}\,\boldsymbol{B} + \boldsymbol{B}\times\mathrm{rot}\,\boldsymbol{A} \tag{2.102}$$

$$\mathrm{rot}\,\mathrm{rot}\,\boldsymbol{A} = \mathrm{grad}\,\mathrm{div}\,\boldsymbol{A} - \nabla^2\boldsymbol{A} \tag{2.103}$$

ただし，$\nabla^2 = \dfrac{\partial^2}{\partial x^2} + \dfrac{\partial^2}{\partial y^2} + \dfrac{\partial^2}{\partial z^2}$

この公式は，波動方程式を求める際に用います (☞ 12.2 節．∇^2 はラプラシアンあるいはナブラ 2 乗と読む)．

演習問題

▶ **2.1**　以下の問いに答えなさい．

(1) 点 $(-2,4,1)$ から点 $(3,4,3)$ に向かうベクトル $\boldsymbol{A}$ を求めなさい．

(2) このベクトル $\boldsymbol{A}$ と同方向の単位ベクトル $\boldsymbol{a}$ を求めなさい．

▶ **2.2**　点 $(-6,3,-7)$ から点 $(6,3,-2)$ に向かう単位ベクトル $\boldsymbol{a}$ を求めなさい．

▶ **2.3**　3 次元座標において，$x=12, y=16$ で表される直線上の任意の 1 点から原点に向かう単位ベクトル $\boldsymbol{a}$ を求めなさい．

▶ **2.4**　原点から平面 $z=6$ 上の任意の 1 点に向かう単位ベクトル $\boldsymbol{a}$ を求めなさい．

▶ **2.5**　$\boldsymbol{A}=3\,\boldsymbol{a}_x-2\,\boldsymbol{a}_y+3\,\boldsymbol{a}_z$，$\boldsymbol{B}=-3\,\boldsymbol{a}_x+2\,\boldsymbol{a}_y-4\,\boldsymbol{a}_z$ および $\boldsymbol{C}=\boldsymbol{a}_x+\boldsymbol{a}_y-\boldsymbol{a}_z$ のとき，以下の (1)～(5) を求めなさい．

(1) $\boldsymbol{A}+\boldsymbol{B}+\boldsymbol{C}$

(2) $3\,\boldsymbol{A}+2\,\boldsymbol{B}+\boldsymbol{C}$

(3) $|\boldsymbol{A}-\boldsymbol{B}+\boldsymbol{C}|$

(4) $\boldsymbol{A}$と$\boldsymbol{B}$ のスカラ積

(5) $\boldsymbol{A}+\boldsymbol{B}+\boldsymbol{C}$ に平行な単位ベクトル

▶ **2.6**　$\boldsymbol{A}=3\,\boldsymbol{a}_x+3\,\boldsymbol{a}_y$，$\boldsymbol{B}=2\,\boldsymbol{a}_x+2\,\boldsymbol{a}_y+2\sqrt{2}\,\boldsymbol{a}_z$ のとき，以下の (1)～(7) を求めなさい．

(1) $\boldsymbol{A}\cdot\boldsymbol{B}$

(2) $\boldsymbol{A}$ と $\boldsymbol{B}$ のなす角

(3) $\boldsymbol{A}\times\boldsymbol{B}$

(4) $|\boldsymbol{A}\times\boldsymbol{B}|$

(5) $(\boldsymbol{A}+\boldsymbol{B})\cdot(\boldsymbol{A}-\boldsymbol{B})$

(6) $(\boldsymbol{A}+\boldsymbol{B})\times(\boldsymbol{A}-\boldsymbol{B})$

(7) $(3\,\boldsymbol{A}+\boldsymbol{B})\cdot(\boldsymbol{A}-3\,\boldsymbol{B})$

▶ **2.7**　ベクトル $\boldsymbol{A}=(3/\sqrt{2})\,\boldsymbol{a}_x+(3/\sqrt{2})\,\boldsymbol{a}_y+3\sqrt{3}\,\boldsymbol{a}_z$ とベクトル $\boldsymbol{B}=k\,\boldsymbol{a}_x+k\,\boldsymbol{a}_y$ が与えられたとき，

(1) スカラ積

(2) ベクトル積

を用いて $\boldsymbol{A}$ と $\boldsymbol{B}$ のなす角を求めなさい．ただし，k は任意の正の整数とする．

▶ **2.8**　ベクトル $\boldsymbol{A} = 6\,\boldsymbol{a}_x - 3\,\boldsymbol{a}_y - \boldsymbol{a}_z$ とベクトル $\boldsymbol{B} = \boldsymbol{a}_x + 4\,\boldsymbol{a}_y - 6\,\boldsymbol{a}_z$ が直交することを示しなさい．

▶ **2.9**　以下の (1)～(5) の式が成り立つことを示しなさい．

(1) $(\boldsymbol{A}+\boldsymbol{B})\cdot(\boldsymbol{A}-\boldsymbol{B}) = \boldsymbol{A}^2 - \boldsymbol{B}^2$

(2) $(\boldsymbol{A}+\boldsymbol{B})\times(\boldsymbol{A}-\boldsymbol{B}) = -2\,(\boldsymbol{A}\times\boldsymbol{B})$

(3) $\boldsymbol{A}\cdot(\boldsymbol{A}\times\boldsymbol{B}) = 0$

(4) $|\boldsymbol{A}\times\boldsymbol{B}|^2 = \boldsymbol{A}^2\boldsymbol{B}^2 - (\boldsymbol{A}\cdot\boldsymbol{B})^2$

(5) $\boldsymbol{A}\times(\boldsymbol{B}\times\boldsymbol{C}) + \boldsymbol{B}\times(\boldsymbol{C}\times\boldsymbol{A}) + \boldsymbol{C}\times(\boldsymbol{A}\times\boldsymbol{B}) = \boldsymbol{0}$

▶ **2.10**　以下の問いに答えなさい．

(1) $V(x,y,z) = x^2y^2 + xyz + 3xz^2$ の勾配を求めなさい．

(2) 方向を示す単位ベクトルが $\boldsymbol{a}_k = (\boldsymbol{a}_x + \boldsymbol{a}_y + \boldsymbol{a}_z)/\sqrt{3}$ で与えられているとき，点 $(1,1,1)$ における $\mathrm{grad}\,V$ の $\boldsymbol{a}_k$ に平行な成分を求めなさい．

▶ **2.11**　$\boldsymbol{A} = e^{-y}(\cos x\,\boldsymbol{a}_x - \cos x\,\boldsymbol{a}_y + \cos x\,\boldsymbol{a}_z)$ のとき，ベクトル $\boldsymbol{A}$ の発散を求めなさい．

▶ **2.12**　$\boldsymbol{A} = (1/\sqrt{x^2+y^2})\boldsymbol{a}_x$ のとき，点 $(1,1,0)$ における $\mathrm{div}\,\boldsymbol{A}$ を求めなさい．

▶ **2.13**　$\boldsymbol{A} = x\sin y\,\boldsymbol{a}_x + 2x\cos y\,\boldsymbol{a}_y + 2z^2\boldsymbol{a}_z$ のとき，点 $(0,0,1)$ における $\boldsymbol{\nabla}\cdot\boldsymbol{A}$ を求めなさい．

▶ **2.14**　$\boldsymbol{A} = \cos x\sin y\,\boldsymbol{a}_x + \sin x\cos y\,\boldsymbol{a}_y + \cos x\sin y\,\boldsymbol{a}_z$ のとき，ベクトル $\boldsymbol{A}$ の回転を求めなさい．

▶ **2.15**　**演習問題 2.14** の解に対する発散を求めなさい．

▶ **2.16**　$\boldsymbol{A} = x\sin y\,\boldsymbol{a}_x + 2x\cos y\,\boldsymbol{a}_y + 2z^2\boldsymbol{a}_z$ のとき，点 $(0,0,1)$ における $\boldsymbol{\nabla}\times\boldsymbol{A}$ を求めなさい．

▶ **2.17**　球座標上の点 $\mathrm{P}(2,\pi/4,0)$ から点 $\mathrm{Q}(2,3\pi/4,\pi)$ の距離をを求めなさい．

▶ **2.18**　任意のベクトル$\boldsymbol{A}$に対して，$\mathrm{div}\,\mathrm{rot}\,\boldsymbol{A} = 0$ となることを確かめなさい．

第 3 章 クーロンの法則と電界

本章から具体的な電磁気の話に入ります．クーロンの法則で与えられる力はベクトル量です．場の概念を用いることにより，クーロンの法則から電界が定義されます．したがって，電界もベクトル量となります．

また，電荷の位置が不明であるような場合でも，分布の考え方を利用して電界を求めることができます．このとき，第 2 章の円柱座標や球座標が使われますので，必要に応じて第 2 章の座標系の部分も参照してください．

3.1 クーロンの法則

電荷とは，電子や陽子などの素粒子がもつ性質の一つで，電子は負電荷，陽子は正電荷をもちます．電荷の単位はクーロン [C] です．

二つの電荷の間には，電荷の大きさに正比例し，距離の 2 乗に反比例する力がはたらきます．Q_1 と Q_2 の電荷が距離 r だけ離れている場合，比例定数を k とすると，力 F は

$$F = k \cdot \frac{Q_1 Q_2}{r^2} = \frac{1}{4\pi\varepsilon} \cdot \frac{Q_1 Q_2}{r^2} \ \text{[N]} \tag{3.1}$$

となります．力の単位はニュートン [N] です．これを**クーロンの法則**といいます．また，この力 $\boldsymbol{F}$ を**クーロン力**といいます．ベクトルの形で表記すると

$$\boldsymbol{F} = \frac{1}{4\pi\varepsilon} \cdot \frac{Q_1 Q_2}{r^2} \boldsymbol{a} \ \text{[N]} \tag{3.2}$$

と書き表せます．ここで，$\boldsymbol{a}$ は方向を表す単位ベクトルで，Q_1 と Q_2 を結ぶ直線の方向です．Q_1 と Q_2 の極性が同じならば斥力，異なれば引力となります．また，ε は媒質の誘電率で，$\varepsilon = \varepsilon_0 \varepsilon_r$ であり，その単位は [F/m] です（単位ファラド [F] については☞ 7.1 節）．ε_0 は真空の誘電率で，ε_r は比誘電率とよばれる物質定数（☞ 7.2 節）です．また，ε_0 の値は以下のとおりです[*1]．

[*1] 式 (3.3) は，10^{-12} なので「ピコっとややこしい」と覚えます．

$$\varepsilon_0 = 8.854187817\cdots \times 10^{-12} \tag{3.3}$$
$$\approx \frac{10^{-9}}{36\pi}[\mathrm{F/m}] \tag{3.4}$$

また，式 (3.4) の近似値は，真空の場合は比例定数 k(式 (3.1)) の値が

$$k = \frac{1}{4\pi\varepsilon_0} = \frac{36\pi}{4\pi \times 10^{-9}} = 9 \times 10^9$$

となり，比較的覚えやすい形になります．本章では，ε_0 は式 (3.4) の値を用い，媒質は真空と仮定します．

例題 3.1　Q_1 が $-20\,[\mu\mathrm{C}]$，Q_2 が $300\,[\mu\mathrm{C}]$ で，Q_1 は点 $(0,2,2)$ に，Q_2 は点 $(2,1,0)$ にあるとき，Q_2 が Q_1 に及ぼす力を求めなさい．

解　答　図 3.1 のように，直角座標において Q_2 から Q_1 に向かうベクトル $\boldsymbol{R}_{21}$ は

$$\boldsymbol{R}_{21} = (0-2)\boldsymbol{a}_x + (2-1)\boldsymbol{a}_y + (2-0)\boldsymbol{a}_z$$
$$= -2\boldsymbol{a}_x + \boldsymbol{a}_y + 2\boldsymbol{a}_z$$

となります．Q_1 と Q_2 の距離 r は

$$r = |\boldsymbol{R}_{21}| = \sqrt{(-2)^2 + 1^2 + 2^2} = 3$$

となりますから，単位ベクトルは，式 (2.3) から

$$\boldsymbol{a}_{21} = \frac{\boldsymbol{R}_{21}}{|\boldsymbol{R}_{21}|} = \frac{-2\boldsymbol{a}_x + \boldsymbol{a}_y + 2\boldsymbol{a}_z}{3}$$

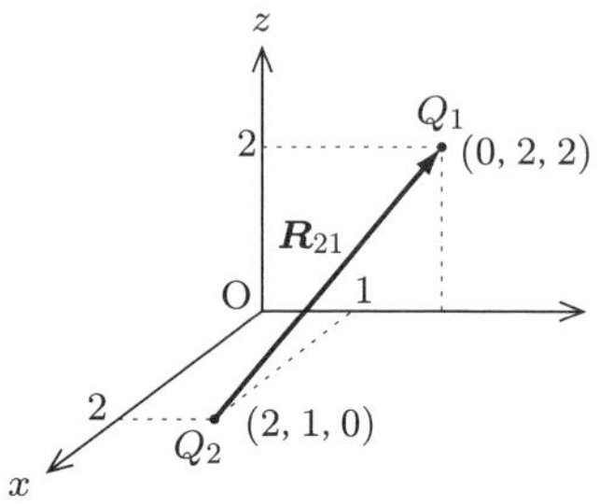

図 **3.1**　Q_2 が Q_1 に及ぼす力

となります．そして，式 (3.2) より

$$\boldsymbol{F} = \frac{Q_1Q_2}{4\pi\varepsilon_0 r^2}\boldsymbol{a}_{21} = \frac{(-20\times10^{-6})(300\times10^{-6})}{4\pi(10^{-9}/36\pi)(3)^2}\left(\frac{-2\boldsymbol{a}_x + \boldsymbol{a}_y + 2\boldsymbol{a}_z}{3}\right)$$
$$= -6\left(\frac{-2\boldsymbol{a}_x + \boldsymbol{a}_y + 2\boldsymbol{a}_z}{3}\right) = 6(-\boldsymbol{a}_{21})\quad[\mathrm{N}]$$

と求められ，$F = 6[\mathrm{N}]$ で方向が $-\boldsymbol{a}_{21}$ ですから，引力がはたらくことがわかります．

■ 3.1.1　場 (界) の概念　(☞ 3.2 節，第 8 章)

電磁気学では，よく「場」とか「界」という言葉が用いられます．また，電場あるいは電界，磁場あるいは磁界という 2 通りのいい方を耳にしたこともあると思います．しかし，重力場に対して重力界とは一般にいいません．この場とか界という言葉はまったく同じものを意味するのですが，歴史的背景と学問分野によって，どちらの言葉をもっぱら使うかが分かれます．ですから，電場も電界もまったく同じ意味なのです．

場とか界は，そのものが作用している空間（あるいは領域）を指します．重力場ならば，重力が作用している空間を指します．このとき，対象としているものが温度などのようなスカラ量であれば，スカラ場またはスカラ界といいます．これに対し，対象としているものがベクトル量であれば，ベクトル場またはベクトル界といいます．この場（界）の概念を理解するためには，以下の遠隔作用と近接作用の考え方が重要となります．

■ 3.1.2 遠隔作用と近接作用

ニュートンにより明らかにされた万有引力の法則では，二つの物体の質量が m_1 と m_2 で，その距離が d であるとき，二つの物体間に作用する力 F は

$$F = G\,\frac{m_1 m_2}{d^2} \tag{3.5}$$

で求められます．ここで，G は比例定数で，$6.67 \times 10^{-11}\,[\mathrm{m^3/(kg{\cdot}s^2)}]$ です．この当時は，物体に力を加えるには物質どうしを接触させる必要があると考えられていました．ニュートンは，なぜこのような力が作用するのかを明らかにすることはできませんでしたが，離れた物体の間に直接作用する力として，このような力を遠隔作用とよびました．

一方，近接作用は，クーロンの法則の発見がきっかけになりました．クーロンの法則とは，二つの電荷 Q_1 と Q_2 が距離 d にあるとき，式 (3.1) に示したように

$$F = k\,\frac{Q_1 Q_2}{d^2} \tag{3.6}$$

の力が作用するというものでした．当時，この式 (3.6) は，式 (3.5) と同じように遠隔作用の力と考えられていました．しかし，ファラデーは，電荷の周りの空間には歪みが生じ，その歪みが場を通して伝わり，ほかの電荷に力を及ぼすと考えました．

たとえば，図 3.2(a) のようにピンと張った布があり，その布の上に比較的大きなボールを置いたとします．すると，布は図 (b) のように凹みます．そこで，図 (b) のように，その近くに比較的軽い小さなボールを置くと，小さなボールは大きなボールに吸

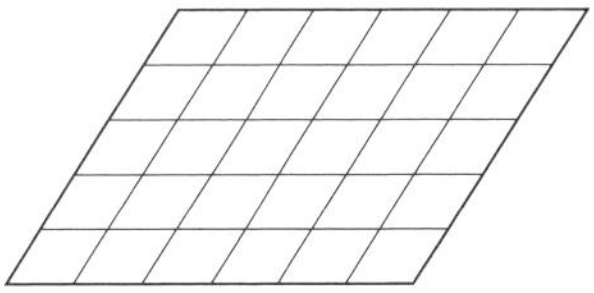

（a）張った布 = 場

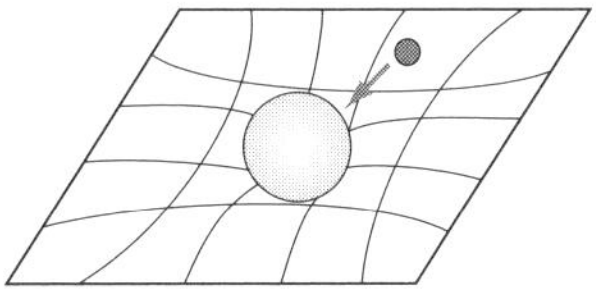

（b）ボールが置かれた布

図 **3.2** ピンと張った布

い寄せられるように凹みに向かって転がって行き，二つのボールの間には引力が作用しているように見えます．このような考え方が近接作用の力です．

この二つの考え方の大きな違いは，近接作用では作用が生じるまでに時間が必要である点です．その後，「万有引力もまた近接作用によるものである」と考えられるようになり，この立場に基づいて，アインシュタインの一般相対性理論へと発展していきます．

以上のことから，見方を変えれば電磁気学は，この場の性質や特徴を明らかにしようとする学問ともいえます．

そして，つぎの3.2節で述べるように，ここで説明した場の概念によってクーロン力が拡張され，電界が定義されることになりますから，場の概念は重要です．

3.2　電界　(☞ 3.1.1項)

まず，電界の話の前に，地球上で生活する私たちのことを考えてみましょう．地球と私たちの間には万有引力がはたらいています．しかし，人に比べて地球は非常に大きいので，(地球) ↔ (人) の間に力がはたらくというより，私たちが重力場の中に存在していると認識するのが一般的です．これは，**近接作用**の考え方であり，3.1.1項で述べたように「場 (界) の概念」です．

これと同様に，図3.1の電荷どうしであっても，Q_2 に比べて Q_1 が十分に小さく，Q_2 の電界に影響を及ぼさないと仮定すると，Q_1 上の単位電荷当たりにはたらく力を Q_2 がつくる電界 $\boldsymbol{E}$ と定義して，$\boldsymbol{E} = \boldsymbol{F}/Q_1$ となります．その単位は，[N/C] あるいは [V/m] です．ここで，Q_2 を単に Q と表記すると，電界 $\boldsymbol{E}$ は式 (3.2) から

$$\boldsymbol{E} = \frac{Q}{4\pi\varepsilon_0 r^2}\boldsymbol{a}\ [\mathrm{V/m}] \tag{3.7}$$

となります．この電界とは，たとえば地球の重力場に相当しています．したがって，この電界内に電荷が存在すれば，その電荷に力がはたらきます．すなわち，電界 $\boldsymbol{E}$ 内に q[C] の電荷あれば，その定義から $\boldsymbol{F} = q\boldsymbol{E}$ [N] となります．したがって，電界 $\boldsymbol{E}$ は，クーロン力を「場 (界) の概念」を用いて拡張したものと考えることができます．また，この電界は，空間における電波の強さを表すような場合に，**電界強度**とよばれることもあります．

例題 3.2　原点にある $Q = 0.5\,[\mu\mathrm{C}]$ の点電荷による，点 P(0, 3, 4) の電界 $\boldsymbol{E}$ を求めなさい．

解 答 図 3.3 のように，原点から点 P に向かうベクトル $\boldsymbol{R}$ は

$$\boldsymbol{R} = (0-0)\boldsymbol{a}_x + (3-0)\boldsymbol{a}_y + (4-0)\boldsymbol{a}_z = 3\boldsymbol{a}_y + 4\boldsymbol{a}_z$$

となり，その距離 r は

$$r = |\boldsymbol{R}| = R = \sqrt{3^2+4^2} = 5$$

と求められます．よって，ベクトル $\boldsymbol{R}$ の方向の単位ベクトル $\boldsymbol{a}_R$ は

$$\boldsymbol{a}_R = \frac{\boldsymbol{R}}{R} = \frac{3\boldsymbol{a}_y + 4\boldsymbol{a}_z}{5} = (3/5)\boldsymbol{a}_y + (4/5)\boldsymbol{a}_z$$

となりますから，電界 $\boldsymbol{E}$ は式 (3.7) より

$$\boldsymbol{E} = \frac{Q}{4\pi\varepsilon_0 R^2}\boldsymbol{a}_R = \frac{0.5\times10^{-6}}{4\pi(10^{-9}/36\pi)(5)^2}\{(3/5)\boldsymbol{a}_y + (4/5)\boldsymbol{a}_z\}$$
$$= 180\{(3/5)\boldsymbol{a}_y + (4/5)\boldsymbol{a}_z\} \quad [\mathrm{V/m}]$$

と求められ，電界の大きさ $|\boldsymbol{E}|$ は 180 [V/m] で，方向は $(3/5)\boldsymbol{a}_y + (4/5)\boldsymbol{a}_z$ となります．

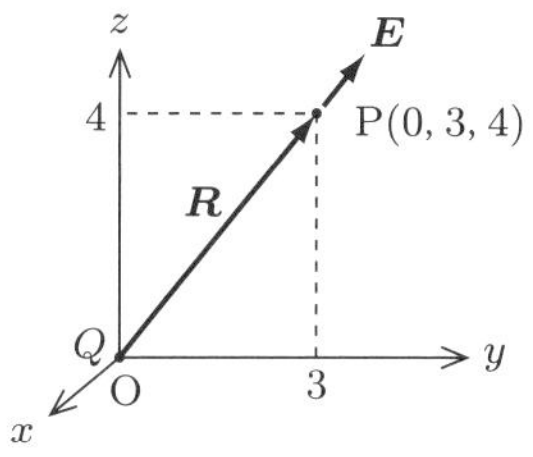

図 **3.3** 原点にある Q による点 P の電界

例題 3.3 図 3.4 のように，$Q = 0.5\,[\mu\mathrm{C}]$ の 4 個の点電荷が $(3,0,0)$，$(-3,0,0)$，$(0,3,0)$，$(0,-3,0)$ にそれぞれ置かれている．これら 4 個の点電荷による点 $\mathrm{P}(0,0,4)$ の電界 $\boldsymbol{E}$ を求めなさい．

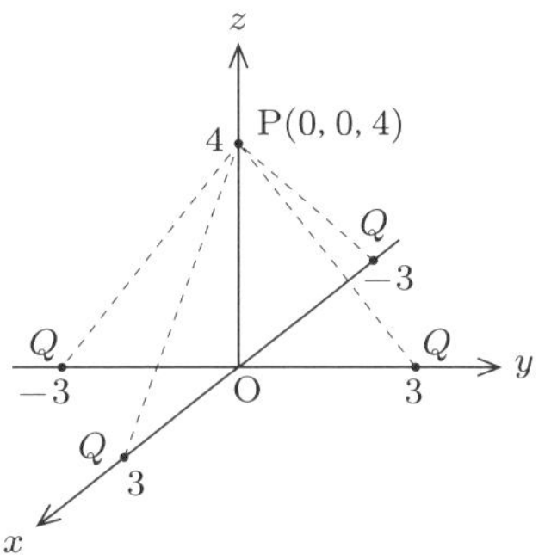

図 **3.4** 4 個の電荷による点 P の電界

解 答 $x=3$ に置かれた電荷 Q が点 P につくる電界 $\boldsymbol{E}_1$ は

$$\boldsymbol{E}_1 = \frac{0.5\times10^{-6}}{4\pi(10^{-9}/36\pi)(5)^2}\{-(3/5)\boldsymbol{a}_x + (4/5)\boldsymbol{a}_z\}$$
$$= 180\{-(3/5)\boldsymbol{a}_x + (4/5)\boldsymbol{a}_z\} \quad [\mathrm{V/m}]$$

となります．また，$x=-3$ にある電荷 Q による電界 $\boldsymbol{E}_2$ は

$$\boldsymbol{E}_2 = \frac{0.5 \times 10^{-6}}{4\pi(10^{-9}/36\pi)(5)^2}\{(3/5)\boldsymbol{a}_x + (4/5)\boldsymbol{a}_z\}$$
$$= 180\{(3/5)\boldsymbol{a}_x + (4/5)\boldsymbol{a}_z\} \ \ [\mathrm{V/m}]$$

となります．したがって，この 2 個の電荷による電界 $\boldsymbol{E}_1 + \boldsymbol{E}_2$ は，x 方向成分が打ち消されて z 方向成分のみとなることから，$2 \times 180 \times (4/5)\boldsymbol{a}_z = 288\boldsymbol{a}_z$ [V/m] となります．

y 軸上に置かれた 2 個の電荷の場合も同様なので，最終的に，求める電界 $\boldsymbol{E}$ は

$$\boldsymbol{E} = 576\boldsymbol{a}_z \ \ [\mathrm{V/m}]$$

のように求められます．

このように，複数の電荷がある場合でも，その**重ね合わせ**によって電界を求めることができます．

3.3　電荷分布による電界

ここで，電流について考えてみましょう．導体内を流れる電流は電荷の移動によるものですが，具体的には，導体内の電子の移動によるものです．この電子 1 個の電荷量は決まった値 $|e| = 1.602176487\cdots \times 10^{-19} \approx 1.6 \times 10^{-19}$ [C] であり，これを**素電荷**とよびます．この値が電荷の最小単位であり，どのような電荷であっても，この値の整数倍となります．したがって，1[C] の点電荷とは，約 6.25×10^{18} 個の電子に相当する大きな値です．

前節の電界は，点電荷によるものでした．しかし，ミクロな観点からすれば，電子は広がりをもっていますから，ある面積内，あるいはある体積内に電荷が存在すると考えるほうが合理的です．複数の電荷による電界を求めるためには，**例題 3.3** からもわかるように，すべての電荷の位置が与えられなければなりません．しかし，ある面内に多数の電荷が存在する場合，一般に，すべての電荷の位置を正確に知ることは困難です．そこで，このような場合は平均化して考えます．すなわち，ある面積内やある体積内に一様に電荷が分布していると考え，その内部の微小面積や微小体積を考えます．このように，一つひとつの電荷を考慮するのではなく，平均的な見方をするのが電荷分布の考え方です．

ここで点，線，面，立体の関係について考えてみると，

（点の集まり）→（線），（線の集まり）→（面），（面の集まり）→（立体）

を形成していると考えることができます．電荷がどのような形態に分布しているかによって計算方法も若干異なりますから，以降では，その形状ごとに区別して説明します．ただし，ここで重要な点は，イメージしにくいかも知れませんが，「**電荷は導体上**

に分布しているのではなく，電荷それ自体が空間的に線状，面状あるいは立体的に分布している」と考える点です．

■ 3.3.1　電荷の線状分布

まず，電荷が線状に分布している場合を考えます．図 3.5 に示す曲線（長さ L）内の微小長さ $\mathrm{d}l$ を考え，$\mathrm{d}l$ 内の電荷量を $\mathrm{d}Q$ で表すことにすると，$\mathrm{d}Q = \rho_l \mathrm{d}l$ です．ここで，ρ_l は単位長さ当たりの電荷量を表し，**線電荷密度**あるいは単に**電荷密度**とよばれます．この電荷密度 ρ_l の単位は [C/m] です．また，$\mathrm{d}Q$ を微分電荷とよぶことにします．微小長さ $\mathrm{d}l$ を考えているので，この微分電荷は点電荷と同様に扱うことができます．したがって，図の微分電界 $\mathrm{d}\boldsymbol{E}$ に対しては，式 (3.7) の点電荷と同様の式が成り立つと考えることができるので

$$\mathrm{d}\boldsymbol{E} = \frac{\mathrm{d}Q}{4\pi\varepsilon_0 R^2}\boldsymbol{a}_R \ [\mathrm{V/m}] \tag{3.8}$$

となります．ただし，$\boldsymbol{a}_R$ は点 P に向かう単位ベクトルです．したがって，この微分電界 $\mathrm{d}\boldsymbol{E}$ を使うと，線状に分布した電荷によって点 P につくられる電界 $\boldsymbol{E}$ は，線積分により

$$\boldsymbol{E} = \int_L \frac{\rho_l}{4\pi\varepsilon_0 R^2}\mathrm{d}l\,\boldsymbol{a}_R \ [\mathrm{V/m}] \tag{3.9}$$

で求めることができます．

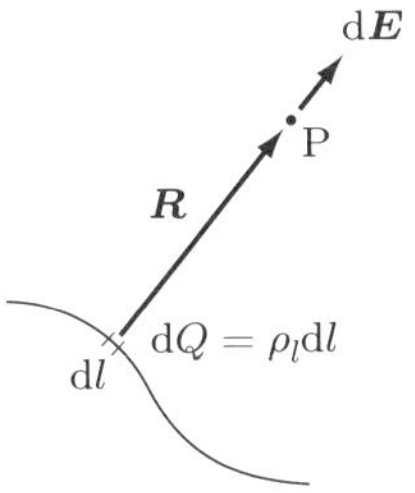

図 3.5　電荷の線状分布

例題 3.4　x 軸上の $x = 0$ [m] から $x = 10$ [m] の範囲に合計で 10 [nC] の電荷が一様に分布している．点 $x = 15$ での電界 $\boldsymbol{E}$ を求めなさい．

解　答　電荷密度の定義から，線電荷密度 ρ_l は

$$\rho_l = \frac{10\,[\mathrm{nC}]}{10\,[\mathrm{m}]} = 1\,[\mathrm{nC/m}] = 1 \times 10^{-9}\ [\mathrm{C/m}]$$

となります．また，電荷が分布しているところでの微小長さ $\mathrm{d}l$ は，x 軸上なので $\mathrm{d}x$ です．したがって，微小長さの微分電荷は $\mathrm{d}Q = \rho_l \mathrm{d}x$ となりますから，微分電界 $\mathrm{d}\boldsymbol{E}$ は，式 (3.8) より

$$\mathrm{d}\boldsymbol{E} = \frac{\mathrm{d}Q}{4\pi\varepsilon_0 R^2}\boldsymbol{a}_R = \frac{\rho_l \mathrm{d}x}{4\pi\varepsilon_0 x^2}\boldsymbol{a}_x \ [\mathrm{V/m}]$$

となります．よって，求める電界 $\boldsymbol{E}$ は

$$\begin{aligned}\boldsymbol{E} &= \int_5^{15} \frac{\rho_l}{4\pi\varepsilon_0 x^2}\mathrm{d}x\,\boldsymbol{a}_x = \frac{\rho_l}{4\pi\varepsilon_0}\int_5^{15}\frac{1}{x^2}\mathrm{d}x\,\boldsymbol{a}_x \\ &= 1\times 10^{-9}\times 9\times 10^9\left[-\frac{1}{x}\right]_5^{15}\boldsymbol{a}_x \\ &= 1.2\boldsymbol{a}_x \ [\mathrm{V/m}]\end{aligned}$$

となります．

■ 3.3.2　電荷の面状分布

つぎに，電荷が面状に分布している場合を考えます．この場合は，図 3.6 に示すように，面積 S 内の微小面積 $\mathrm{d}s$ を考えると，線状分布の場合と同様に，$\mathrm{d}s$ 内の電荷量は $\mathrm{d}Q = \rho_s \mathrm{d}s$ となります．ρ_s は単位面積当たりの電荷量で，**面電荷密度**あるいは単に電荷密度とよばれ，その単位は $[\mathrm{C/m^2}]$ です．したがって，面状分布でも微小面積を点電荷のように扱って，微分電界 $\mathrm{d}\boldsymbol{E}$ は

$$\mathrm{d}\boldsymbol{E} = \frac{\mathrm{d}Q}{4\pi\varepsilon_0 R^2}\boldsymbol{a}_R \ [\mathrm{V/m}] \tag{3.10}$$

となります．そして，面状に分布した電荷が点 P につくる電界 $\boldsymbol{E}$ は，面積分によって

$$\boldsymbol{E} = \int_S \frac{\rho_s}{4\pi\varepsilon_0 R^2}\mathrm{d}s\,\boldsymbol{a}_R \ [\mathrm{V/m}] \tag{3.11}$$

のように求められます．

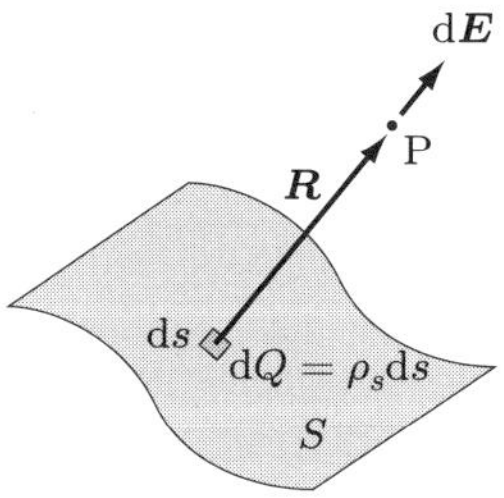

図 3.6　電荷の面状分布

例題 3.5 図 3.7 のように，原点を中心とする半径 10 [m] の円内に密度 $\rho_s = 1/90\pi$ [nC/m^2] で電荷が分布している．$z = 5$ [m] の点 P における電界 $\boldsymbol{E}$ を求めなさい．

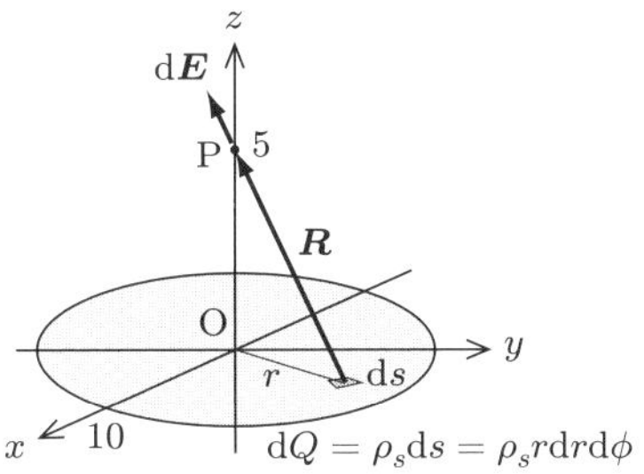

図 3.7 円内に分布する電荷による電界

解 答 この例題では円柱座標を用います（☞ 2.1.5 項，2.4 節）．図 3.7 の ds から点 P に向かうベクトルは $\boldsymbol{R} = -r\boldsymbol{a}_r + 5\boldsymbol{a}_z$ であり，距離は $R = \sqrt{r^2 + 5^2}$ となるので，単位ベクトル $\boldsymbol{a}_R$ は

$$\boldsymbol{a}_R = \frac{-r\boldsymbol{a}_r + 5\boldsymbol{a}_z}{\sqrt{r^2 + 25}}$$

となります．したがって，微分電界 d$\boldsymbol{E}$ は

$$\mathrm{d}\boldsymbol{E} = \frac{\mathrm{d}Q}{4\pi\varepsilon_0 R^2}\boldsymbol{a}_R = \frac{\rho_s r \mathrm{d}r \mathrm{d}\phi}{4\pi\varepsilon_0 (r^2 + 25)}\left(\frac{-r\boldsymbol{a}_r + 5\boldsymbol{a}_z}{\sqrt{r^2 + 25}}\right) \text{ [V/m]}$$

となります（上式途中の dQ の具体的な値 $\rho_s r \mathrm{d}r \mathrm{d}\phi$ については，☞ 2.4.2 項）．ここで，対称性から d$\boldsymbol{E}$ の r 方向成分は打ち消されて z 方向成分のみになることに注意すると，電界 $\boldsymbol{E}$ は

$$\begin{aligned}
\boldsymbol{E} &= \int_0^{2\pi}\int_0^{10} \frac{5\rho_s r}{4\pi\varepsilon_0 (r^2 + 25)^{3/2}} \mathrm{d}r \mathrm{d}\phi \, \boldsymbol{a}_z \\
&= \frac{5\rho_s}{4\pi\varepsilon_0}\int_0^{2\pi}\int_0^{10} \frac{r}{(r^2 + 25)^{3/2}} \mathrm{d}r \mathrm{d}\phi \, \boldsymbol{a}_z \\
&= \frac{5(10^{-9}/90\pi) \cdot 2\pi}{4\pi(10^{-9}/36\pi)}\left[\frac{-1}{\sqrt{r^2 + 25}}\right]_0^{10} \boldsymbol{a}_z = 0.11\boldsymbol{a}_z \text{[V/m]}
\end{aligned}$$

のように求められます．

■ 3.3.3 電荷の体積分布

電荷が体積分布している場合は，線状分布や面状分布と同様に，図 3.8 のように微小体積 dv を考えます．このときの電荷密度は ρ_v[C/m^3] となります．そして，線状分布や面状分布の場合と同様に，微分電界 d$\boldsymbol{E}$ は式 (3.12)，体積分布した電荷が点 P につくる電界 $\boldsymbol{E}$ は式 (3.13) となります．

$$\mathrm{d}\boldsymbol{E} = \frac{\mathrm{d}Q}{4\pi\varepsilon_0 R^2}\boldsymbol{a}_R \text{ [V/m]} \tag{3.12}$$

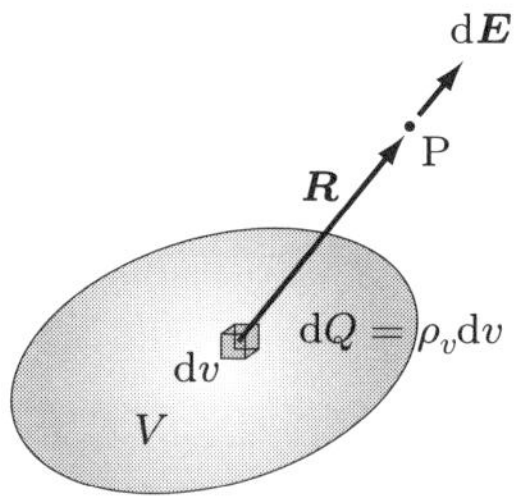

図 3.8　電荷の体積分布

$$\boldsymbol{E} = \int_V \frac{\rho_v}{4\pi\varepsilon_0 R^2} \mathrm{d}v\, \boldsymbol{a}_R \text{ [V/m]} \tag{3.13}$$

以上では，電荷分布による電界について述べましたが，どの場合も微小部分を考えますから，微分電界の式は形式的には同じになります．しかし，実際に電界を計算する際の積分がそれぞれ線積分，面積分，体積積分と異なることに注意してください．

また，以上のように，電荷密度には ρ_l, ρ_s, ρ_v の3種類がありましたが，一般に，電荷密度 ρ といった場合には単位体積当たりの密度，すなわち ρ_v [C/m^3] のことを指します．電荷密度の本質は体積分布です．3.3節の初めにも述べたように，個々の電子はある程度の広がりをもっていますから，ある体積内に存在すると考えるのが合理的です．したがって，線電荷密度 ρ_l や面電荷密度 ρ_s はあくまで，そのように近似することができるように分布していると考えるべきです．その意味からも，一般に電荷密度 ρ といった場合は体積分布となります．

例題 3.6　無限に広がる平面に電荷が一様に分布しているときの電界は，面からの距離に依存しない理由を説明しなさい．

解　答　まず，図3.9(a) のように平面から垂直に距離 h の点Pをとり，h からの角度 θ の面積 S 内に限定して考えましょう．微分電荷 dQ により点Pにつくられる微分電界 d$\boldsymbol{E}$ は，式 (3.10) から h^2 に反比例します．すなわち，電界の値は，距離の2乗で急激に減少します．

つぎに，この円錐の高さ h と底面積 S の関係を求めるため，図3.10(a) に示すように，球座標において円錐の頂点を原点とし，底面を $+z$ 方向とした図形を考えます（☞2.1.5節）．そして，図 (a) を $+x$ 方向から見た図を図 (b) に示します．ここで，図3.9の距離 h は，図3.10(b) においては z に対応していることに注意してください．図3.10(b) より，z と r の関係は

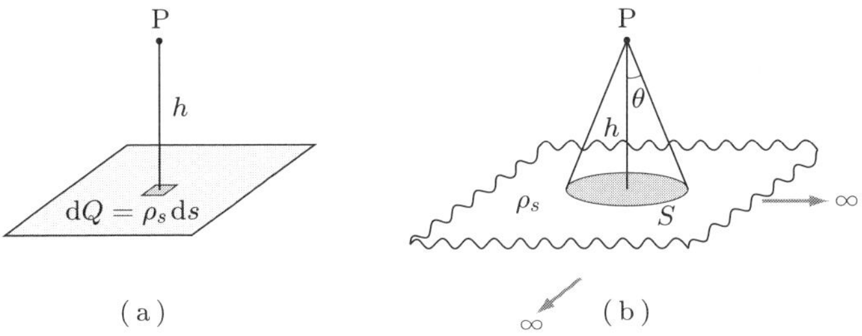

図 **3.9**　面電荷密度と観測点

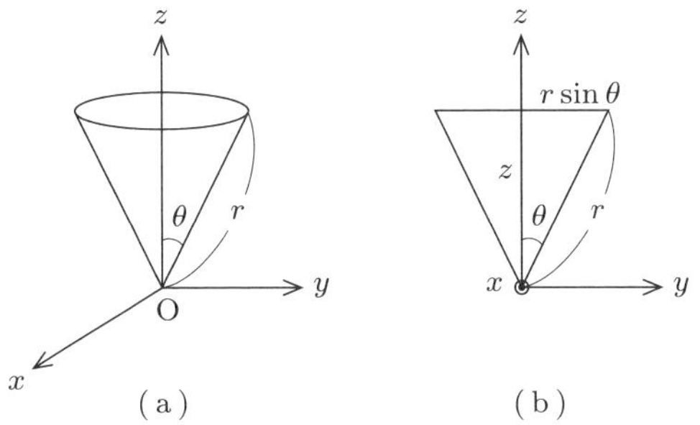

図 **3.10**　円錐の高さと底面積の関係

$$z = r\cos\theta \quad および \quad r = \frac{z}{\cos\theta}$$

となります．そして，図 (b) より，円錐の底面の半径は $r\sin\theta$ ですから，底面積 S は

$$S = (r\sin\theta)^2\pi = \left(\frac{z}{\cos\theta}\ \sin\theta\right)^2 \pi = z^2\pi\tan^2\theta$$

なります．ここで，θ は一定値と考えていますので，$\tan^2\theta$ は定数となり，z 以外の値を比例定数 k とおくと

$$S = k\,z^2$$

の関係が得られます．つまり，円錐の底面積 S は，高さ h の 2 乗に比例して増加します．

面電荷の微分電荷 $\mathrm{d}Q$ による微分電界 $\mathrm{d}\boldsymbol{E}$ (式 (3.10)) や，その面積分により与えられる電界 $\boldsymbol{E}$ (式 (3.11)) は，距離 R の 2 乗に反比例しています．これに対し，影響を与える面積 S は距離の 2 乗に比例します．このため，式 (3.10) や式 (3.11) の Q や $\rho_s\mathrm{d}s$ の値が距離の 2 乗に比例して増加するため，結果として，面電荷による電界の式は距離に依存しない形となります．

また，ここでは詳しい説明は行いませんが，同様に考えると，**演習問題 3.3** の無限に長い線電荷による電界は，距離に反比例することがわかります．

演習問題

▶ **3.1**　1 辺が l [m] の立方体の各頂点に 8 個の点電荷 Q[C] がそれぞれ置かれている．立方体の底面の 4 個の頂点の座標が $(0,0,0)$，$(l,0,0)$，$(0,l,0)$，$(l,l,0)$ であるとき，(l,l,l) に置かれた電荷に加わる力 $\boldsymbol{F}$ を求めなさい．

▶ **3.2**　**例題 3.2** において，0.1 [μC] の点電荷をどこに置くと点 P の電界がゼロになるかを求めなさい．

▶ **3.3**　電荷が z 軸上の $-\infty$ から $+\infty$ に電荷密度 ρ_l で線状に分布している．このとき，z 軸に垂直で距離 a の点における電界 $\boldsymbol{E}$ を求めなさい．

ポイント　この問題の結果から，無限の直線状に分布した電荷による電界は，直線に垂直な方向を向き，**直線からの距離に反比例する**という特徴があることがわかります（距離の 2 乗ではなくなることに注意．☞ **例題 3.6**）．

▶ **3.4**　無限に広がる x-y 平面上に，電荷が ρ_s [C/m^2] で分布している．このとき，z 軸上の点 $\mathrm{P}(0,0,h)$ および点 $\mathrm{P}'(0,0,-h)$ での電界 $\boldsymbol{E}$ を求めなさい．

ポイント　この問題の結果から，無限の平面に分布した電荷による電界は，その平面の法線方向を向き，かつ**面からの距離に依存しない**という特徴があることがわかります (☞ **例題 3.6**)．

▶ **3.5**　原点を中心とする半径 3 [m] の円状電荷が $z = 0$ [m] の平面にある．この円環の線電荷密度が $\rho_l = 25$ [nC/m] であるとき，点 $\mathrm{P}(0,0,4)$ における電界 $\boldsymbol{E}$ を求めなさい．

▶ **3.6**　原点に点電荷 Q [C] を置いたところ，点 $\mathrm{P}(0,0,4)$ における電界 $\boldsymbol{E}$ の値が**演習問題 3.5** の結果と同じになった．Q [C] の電荷量を求めなさい．

第4章 電束密度およびガウスの法則

第3章で定義された電界の様子を可視化するために，電気力線が考えられました．本章では，この電気力線と電束の違いについて説明し，電界と電束密度の関係を明らかにします．有力な計算方法の一つであるガウスの法則を用いて電界を求めますが，第3章で説明した電界の計算方法と比較することで，より理解を深められる思います．

4.1 電気力線と電束

3.2節で述べたように，電界はクーロン力を元に定義されました．この電界の様子を可視化するために，仮想的な電気力線が考えられました．電気力線は正電荷から始まり負電荷に終わる[*1]連続曲線で，密ならば電界が強く，逆に，疎であれば弱くなります．また，何もないところから発生したり途中で消えたりしない，枝分かれや交差しないという性質をもちます．クーロンの法則では，二つの電荷の極性が異なれば引力，同じならば斥力となりますから，このときの電気力線の様子を図4.1に示します．

一つの正電荷あるいは負電荷の場合は，図4.2のように，無限に伸びる直線状の電気力線となります．ただし，図は平面的に描かれていますが，実際の電気力線は3次元空間内を放射状に無限遠点まで伸びていることに注意してください．無限遠まで広

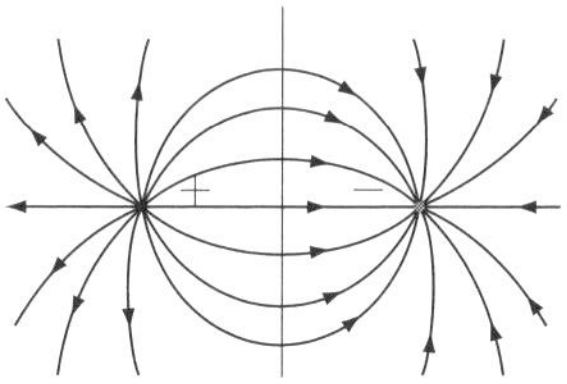

(a) 極性が異なる場合

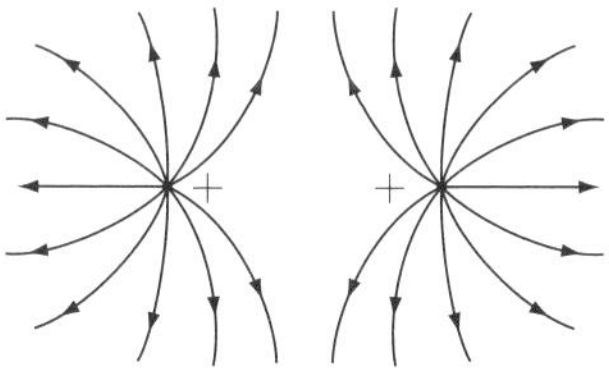

(b) 極性が同じ場合

図 **4.1** 二つの電荷の電気力線

---

*1 一方の極性の電荷しかない場合は，他方の極性の電荷が無限遠にあると考えます．

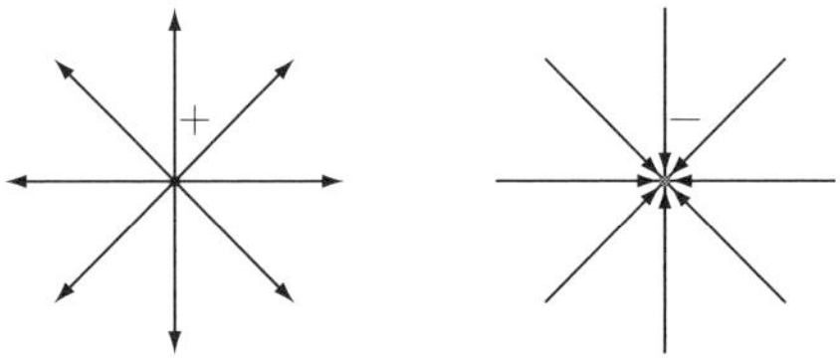

(a) 正電荷　　(b) 負電荷

図 4.2　一つの電荷の電気力線

がっているので無限遠点では密度はゼロになる，つまり電荷の影響はなくなります．

以上のように，電気力線を用いて電界の様子を表すことができますが，この電気力線の本数は，つぎのように定義されています．

> **$|\boldsymbol{E}| = 1\,[\mathbf{V/m}]$ の点において電気力線に垂直な単位面積内の電気力線の本数を $\mathbf{1}\,[\text{本}/\mathbf{m}^2]$ と定義する**

すなわち，電気力線の本数は，電界を基準にした数え方になっています．では，この電気力線の具体的な本数について考えてみましょう．図 4.3 に示すように，真空中で原点に $Q\,[\mathrm{C}]$ の点電荷があり，原点を中心とする半径 $r = 1\,[\mathrm{m}]$ の単位球の表面全体を貫く電気力線の本数を考えます．単位球面上の電界強度 E は，半径 $r = 1\,[\mathrm{m}]$ ですから，式 (3.7) において $r = 1$ となるので

$$E = \frac{Q}{4\pi\varepsilon_0}\ [\mathrm{V/m}] \tag{4.1}$$

となります．そして，点電荷 Q からの電気力線は，図のように点対称的に放射状に出ていますから，単位球面上のどの点においても電界強度は等しいため，電気力線の密度も等しくなっています．したがって，単位球面全体の電気力線の本数 N は，単位球の表面積 4π を式 (4.1) にかけて

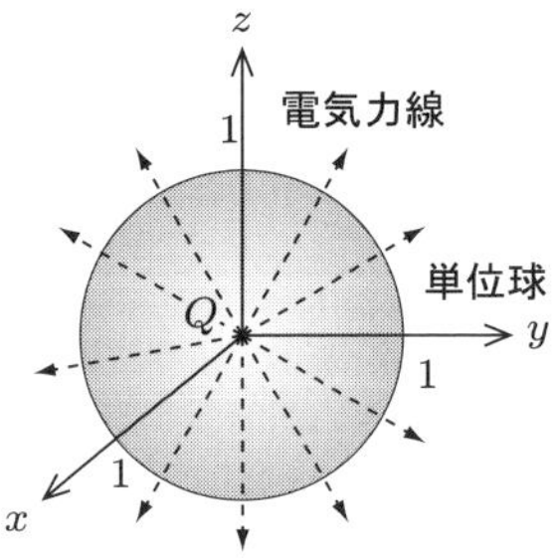

図 4.3　単位球内の点電荷と電気力線

$$N = \frac{Q}{4\pi\varepsilon_0} \times 4\pi = \frac{Q}{\varepsilon_0}\ [本] \tag{4.2}$$

と求められ，Q [C] の電荷からは Q/ε_0 [本] の電気力線が出ていることになります．

さて，電気力線の本数には，真空の誘電率 ε_0 が含まれています．詳しくは第 7 章で述べますが，真空以外の媒質の場合には，媒質の誘電率 ε の値によって電気力線の本数が変わってしまうことになります．そこで，媒質には無関係に，1 [C] の電荷から 1 本の力線が出るものと定義した**電束** Ψ が用いられます．電束は，電気力線と似ていますが，電束 $\neq$ 電気力線であることに注意してください．また，1 [C] の電荷から 1 本ですから，電束の単位は [本] ではなく，電荷と同じクーロン [C] と定義します．

4.2　電束と電束密度

前節で定義したように，1 [C] の電荷から 1 [C] の電束 Ψ が生じることになりますから，電束と電荷の関係は

$$\Psi = Q\ [\mathrm{C}] \tag{4.3}$$

となります．つぎに，電束 Ψ の単位面積当たりの電束数である**電束密度** $\boldsymbol{D}$ を定義します．電束 Ψ は電荷によって生じる力線の総数ですから，方向成分をもたないスカラ量でした．しかし，電束密度 $\boldsymbol{D}$ は，以下で説明するようにベクトル量となります．

図 4.4 は，表面積 S，体積 V の球の中心に点電荷 Q が存在する場合を示しています．球表面の微小面積 $\mathrm{d}s$ を貫く電気力線の総数を $\mathrm{d}\Psi$ とします．この電気力線 $\mathrm{d}\Psi$ は，微小面に対して法線方向を向いています．したがって，電束密度 $\boldsymbol{D}$ は

$$\boldsymbol{D} = \frac{\mathrm{d}\Psi}{\mathrm{d}s}\boldsymbol{a}_n\ [\mathrm{C/m^2}] \tag{4.4}$$

で定義でき，方向をもつ量，すなわちベクトル量となります．ただし，上式の $\boldsymbol{a}_n$ は，微分面素 $\mathrm{d}s$ に対する単位法線ベクトルです．

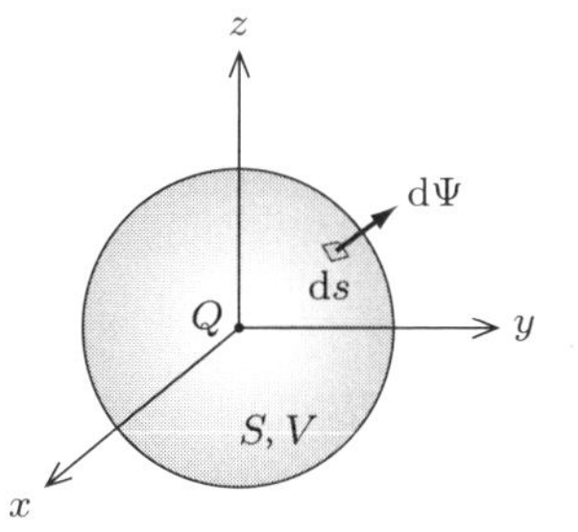

図 **4.4**　電束密度 $\boldsymbol{D}$

4.3 ガウスの法則（積分形）

ここで，式 (4.4) の右辺のスカラ量の部分を表面積 S にわたって積分すると

$$\oint_S \frac{\mathrm{d}\Psi}{\mathrm{d}s}\mathrm{d}s = \Psi \text{ [C]} \tag{4.5}$$

となります．そして，式 (4.3) のように $\Psi = Q$ ですから，式 (4.4) と式 (4.5) より

$$\oint_S \boldsymbol{D}\cdot\mathrm{d}\boldsymbol{s} = Q\left(=\int_V \rho\,\mathrm{d}v\right) \text{ [C]} \tag{4.6}$$

の関係が得られます．なお，$\boldsymbol{D}\cdot\mathrm{d}\boldsymbol{s}$ の意味については後ほど説明します．この式は**ガウスの法則**とよばれ，第 12 章で説明するマクスウェルの方程式の一つとなっています．式 (4.6) の ( ) の部分は，電荷密度を用いた体積積分になります．このガウスの法則を言葉にすると

> **電束内の任意の閉曲面 S を考えたとき，電束密度を S にわたって積分した値は，S の内部にある電荷量（あるいは電荷の総和）に等しい**

となります．

以上の議論は電束を元にした考え方ですが，もちろん電気力線を元にしても同様のことを考えることができます．文章で示すと

> **真空中の電界内で任意の閉曲面 S を考えたとき，S から出る電気力線の総量は，S の内部にある電荷の総和の $1/\varepsilon_0$ に等しい**

となります．この文章を式で表すと

$$\oint_S \boldsymbol{E}\cdot\mathrm{d}\boldsymbol{s} = \frac{1}{\varepsilon_0}\int_V \rho\,\mathrm{d}v\left(=\frac{Q}{\varepsilon_0}\right) \tag{4.7}$$

となり，表現は異なりますが，これもガウスの法則です．しかし，式 (4.6) に対して，式 (4.7) は真空に限定される点が違っています．

ここで，式 (4.6) や式 (4.7) の左辺の表現について，もう少し補足をしておくことにします．発散の説明（☞ 2.3.2 項）でも同様な表現を用いましたが，$\int_S \boldsymbol{D}\cdot\mathrm{d}\boldsymbol{s}$ や $\int_S \boldsymbol{E}\cdot\mathrm{d}\boldsymbol{s}$ の式の意味には，二つのポイントがあります．

① $\boldsymbol{D}\cdot\mathrm{d}\boldsymbol{s}$ の「·」は内積を指示する演算子ですから，省略することはできません

② $\int_S \mathrm{d}s$ は面積分を表し，具体的には $\iint \mathrm{d}x\mathrm{d}y$ のような重積分を行います

一例として，図 4.5 のような微小面積 $\mathrm{d}s$ が x-y 平面上にあり，電束密度が $\boldsymbol{D} = D_x\boldsymbol{a}_x + D_y\boldsymbol{a}_y + D_z\boldsymbol{a}_z$ で与えらた場合を考えてみます．図からも明らかなように，$\mathrm{d}s = \mathrm{d}x\mathrm{d}y$ であり，方向を考慮すれば，$\mathrm{d}\boldsymbol{s} = \mathrm{d}x\mathrm{d}y\,\boldsymbol{a}_z$ となります．したがって，

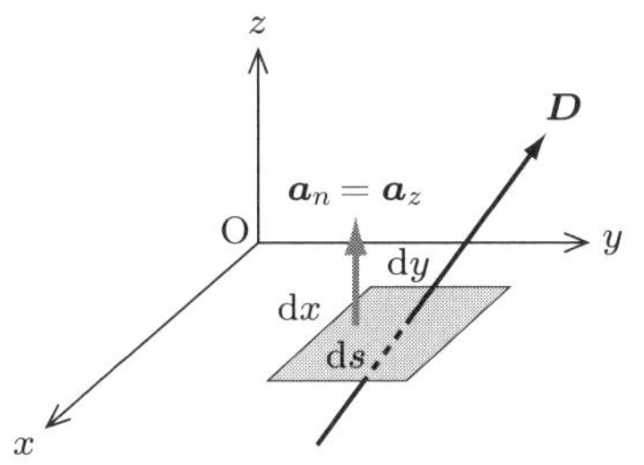

図 **4.5** ベクトルの面積分

$$\begin{aligned}\int_S \boldsymbol{D}\cdot \mathrm{d}\boldsymbol{s} &= \iint (D_x\boldsymbol{a}_x + D_y\boldsymbol{a}_y + D_z\boldsymbol{a}_z)\cdot \mathrm{d}x\mathrm{d}y\,\boldsymbol{a}_z \\ &= \iint D_x\mathrm{d}x\mathrm{d}y(\boldsymbol{a}_x\cdot\boldsymbol{a}_z) + \iint D_y\mathrm{d}x\mathrm{d}y(\boldsymbol{a}_y\cdot\boldsymbol{a}_z) \\ &\quad + \iint D_z\mathrm{d}x\mathrm{d}y(\boldsymbol{a}_z\cdot\boldsymbol{a}_z) \\ &= \iint D_z\mathrm{d}x\mathrm{d}y\end{aligned}$$

となります．この結果から明らかなように，簡便な表記として $\int_S \boldsymbol{D}\cdot\mathrm{d}\boldsymbol{s}$ のように書きますが，具体的な計算は「**面に垂直な成分 × 面積**」をしていることになります．ある意味，数学のような積分計算をしているわけではないともいえます．

■ ネット電荷（実効電荷） (☞ 6.3 節)

いままでの議論では電荷量に着目し，その正負に関してはとくに考慮していませんでした．しかし，電荷には正電荷と負電荷があり，電気力線も電束も，正電荷から始まり負電荷に終わると定義されています．したがって，図 4.6(a) のように体積 V 内に +2[C] の正電荷が 2 個と −2[C] の負電荷が 1 個ある場合と，図 (b) のように +2[C]

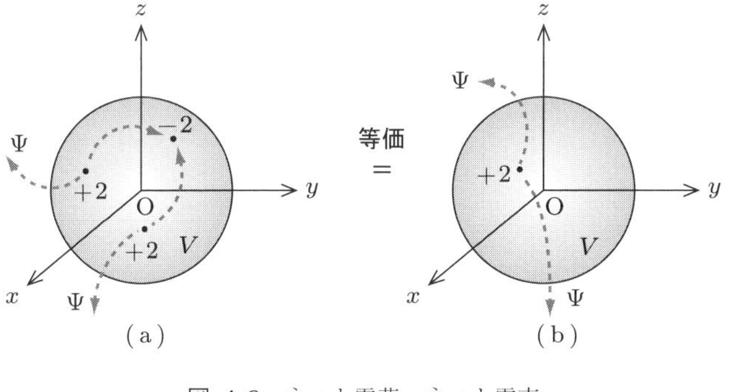

図 **4.6** ネット電荷，ネット電束

の正電荷が 1 個の場合は，体積 V の外部に与える影響は等価となります．

このことから，実際に影響（効果）を与える電荷量という意味で，図 4.6(a) の $+2+2-2=2\,[\mathrm{C}]$ を**ネット電荷**あるいは**実効電荷**とよんでいます．さらに，同じ意味で，**ネット電束**や**実効電束**という言葉も使われます．

4.4　ガウスの発散定理とガウスの法則（微分形）（☞ 2.3.2 項）

任意のベクトル $\boldsymbol{A}$ において

$$\oint_S \boldsymbol{A}\cdot \mathrm{d}\boldsymbol{s} = \int_V (\mathrm{div}\boldsymbol{A})\,\mathrm{d}v \tag{4.8}$$

の関係が常に成り立ちます．この関係式は，**ガウスの発散定理**あるいは単に**発散定理**とよばれています．ただし，V は閉曲面 S で囲まれる体積を表します．この式が常に成り立つことは，以下のように理解できます．

図 4.7(a), (b) に，ベクトル $\boldsymbol{A}$ の発生源を含む，表面積 S，体積 V の球を示します．ただし，図では球体としていますが，実際には球体である必要はなく，任意の立体でかまいません．まず，図 (a) は，式 (4.8) の左辺に対応したもので，球表面の微分面素 $\mathrm{d}\boldsymbol{s}$ を表面積 S にわたって積分します．したがって，球表面から出ていく力線の総和を計算しています．つぎの図 (b) は，式 (4.8) の右辺に対応したもので，ベクトル $\boldsymbol{A}$ の発散 $(\mathrm{div}\boldsymbol{A})$ を体積 V について体積積分しています．

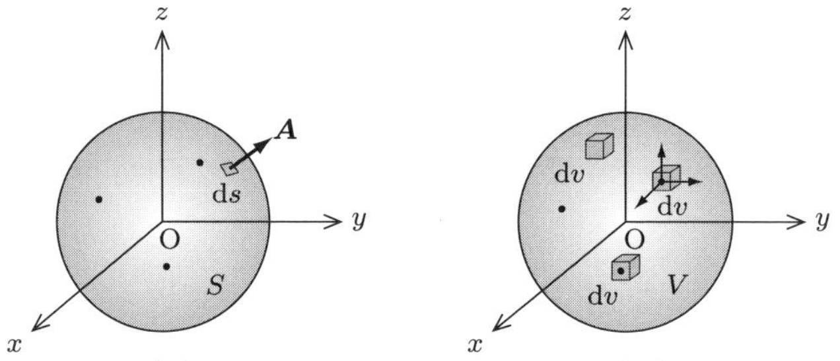

(a)　(b)

図 4.7　ガウスの発散定理

発散の説明（☞ 2.3.2 項）で述べたように，$\mathrm{div}\boldsymbol{A}$ の演算は，微小体積 $\mathrm{d}v$ 内にベクトル $\boldsymbol{A}$ の発生源が存在するかを調べるものでした．ある $\mathrm{d}v$ の外側に発生源がある場合は，力線が $\mathrm{d}v$ を貫通するので $\mathrm{div}\boldsymbol{A}=0$ となり，積分の値には寄与しません．したがって，$\mathrm{div}\boldsymbol{A}$ の値を求め，その値を体積全体にわたって積分した値は，球体内部から外に出ていく力線の正味の値になります．

以上のように，任意のベクトル界においてガウスの発散定理 (式 (4.8)) が成り立つことが理解できます．このガウスの発散定理を式 (4.7) に適用すると

$$\int_V (\mathrm{div}\boldsymbol{E})\,\mathrm{d}v = \frac{1}{\varepsilon_0}\int_V \rho\,\mathrm{d}v\ [\mathrm{V{\cdot}m}] \tag{4.9}$$

となり，両辺とも体積積分になりましたから，

$$\mathrm{div}\boldsymbol{E} = \frac{\rho}{\varepsilon_0}\ [\mathrm{V/m^2}] \tag{4.10}$$

となります．この式を，ガウスの法則（微分形）とよびます．さらに，式 (4.6) に適用すると

$$\mathrm{div}\boldsymbol{D} = \rho\ [\mathrm{C/m^3}] \tag{4.11}$$

となり，式 (4.10) と表現は異なりますが，これも同様に，ガウスの法則（微分形）とよびます．この式 (4.11) は，第 12 章で説明するマクスウェルの方程式の一つとなっています．そして，式 (4.10) と式 (4.11) から，電束密度 $\boldsymbol{D}$ と電界 $\boldsymbol{E}$ の間には

$$\boldsymbol{D} = \varepsilon_0\boldsymbol{E}\ [\mathrm{C/m^2}] \tag{4.12}$$

の関係が得られます．電界 $\boldsymbol{E}$ と電束密度 $\boldsymbol{D}$ は同方向のベクトルで，一方が得られれば，式 (4.12) によって他方も得られます．しかし，電界 $\boldsymbol{E}$ は単位正電荷当たりにはたらくクーロン力として定義されたものであるのに対し，電束密度 $\boldsymbol{D}$ は電荷から出る電束の密度として定義されたものですから，両者は本質的に異なるものであることに注意してください．

ここで，4.2～4.4 節で用いた球面は，暗黙のうちに以下のような性質を満足していました．

① 閉曲面である
② 曲面のどの点でも，電束密度 $\boldsymbol{D}$ は曲面に対して垂直方向か接線方向である
③ 電束密度 $\boldsymbol{D}$ が垂直である曲面上のすべての点において，D は同じ値である

このような性質をもつ面をガウス面とよびます．ここで説明したガウスの法則を用いると，**演習問題 3.3** に対して，ガウス面（閉曲面）を適当に選ぶことにより，もっと簡単に電界 $\boldsymbol{E}$ を求めることができます．

例題 4.1 電荷が z 軸上の $-\infty$ から $+\infty$ に電荷密度 ρ_l [C/m] で線状に分布しているとき，z 軸に垂直で距離 a [m] の点における電界 $\boldsymbol{E}$ を，ガウスの法則を用いて求めなさい．

解　答 この例題では，円柱座標を用います (☞ 2.1.5 項，2.4 節)．図 4.8(a) のように，z 軸から距離 a の点 P における電界 $\boldsymbol{E}$（もしくは電束密度 $\boldsymbol{D}$）は，微分電荷 $\mathrm{d}Q = \rho_l\,\mathrm{d}z$

を考えれば，対称性から z 成分が打ち消され，r 成分のみになります．したがって，図 (b) のように，z 軸を中心とする高さ h の閉じた円柱を，この場合のガウス面とします．

ガウスの法則の式 (4.6)，(4.7) のどちらを用いてもよいのですが，ここでは，式 (4.6) を用いることにします．図 (b) に式 (4.6) を適用すると，次式のようになります．

$$\int_{\text{上面}} \boldsymbol{D}\cdot \mathrm{d}\boldsymbol{s}_1 + \int_{\text{側面}} \boldsymbol{D}\cdot \mathrm{d}\boldsymbol{s}_2 + \int_{\text{下面}} \boldsymbol{D}\cdot \mathrm{d}\boldsymbol{s}_3 = Q$$

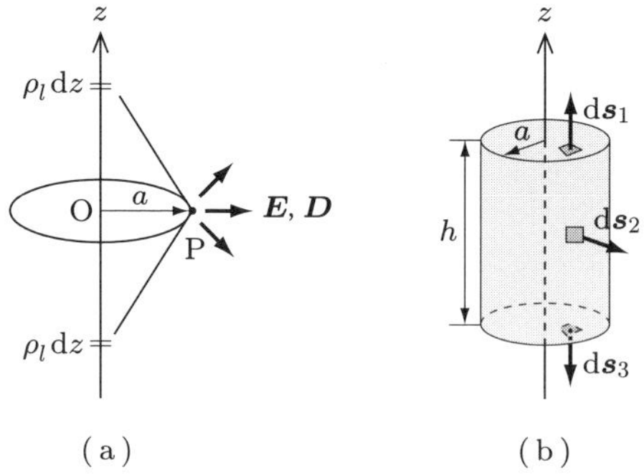

図 4.8　電荷の線状分布とガウス面

上式において，上面と下面では，電束密度 $\boldsymbol{D}$ と面素ベクトル $(\mathrm{d}\boldsymbol{s}_1, \mathrm{d}\boldsymbol{s}_3)$ は直交しているため，積分はゼロとなります．側面では半径 a が一定なので，D も一定ですから

$$\int_{\text{側面}} \boldsymbol{D}\cdot \mathrm{d}\boldsymbol{s}_2 = D\int_{\text{側面}} \mathrm{d}s_2 = D(2\pi a h) = Q$$

となります．この閉じた円柱内の電荷の総和は $Q = \rho_l\, h$ ですから，上式よりただちに

$$D = \frac{\rho_l\, h}{2\pi a h} = \frac{\rho_l}{2\pi a} \quad \text{および} \quad \boldsymbol{D} = \frac{\rho_l}{2\pi a}\,\boldsymbol{a}_r$$

と求められます．そして，$\boldsymbol{D} = \varepsilon_0 \boldsymbol{E}$ から

$$E = \frac{\rho_l}{2\pi\varepsilon_0 a} \quad \text{および} \quad \boldsymbol{E} = \frac{\rho_l}{2\pi\varepsilon_0 a}\,\boldsymbol{a}_r$$

となり，**演習問題 3.3** の結果と同じ答えとなります．以上のように，ガウスの法則を用いると，実際の積分は行わずに，面積をかけることにより答えを求めることができます．

例題 4.2　原点にある $Q = 0.5\,[\mu\mathrm{C}]$ の点電荷による点 $\mathrm{P}(0,3,4)$ の電界 $\boldsymbol{E}$ を，ガウスの法則を用いて直角座標の形で求めなさい．

解　答　まずは球座標で考え，その後，直角座標に変更します (☞ 2.4.2 項)．原点から点 $\mathrm{P}(0,3,4)$ までの距離は，$R = 5$ です．したがって，ガウス面としては，原点を中心とする半径 $R = 5$ の球を考えます．この球の表面積は $4\pi R^2$ ですから，ガウスの法則 (式

(4.6)) より

$$\int \boldsymbol{D}\cdot \mathrm{d}\boldsymbol{s} = D(4\pi R^2) = Q$$

が成り立ちます．よって

$$D = \frac{Q}{4\pi R^2} = \frac{0.5\times 10^{-6}}{100\pi} \quad \text{および} \quad \boldsymbol{D} = \frac{0.5\times 10^{-6}}{100\pi}\boldsymbol{a}_r$$

となります．そして，$\boldsymbol{D} = \varepsilon_0 \boldsymbol{E}$ から

$$\boldsymbol{E} = \frac{0.5\times 10^{-6}}{100\pi\varepsilon_0}\boldsymbol{a}_r = 180\,\boldsymbol{a}_r \ [\mathrm{V/m}]$$

と求められ，$E = 180\,[\mathrm{V/m}]$ が得られます．

ここで，単位ベクトルの部分が球座標表示の $\boldsymbol{a}_r$ のままですから，これを直角座標に変換します．点 P(0, 3, 4) の球座標における θ と ϕ の値は，図 4.9 に示したように，それぞれ次式の値となります．

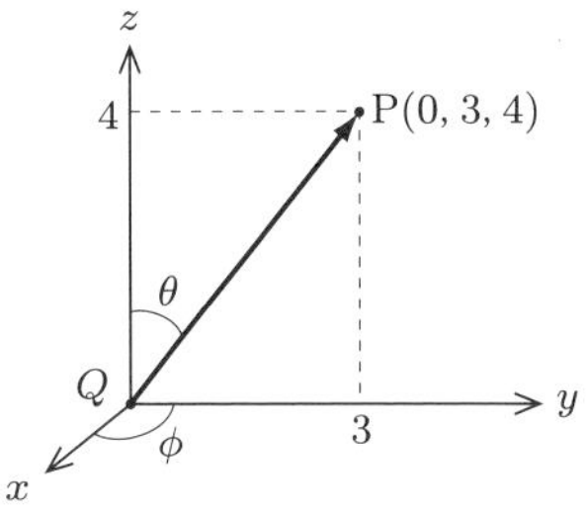

図 **4.9**　球座標の θ と ϕ

$$\sin\theta = \frac{3}{5}, \quad \cos\theta = \frac{4}{5}, \quad \phi = \frac{\pi}{2}$$

そして，球座標と直角座標の単位ベクトルの関係は，式 (2.73) の

$$\boldsymbol{a}_r = \sin\theta\cos\phi\,\boldsymbol{a}_x + \sin\theta\sin\phi\,\boldsymbol{a}_y + \cos\theta\,\boldsymbol{a}_z$$

の関係を用いて，先ほどの θ と ϕ の値を代入して計算すると

$$\begin{aligned}\boldsymbol{a}_r &= \sin\theta\cos\frac{\pi}{2}\,\boldsymbol{a}_x + \sin\theta\sin\frac{\pi}{2}\,\boldsymbol{a}_y + \cos\theta\,\boldsymbol{a}_z \\ &= (3/5)\boldsymbol{a}_y + (4/5)\boldsymbol{a}_z\end{aligned}$$

となりますから，最終的に $\boldsymbol{E} = 180\,\{(3/5)\boldsymbol{a}_y + (4/5)\boldsymbol{a}_z\}$ となり，**例題 3.2** の結果と一致します．

以上，二つの例題からわかるように，ガウスの法則は $\oint \boldsymbol{D}\cdot \mathrm{d}\boldsymbol{s}$ や $\oint \boldsymbol{E}\cdot \mathrm{d}\boldsymbol{s}$ の積分の表現になっていますが，実際の計算では積分を行うのではなく，ガウス面の性質から，単に表面積を掛けることにより電界 $\boldsymbol{E}$ や電束密度 $\boldsymbol{D}$ を求めることができます．

演習問題

▶ **4.1**　ガウスの法則を用いて，無限に広がる x-y 平面上に電荷が $\rho_s[\mathrm{C/m^2}]$ で分布しているときの円柱座標の点 P$(0, 0, h)$ での電束密度 $\boldsymbol{D}$ と電界 $\boldsymbol{E}$ を求めなさい．

▶ **4.2**　x-y 平面に平行な無限に広がる板状の体積中に，電荷が一様に分布している．電荷密度が $\rho_v\,[\mathrm{C/m^3}]$ で，板の厚さが z 軸上の値で z_1 から $z_2(z_1 < z_2)$ であるとき，電束密度 $\boldsymbol{D}$ をガウスの法則を用いて求めなさい．

第5章 静電界における仕事と電位

第3章では，クーロンの法則から場の概念によって電界が定義されることを説明しました．本章では，まず静電界の特徴である保存的性質を説明し，そのことから，電位を電気的な位置エネルギーとして解釈することができることを説明します．そして，このことから，電位は電界の勾配で与えられることを明らかにします．さらに，電荷分布から電位分布が求められることを示します．

5.1 電荷と仕事

3.2節で述べたように，電界 $\boldsymbol{E}$ 内に置かれた点電荷 Q は，$\boldsymbol{F} = Q\boldsymbol{E}$ の力を受けます．このとき，点電荷 Q を静止させておくには，逆方向の力 $\boldsymbol{F}_c = -Q\boldsymbol{E}$ を外部から加えなければなりません．ここで，仕事とは，力とその力がはたらいて移動した距離との積で表されますから，加えられた力 $\boldsymbol{F}_c$ により，電荷が微小距離 $\mathrm{d}l = |\mathrm{d}\boldsymbol{l}|$ だけ移動したときの微分仕事量 $\mathrm{d}W$ は，

$$\mathrm{d}W = \boldsymbol{F}_c \cdot \mathrm{d}\boldsymbol{l} = -Q\boldsymbol{E} \cdot \mathrm{d}\boldsymbol{l} \ [\mathrm{J}] \tag{5.1}$$

で求められます．その単位はジュール [J] です．この $\mathrm{d}\boldsymbol{l}$ を線素ベクトルとよび，この線素ベクトルを各座標系で表した場合は，以下のようになります．

$$\text{直角座標} \quad \mathrm{d}\boldsymbol{l} = \mathrm{d}x\,\boldsymbol{a}_x + \mathrm{d}y\,\boldsymbol{a}_y + \mathrm{d}z\,\boldsymbol{a}_z \tag{5.2}$$

$$\text{円柱座標} \quad \mathrm{d}\boldsymbol{l} = \mathrm{d}r\,\boldsymbol{a}_r + r\mathrm{d}\phi\,\boldsymbol{a}_\phi + \mathrm{d}z\,\boldsymbol{a}_z \tag{5.3}$$

$$\text{球座標} \quad \mathrm{d}\boldsymbol{l} = \mathrm{d}r\,\boldsymbol{a}_r + r\mathrm{d}\theta\,\boldsymbol{a}_\theta + r\sin\theta\mathrm{d}\phi\,\boldsymbol{a}_\phi \tag{5.4}$$

つぎの例題で，具体的に仕事の値を計算してみましょう．

例題 5.1 電界が $\boldsymbol{E} = (x/2 + 2y)\boldsymbol{a}_x + 2x\boldsymbol{a}_y$ [V/m] と与えられており，その電界中に $Q = -1$ [μC] の点電荷がある．このとき，以下の場合について，仕事をそれぞれ求めなさい．

(1) 点電荷を原点から点 (4,0,0) に移動させる場合
(2) 点電荷を点 (4,0,0) から点 (4,2,0) に移動させる場合

解 答 (1) 原点から点 (4,0,0) までは x 軸上を移動させるので，$\mathrm{d}\boldsymbol{l} = \mathrm{d}x\boldsymbol{a}_x$ となります．したがって，微分仕事量 $\mathrm{d}W$ は，式 (5.1) から

$$\mathrm{d}W = -Q\boldsymbol{E}\cdot\mathrm{d}\boldsymbol{l} = -(-1\times10^{-6})\left\{\left(\frac{x}{2}+2y\right)\boldsymbol{a}_x + 2x\boldsymbol{a}_y\right\}\cdot\mathrm{d}x\boldsymbol{a}_x$$
$$= 10^{-6}\left(\frac{x}{2}+2y\right)\mathrm{d}x$$

のように求められます．また，$y=0$ で一定なので，仕事 W は $x=0$ から $x=4$ まで積分して

$$W = 10^{-6}\int_0^4\left(\frac{x}{2}\right)\mathrm{d}x = 10^{-6}\left[\frac{x^2}{4}\right]_0^4 = 4\,[\mu\mathrm{J}]$$

となります．
(2) 点 (4,0,0) から点 (4,2,0) までは，y 軸に平行に移動させるので，$\mathrm{d}\boldsymbol{l} = \mathrm{d}y\boldsymbol{a}_y$ となります．したがって，微分仕事量 $\mathrm{d}W$ は問 (1) と同様にして

$$\mathrm{d}W = -Q\boldsymbol{E}\cdot\mathrm{d}\boldsymbol{l} = -(-1\times10^{-6})\left\{\left(\frac{x}{2}+2y\right)\boldsymbol{a}_x + 2x\boldsymbol{a}_y\right\}\cdot\mathrm{d}y\boldsymbol{a}_y$$
$$= 10^{-6}\,(2x)\,\mathrm{d}y$$

となります．このとき，$x=4$ で一定なので，仕事 W は $y=0$ から $y=2$ まで積分して

$$W = 10^{-6}\int_0^2(2\times4)\,\mathrm{d}y = 10^{-6}\times8\Big[y\Big]_0^2 = 16\,[\mu\mathrm{J}]$$

と求められます．

5.2 静電界における保存的性質

電界の値が時間的に変化しない静電界中では，図 5.1 に示すように，点 B から点 A まで電荷 Q を移動させるときの仕事は，経路①あるいは経路②に依存しません．これは，山の麓にある物体を山頂まで運べば物体の位置エネルギーは増加しますが，このとき位置エネルギーの値は山頂の高さで決まり，どのような経路を通って山頂に運んだかには関係ないのと似ています．

具体的には，積分方向を図の破線のように左回りを正方向とすると

$$\int_{①}\boldsymbol{E}\cdot\mathrm{d}\boldsymbol{l} = -\int_{②}\boldsymbol{E}\cdot\mathrm{d}\boldsymbol{l} \tag{5.5}$$

が成り立ちます．そして，周回積分，すなわち点 B から点 A を通り，再び点 B に戻る積分は

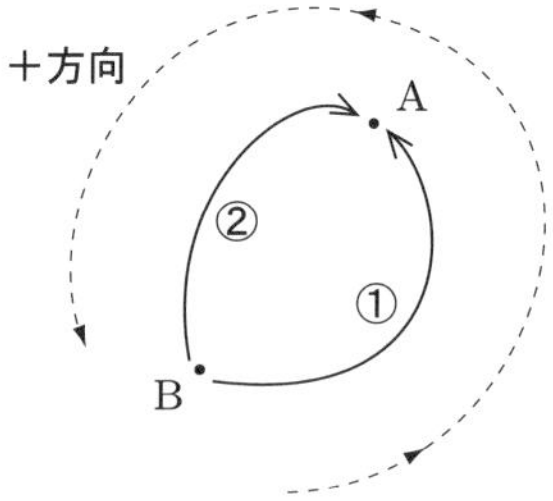

図 5.1　点 B から点 A への二つの経路

$$\oint \boldsymbol{E}\cdot \mathrm{d}\boldsymbol{l} = \int_{①} \boldsymbol{E}\cdot \mathrm{d}\boldsymbol{l} - \int_{②} \boldsymbol{E}\cdot \mathrm{d}\boldsymbol{l} = 0 \tag{5.6}$$

となります．このように，周回積分の値が一意にゼロとなる場合，保存的性質があるといい，そのベクトル界は保存界とよばれます．

例題 5.2　電界が $\boldsymbol{E} = (x/2+2y)\boldsymbol{a}_x + 2x\boldsymbol{a}_y$ [V/m] と与えられており，その電界中に $Q = -1\,[\mu\mathrm{C}]$ の点電荷がある．このとき，点電荷を点 (4,2,0) から原点に移動させる場合の仕事を求めなさい．

解　答　図 5.2 は，点 (4,2,0) から点電荷を原点に移動させる様子を $+z$ 軸方向から見た図です．このとき，**例題 5.1** とは異なり，x と y の値が同時に変化しますから，積分も少し難しくなります．

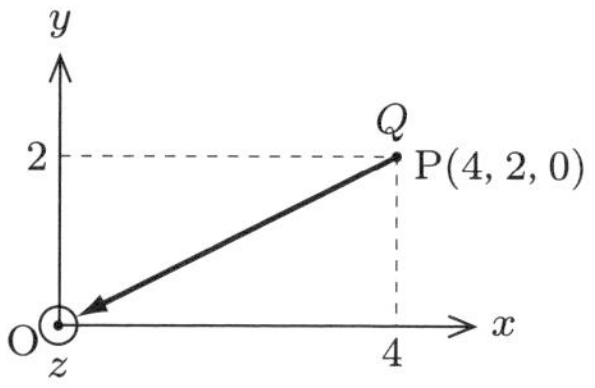

図 5.2　点 (4,2,0) から原点へ移動

そこで，媒介変数 t を用いて積分することにします．図の直線の方程式は，$x = 2y$ あるいは $y = x/2$ です．x の値の変化が 4 から 0 なので，$x = 4$ のときの媒介変数の値を $t = 1$ とします．したがって，x と t の関係は $x = 4t$ となり，$y = x/2$ より，y と t の関係は $y = 2t$ となります．これより $\mathrm{d}x = 4\mathrm{d}t$，$\mathrm{d}y = 2\mathrm{d}t$ となり，線素ベクトル $\mathrm{d}\boldsymbol{l}$ は

$$\mathrm{d}\boldsymbol{l} = \mathrm{d}x\,\boldsymbol{a}_x + \mathrm{d}y\,\boldsymbol{a}_y = 4\mathrm{d}t\,\boldsymbol{a}_x + 2\mathrm{d}t\,\boldsymbol{a}_y$$

となります．そして，電界 $\boldsymbol{E}$ についても，x, y を媒介変数 t で表すと

$$\boldsymbol{E} = \left(\frac{x}{2}+2y\right)\boldsymbol{a}_x + 2x\boldsymbol{a}_y = \left\{\frac{4t}{2}+2(2t)\right\}\boldsymbol{a}_x + 2(4t)\boldsymbol{a}_y = 6t\,\boldsymbol{a}_x + 8t\,\boldsymbol{a}_y$$

となります．よって，微分仕事量 $\mathrm{d}W$ は

$$\begin{aligned}\mathrm{d}W &= -Q\boldsymbol{E}\cdot\mathrm{d}\boldsymbol{l} = -(-1\times 10^{-6})(6t\,\boldsymbol{a}_x + 8t\,\boldsymbol{a}_y)\cdot(4dt\,\boldsymbol{a}_x + 2\mathrm{d}t\,\boldsymbol{a}_y)\\ &= 10^{-6}(24t\,\mathrm{d}t + 16t\,\mathrm{d}t) = 10^{-6}(40t)\mathrm{d}t\end{aligned}$$

のように求められます．最終的に仕事 W は

$$W = 10^{-6}\int_{1}^{0}(40t)\,\mathrm{d}t = 40\times 10^{-6}\left[\frac{t^2}{2}\right]_{1}^{0} = 40\times 10^{-6}\left(-\frac{1}{2}\right) = -20\,[\mu\mathrm{J}]$$

となり，**例題 5.1** の (原点) →4 [μJ]→(4,0,0)→16 [μJ]→(4,2,0) の合計の仕事である 20 [μJ] と同じ値で，符号が逆になっていますから，静電界において，式 (5.5) あるいは式 (5.6) が成り立っていることがわかります．

5.3　仕事と電位

まず，電位の話の前に，図 5.3 に示すような山の中腹に置かれたボールを考えます．ボールは重力の影響により，山の中腹（点 B）から山の麓（点 C）に向かって転がることになります．ボールを中腹に止めておくには，$\boldsymbol{F}$ と逆方向の力 $\boldsymbol{F}_c$ を外部から加える必要があります ($F = F_c$)．さらに，山頂（点 A）へとボールを運ぶためには $F_c > F$ とする必要があり，山頂まで運べば，W の仕事をしたことになります．また，山の麓まで転がったボールには，水平な場所なので力ははたらきません．

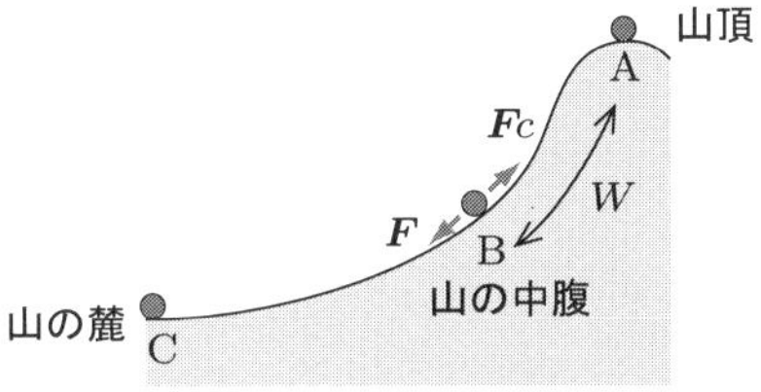

図 5.3　山の中腹に置かれたボール

ここで，以上の話と電界中に置かれた電荷を対比して考えてみると，5.1 節で述べたように $\boldsymbol{F} = Q\boldsymbol{E}$，$\boldsymbol{F}_c = -Q\boldsymbol{E}$ であり，山の麓（点 C）ではボールに力がはたらかない状態ですから，電界 $\boldsymbol{E}$ の影響がなくなった無限遠点に相当します．山の高さが位置エネルギーなので，A,B,C の各点の山の高さに相当する値を「**電**気的な**位**置エネルギー」と解釈して，**電位**とよびます．

概念的にはこれでよいのですが，もう少し厳密に電位を定義しましょう．電界は，3.2 節で述べたように，単位電荷当たりに作用するクーロン力をもとに，$\boldsymbol{E} = \boldsymbol{F}/Q$ と定義されました．これと同様に，電位 V を単位電荷当たりに対する仕事量として，$V = W/Q$ のように定義します．したがって，単位は [J/C] となりますが，この単位を**ボルト** [V] とよぶことにします．さらに，前節で述べたように，静電界というベクトル界は保存界なので

$$V_{AB} = V_{AC} - V_{BC} \tag{5.7}$$

が成り立ちます．上式の V_{AB} は，点Aと点Bの電位差と解釈することができ，この電位差のことを**電圧**とよびます．このとき，電圧 V_{AB} の値が正ならば，点Bから点Aに正電荷を移動させるときに仕事を要し，点Aは点Bよりも電位が高いといいます．

以上のように，電圧は

クーロン力 → 電界 → 電界中の電荷にはたらく力 → 仕事 → 電位 → 電圧

のように確立されてきた概念であり，電流の概念よりも後になって確立されたものです．

5.4　電界と電位の関係

前節の結果は，いい換えれば，静電界 $\boldsymbol{E}$ のベクトル界を電位 V というスカラ界で表現したことになります．点Aから点Dの各位置における電界 $\boldsymbol{E}$ のベクトル界と電位 V のスカラ界の模式的な一例を，図5.4に示します．電界 $\boldsymbol{E}$ はベクトル量ですから，方向と大きさをもっており，図(a)のようになります．これに対し，電位 V のスカラ界は図(b)のようになります．図(a)が3次元になると，さらに複雑になることは簡単に想像できます．したがって，ベクトル界の様子を直感的に理解することは困難になってしまいます．しかし，図(b)のスカラ界ならば，図5.3の山の例からも明らかなように，直感的に界の様子を把握することができます．このようなことから，私たちは日常的にも電界ではなく，ある点の電位を用いて考察するのが一般的です．

では，ここで話を元に戻しましょう．電位の定義は $V = W/Q$ でしたから，$\mathrm{d}W = -Q\boldsymbol{E}\cdot\mathrm{d}\boldsymbol{l}$（式(5.1)）であることを考慮すれば，$\mathrm{d}V = -\boldsymbol{E}\cdot\mathrm{d}\boldsymbol{l}$ となりますから，電界 $\boldsymbol{E}$ が与えられたときの電位 V の定義式は，電界を長さ L にわたって積分して，

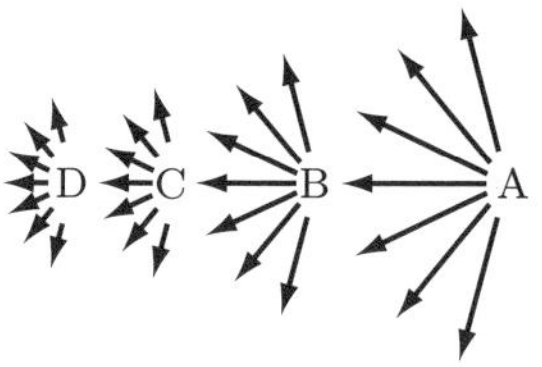

(a) $\boldsymbol{E}$ の表現

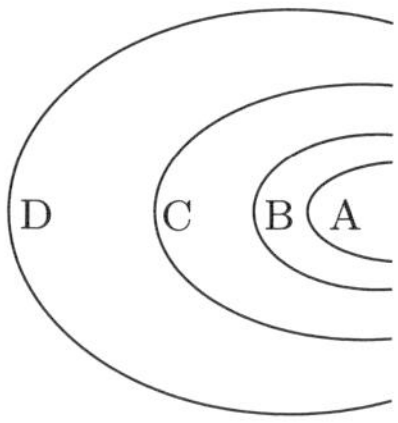

(b) V の表現

図5.4　電界 $\boldsymbol{E}$ と電位 V

$$V = -\int_L \boldsymbol{E} \cdot \mathrm{d}\boldsymbol{l} \ [\mathrm{V}] \tag{5.8}$$

となります．ここで，$\boldsymbol{F}_c = -Q\boldsymbol{E}$ は外部から与えられた力です．単位正電荷を移動するものとして仕事が定義されていますから，上式の積分は，電界強度の小さいほうから大きいほうへの積分であることに注意してください．

また，電界の値が長さ方向に対して一定であれば，積分する必要がないので

$$V = EL \ [\mathrm{V}] \tag{5.9}$$

で電位 V が求められます．

5.5　電荷がつくる電位　(☞ 2.3.1 項)

第 3 章では，電界 $\boldsymbol{E}$ を点電荷による電界（3.2 節）と，電荷分布による電界（3.3 節）に分けて説明しました．ここでも，電位 V について，点電荷による電位と電荷分布による電位に分けて説明することにします．

5.5.1　点電荷による電位

4.1 節で説明した電気力線の形から，等電位面は点電荷 Q を中心とした球面状になります．図 5.5 に示すように，原点の点電荷 Q，半径 r_{A} の球 A，半径 r_{B} の球 B を考えます．球表面上では電界強度が同じですから，電位は表面のどこでも同じ値になっています．まず，点電荷 Q による距離 r の点の電界 $\boldsymbol{E}$ は，式 (3.7) より

$$\boldsymbol{E} = \frac{Q}{4\pi\varepsilon_0 r^2}\boldsymbol{a}_r \ [\mathrm{V/m}] \tag{5.10}$$

となります．ここで，球座標の線素ベクトルは $\mathrm{d}\boldsymbol{l} = \mathrm{d}r\,\boldsymbol{a}_r + r\mathrm{d}\theta\,\boldsymbol{a}_\theta + r\sin\theta\mathrm{d}\phi\,\boldsymbol{a}_\phi$（式 (5.4)）ですから，式 (5.8) より，球 A と球 B の電位差 V_{AB}，すなわち，AB 間の電圧は

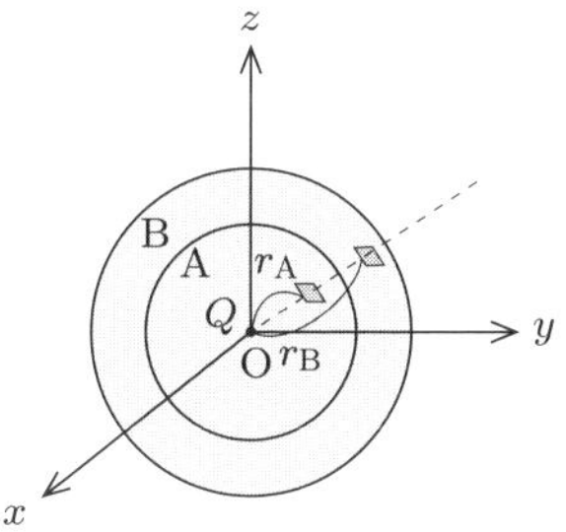

図 5.5　点電荷 Q による電位

$$V_{\mathrm{AB}} = -\int_{r_{\mathrm{B}}}^{r_{\mathrm{A}}} \boldsymbol{E}\cdot\mathrm{d}\boldsymbol{l} = -\int_{r_{\mathrm{B}}}^{r_{\mathrm{A}}} \frac{Q}{4\pi\varepsilon_0 r^2}\boldsymbol{a}_r\cdot(\mathrm{d}r\,\boldsymbol{a}_r + r\mathrm{d}\theta\,\boldsymbol{a}_\theta + r\sin\theta\mathrm{d}\phi\,\boldsymbol{a}_\phi)$$
$$= -\frac{Q}{4\pi\varepsilon_0}\int_{r_{\mathrm{B}}}^{r_{\mathrm{A}}}\frac{1}{r^2}\mathrm{d}r = -\frac{Q}{4\pi\varepsilon_0}\left[-\frac{1}{r}\right]_{r_{\mathrm{B}}}^{r_{\mathrm{A}}} = \frac{Q}{4\pi\varepsilon_0}\left(\frac{1}{r_{\mathrm{A}}} - \frac{1}{r_{\mathrm{B}}}\right)\ [\mathrm{V}] \tag{5.11}$$

と求められます．ここで，距離 r_{B} を無限遠点とすると，上式は

$$V_{\mathrm{A}\infty} = \frac{Q}{4\pi\varepsilon_0}\left(\frac{1}{r_{\mathrm{A}}} - \frac{1}{\infty}\right) = \frac{Q}{4\pi\varepsilon_0 r_{\mathrm{A}}}\ [\mathrm{V}] \tag{5.12}$$

となり，5.3 節で述べたように，無限遠点では電界の影響がなくなります．したがって，無限遠点の電位をゼロとするのが一般的です．$V_{\mathrm{A}\infty}$ は，無限遠を基準にした点 A の電位となりますから，点電荷 Q による距離 r の点の電位の一般式

$$V = \frac{Q}{4\pi\varepsilon_0 r}\ [\mathrm{V}] \tag{5.13}$$

が得られます．上式のように，電界の場合とは異なり，電位は**距離に反比例**することに注意してください (8.2 節のコラムも参照してください)．ここで，勾配 (grad) (☞ 2.3.1 項，2.4.4 項) を上式の V に適用すると

$$\boldsymbol{E} = -\mathrm{grad}\,V = -\mathrm{grad}\left(\frac{Q}{4\pi\varepsilon_0 r}\right)$$
$$= -\frac{\partial}{\partial r}\left(\frac{Q}{4\pi\varepsilon_0 r}\right)\boldsymbol{a}_r - \frac{1}{r}\frac{\partial}{\partial\theta}\left(\frac{Q}{4\pi\varepsilon_0 r}\right)\boldsymbol{a}_\theta - \frac{1}{r\sin\theta}\frac{\partial}{\partial\phi}\left(\frac{Q}{4\pi\varepsilon_0 r}\right)\boldsymbol{a}_\phi$$
$$= -\frac{Q}{4\pi\varepsilon_0}\frac{\partial}{\partial r}\left(\frac{1}{r}\right)\boldsymbol{a}_r = \frac{Q}{4\pi\varepsilon_0 r^2}\boldsymbol{a}_r \tag{5.14}$$

となり，この結果は式 (5.10) と一致していますから

$$\boldsymbol{E} = -\mathrm{grad}\,V\ [\mathrm{V/m}] \tag{5.15}$$

が確かに成り立つことがわかります．

■ 5.5.2　電荷分布による電位

電荷密度 $\rho\,[\mathrm{C/m^3}]$ の電荷がある体積 (Vol) 内に分布している場合を，図 5.6 に示します．立体内の微小体積を $\mathrm{d}v$ としたとき，微分電荷 $\mathrm{d}Q$ による距離 R の点 P の微分電位 $\mathrm{d}V$ は，式 (5.13) から

$$\mathrm{d}V = \frac{\mathrm{d}Q}{4\pi\varepsilon_0 R}\ [\mathrm{V}] \tag{5.16}$$

となります．

そして，$\mathrm{d}Q = \rho\,\mathrm{d}v$ ですから，立体の体積 (Vol) にわたって体積積分することによ

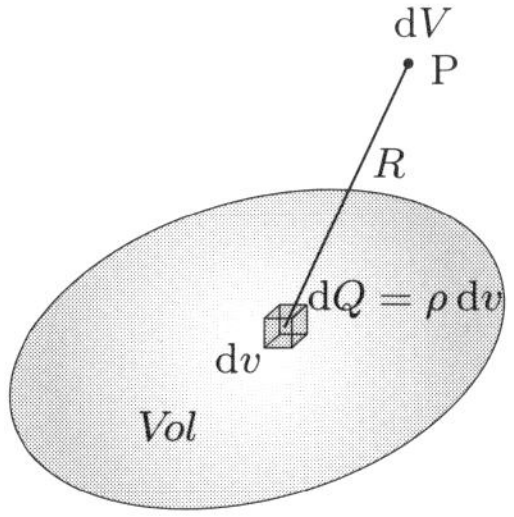

図 5.6 電荷分布による電位

り，電位 V は

$$V = \int_{Vol} \mathrm{d}V = \int_{Vol} \frac{\mathrm{d}Q}{4\pi\varepsilon_0 R} = \int_{Vol} \frac{\rho}{4\pi\varepsilon_0 R}\,\mathrm{d}v \ [\mathrm{V}] \tag{5.17}$$

のように得られます．このとき，式 (5.17) の分母の R は，図の微小体積 $\mathrm{d}v$ の位置によって変化しますから，積分の外に R を出せないことに注意してください．

電荷分布が長さ L の線状で，線電荷密度が ρ_l [C/m] のときは

$$V = \int_L \frac{\rho_l}{4\pi\varepsilon_0 R}\,\mathrm{d}l \ [\mathrm{V}] \tag{5.18}$$

の線積分によって，電位 V を求めることができます．また，電荷分布が面積 S の面状で，面電荷密度が ρ_s [C/m^2] のときは

$$V = \int_S \frac{\rho_s}{4\pi\varepsilon_0 R}\,\mathrm{d}s \ [\mathrm{V}] \tag{5.19}$$

の面積分によって，電位 V が求められます．式 (5.18) および式 (5.19) の R は，式 (5.17) の R と同じく，微小部分の $\mathrm{d}l$ や $\mathrm{d}s$ の位置によりその値が変化しますから，積分の外に出せません．

例題 5.3 図 5.7 のように，原点を中心とする半径 10 [m] の円内に，電荷が $\rho_s = 1/90\pi$ [nC/m^2] で分布している．$z = 5$ [m] の点 P における電位 V を求めなさい．

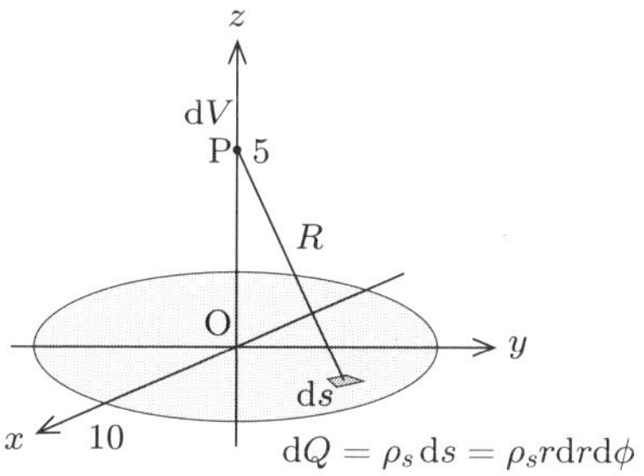

図 5.7 面状の電荷分布による電位

解　答　この問題では円柱座標を用います．原点から微小面積 $\mathrm{d}s$ までの距離を r とすると，微小面積 $\mathrm{d}s$ の点から点 P までの距離は，$R = \sqrt{r^2 + 5^2}$ です．点 P における微分電位 $\mathrm{d}V$ は，式 (5.16) から

$$\mathrm{d}V = \frac{\mathrm{d}Q}{4\pi\varepsilon_0 R} = \frac{\rho_s\, r\mathrm{d}r\mathrm{d}\phi}{4\pi\varepsilon_0\sqrt{r^2+25}}\ [\mathrm{V}]$$

ですから，式 (5.19) のように面積分を用いて，電位 V は

$$\begin{aligned} V &= \int_0^{2\pi}\int_0^{10} \frac{\rho_s r}{4\pi\varepsilon_0\sqrt{r^2+25}}\,\mathrm{d}r\mathrm{d}\phi = \frac{\rho_s}{4\pi\varepsilon_0}\int_0^{2\pi}\int_0^{10}\frac{r}{\sqrt{r^2+25}}\,\mathrm{d}r\mathrm{d}\phi \\ &= \frac{2\pi(10^{-9}/90\pi)}{4\pi(10^{-9}/36\pi)}\left[\sqrt{r^2+25}\right]_0^{10} = 1.24\ [\mathrm{V}] \end{aligned}$$

と求められます．

この**例題 5.3** は，**例題 3.5** と同じ条件にしていますので，電界 $\boldsymbol{E}$ と電位 V の導出方法の違いを確認してください．

例題 5.4　**例題 5.3** の電荷が円の中心に集まった場合の，点 P における電位 V を求めなさい．

解　答　全電荷が中心に集まっていますので，点電荷と考えればよいことになります．円の面積を A とすると，全電荷量 Q は

$$Q = \rho_s A = \frac{10^{-9}}{90\pi} \times 10^2\pi = \frac{10}{9}\ [\mathrm{nC}]$$

ですから，点電荷による電位の式 (5.13) を用いて

$$V = \frac{Q}{4\pi\varepsilon_0 r} = \frac{(10/9)\times 10^{-9}}{4\pi(10^{-9}/36\pi)\cdot 5} = 2\ [\mathrm{V}]$$

となります．このように，同じ電荷量でも，分布するときと集中したときでは電位が異なることがわかります．

5.6　ラプラスとポアソンの方程式　(☞ 2.3 節)

電界と電荷の関係は，式 (4.10) で明らかにしたように

$$\mathrm{div}\,\boldsymbol{E} = \nabla\cdot\boldsymbol{E} = \frac{\rho}{\varepsilon_0}\ [\mathrm{V/m^2}] \tag{5.20}$$

となっていました．また，電界と電位の関係は，式 (5.15) で求めたように

$$\boldsymbol{E} = -\mathrm{grad}\,V = -\nabla V\ [\mathrm{V/m}] \tag{5.21}$$

でした．そして，式 (5.21) を式 (5.20) に代入して電界 $\boldsymbol{E}$ を消去すると

$$\nabla \cdot \nabla V = -\frac{\rho}{\varepsilon_0} \text{ [V/m}^2\text{]} \tag{5.22}$$

となります．ここで，上式の左辺を $\nabla^2 V$ と書き表すと

$$\nabla^2 V = -\frac{\rho}{\varepsilon_0} \text{ [V/m}^2\text{]} \tag{5.23}$$

となります．この式は，**ポアソンの方程式** (Poisson's equation) とよばれています．また，電荷が存在しない場合 ($\rho = 0$) は

$$\nabla^2 V = 0 \text{ [V/m}^2\text{]} \tag{5.24}$$

となり，この式を**ラプラスの方程式** (Laplace's equation) とよびます．

これらの方程式の左辺の演算を具体的に直角座標で求めると

$$\begin{aligned}\nabla^2 V &= \nabla \cdot \nabla V \\ &= \left(\frac{\partial}{\partial x}\boldsymbol{a}_x + \frac{\partial}{\partial y}\boldsymbol{a}_y + \frac{\partial}{\partial z}\boldsymbol{a}_z\right) \cdot \left(\frac{\partial V}{\partial x}\boldsymbol{a}_x + \frac{\partial V}{\partial y}\boldsymbol{a}_y + \frac{\partial V}{\partial z}\boldsymbol{a}_z\right) \\ &= \frac{\partial^2 V}{\partial x^2} + \frac{\partial^2 V}{\partial y^2} + \frac{\partial^2 V}{\partial z^2} \text{ [V/m}^2\text{]}\end{aligned} \tag{5.25}$$

となります．したがって，式 (5.25) を用いてポアソンとラプラスの方程式を書き表すと

$$\frac{\partial^2 V}{\partial x^2} + \frac{\partial^2 V}{\partial y^2} + \frac{\partial^2 V}{\partial z^2} = -\frac{\rho}{\varepsilon_0} \text{ [V/m}^2\text{]} \tag{5.26}$$

$$\frac{\partial^2 V}{\partial x^2} + \frac{\partial^2 V}{\partial y^2} + \frac{\partial^2 V}{\partial z^2} = 0 \text{ [V/m}^2\text{]} \tag{5.27}$$

となります．このポアソンの方程式やラプラスの方程式を用いると，電荷分布があらかじめわかっていれば，それにより一義的に電位分布が決定できます．したがって，これらの方程式は電位分布から電界を求めることができることを表しています．しかし，これらの方程式を一般的に解くことは困難であり，解析的に解が求められるのは限られた場合になります．以下では，直角座標におけるラプラスの方程式の 1 次元解の例を示します．

例題 5.5 図 5.8 に示すような平行導体板があり，$z = 0$ [m] で $V = 0$ [V]，$z = d$ [m] で $V = 100$ [V] とします．電極間に電荷がないとしたとき，電極間の電界 $\boldsymbol{E}$ と電束密度 $\boldsymbol{D}$，導体板の面電荷密度 ρ_s をそれぞれ求めなさい．

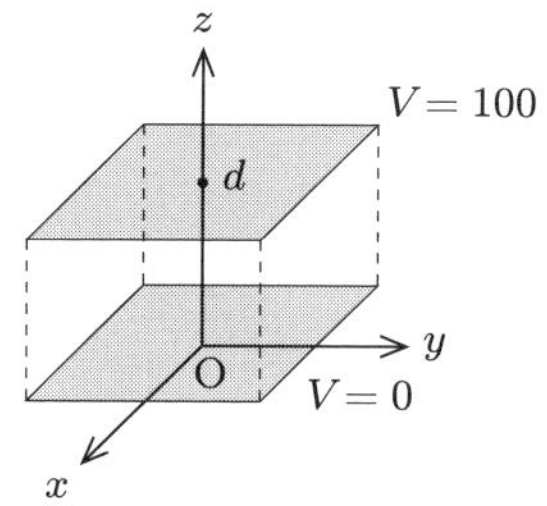

図 5.8　帯電した平行導体板

解　答　電極間には電荷がないという仮定から，電極間では

$$\nabla^2 V = \frac{\partial^2 V}{\partial x^2} + \frac{\partial^2 V}{\partial y^2} + \frac{\partial^2 V}{\partial z^2} = 0$$

となります．電極端部の乱れはないものとすると，電位は z のみの関数となり

$$\frac{\mathrm{d}^2 V}{\mathrm{d}z^2} = 0$$

となりますから，これを積分して

$$V = Az + B$$

が得られます．係数の値は，$z = 0$ で $V = 0$ の条件から，$B = 0$ と求められます．つぎに，$z = d$ で $V = 100$ の条件から，$A = 100/d$ となり，

$$V = 100\left(\frac{z}{d}\right)\ [\mathrm{V}]$$

となりますから，電界 $\boldsymbol{E}$ は

$$\boldsymbol{E} = -\nabla V = -\left(\frac{\partial V}{\partial x}\,\boldsymbol{a}_x + \frac{\partial V}{\partial y}\,\boldsymbol{a}_y + \frac{\partial V}{\partial z}\,\boldsymbol{a}_z\right) = -\frac{\partial}{\partial z}\left(100\frac{z}{d}\right)\boldsymbol{a}_z$$

$$= -\frac{100}{d}\boldsymbol{a}_z\ [\mathrm{V/m}]$$

と求められます．さらに，式 (4.12) より，

$$\boldsymbol{D} = -\frac{100\,\varepsilon_0}{d}\boldsymbol{a}_z\ [\mathrm{C/m^2}]$$

となり，導体上では

$$\text{上部電極：}\rho_s = D = \frac{100\,\varepsilon_0}{d}\ [\mathrm{C/m^2}],\quad \text{下部電極：}\rho_s = D = -\frac{100\,\varepsilon_0}{d}\ [\mathrm{C/m^2}]$$

となります．上式に関しては，第 7 章の図 7.4 と式 (7.7) も参照してください．

前述したように，これらの方程式を一般的に解くことは困難ですが，現実の問題に対しては計算機を利用して数値的に解くことも行われています．

演習問題

▶ **5.1** 電界が $\boldsymbol{E} = 2(x+4y)\boldsymbol{a}_x + 8x\,\boldsymbol{a}_y$ [V/m] のとき，$Q = -20$ [μC] の点電荷を原点から点 $(4, 2, 0)$ まで $x^2 = 8y$ の経路に沿って移動させるときの仕事を求めなさい．

▶ **5.2** 長さ 0.2 [m] の直線導体があり，両端の電位差が 52 [mV] であった．このときの導体内の電界強度 E を求めなさい．

▶ **5.3** 図 5.9 のように，$Q = 0.5$ [nC] の 4 個の点電荷が $(3, 0, 0)$，$(-3, 0, 0)$，$(0, 3, 0)$，$(0, -3, 0)$ に置かれている．これら 4 個の点電荷による点 P$(0, 0, 4)$ の電位 V を求めなさい．

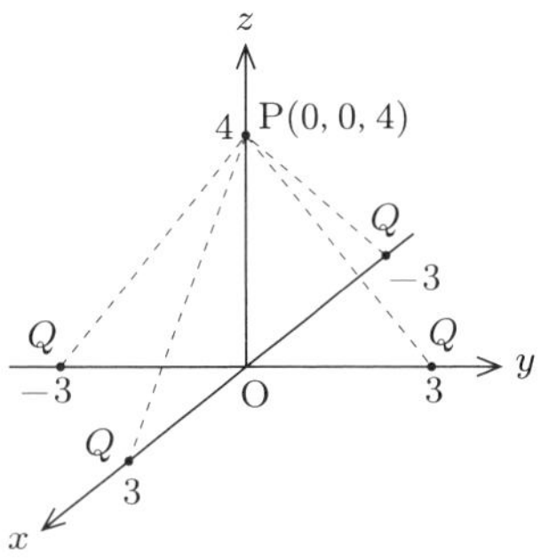

図 **5.9**　4 個の電荷による点 P の電位

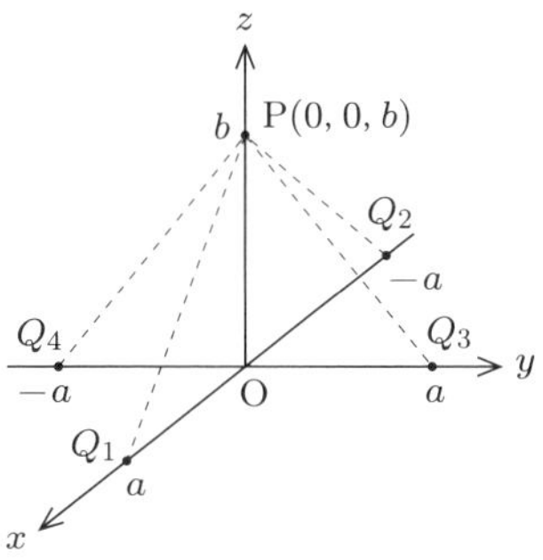

図 **5.10**　問題 5.4 の図

▶ **5.4** 以下の問いに答えなさい．

(1) 図 5.10 に示すように，$(a, 0, 0)$，$(-a, 0, 0)$，$(0, a, 0)$，$(0, -a, 0)$ にそれぞれ Q_1〜Q_4 [C] の 4 個の点電荷が置かれているとき，点 P$(0, 0, b)$ の電位 V を求めなさい．

(2) 問 (1) で求めた電位 V を用いて，式 (5.15) の $\boldsymbol{E} = -\mathrm{grad}\,V$ より，点 P での電界 $\boldsymbol{E}$ を求めなさい．

第6章

電流密度と導体

電気回路や回路理論の科目では，抵抗やインピーダンスなどの素子よって，回路内にどのような電流が流れるかを主に解析します．一方，電磁気学では，もう少しミクロな考察になります．つまり，導体中をどのように電流が流れるか，あるいは導体の形状によってどのように抵抗の値が変化するかなどを考えることになります．このようなミクロな立場から考える場合，電流そのものではなく，電流密度の考え方が有用になります．

6.1　伝導電流

2.1.1 項においては便宜的に電流をベクトル量として説明しましたが，本来，電流はスカラ量として定義されています．電流は，ある断面を単位時間に通過する電荷量として定義されますから

$$I = \frac{\mathrm{d}Q}{\mathrm{d}t}\ [\mathrm{A}] \tag{6.1}$$

が電流の定義式となります．式 (6.1) の右辺からその単位は [C/s] ですが，この単位をアンペア [A] とよぶことにします．そして，電流は「何 [C] の電荷が単位時間に通過したか」ですから，スカラ量になります．しかし，日常で私たちが認識する電流は，一般に導体中を流れていますから，導体の向きが電流の方向になります．したがって，導体の向きが明らかな場合は，電流をベクトル量として扱うことがしばしばあります．

ここで話はかわりますが，電流の話ではなく，物体の落下について考えてみましょう．地球の重力場の中で自由落下する物体は，重力加速度によって時間とともに速度が増加します．しかし，速度は無限に増加するわけではなく，速度が大きくなると空気抵抗も増加するため，徐々に速度の増加率は減少していき，ある一定の速度になります．

これと同じように，3.2 節で説明したように，電界内に置かれた電荷も力 $\boldsymbol{F} = Q\boldsymbol{E}$ を受けますから，この力の方向に移動することになります．電荷が電界内に存在する

間はこの力を受け続けますから速度も増加していきますが，媒質中の粒子との衝突により，最終的にはある一定の速度（平均速度）になります．この速度 $\boldsymbol{U}$ はドリフト速度とよばれ，$\boldsymbol{U} \propto \boldsymbol{E}$ ですから，比例定数を μ とすると

$$\boldsymbol{U} = \mu \boldsymbol{E} \ [\mathrm{m/s}] \tag{6.2}$$

となります．この μ を**移動度** (mobility) とよび，その単位は $[\mathrm{m^2/(V \cdot s)}]$ です．

ここで，電荷密度 $\rho\,[\mathrm{C/m^3}]$ は単位体積当たりの電荷量であり，電荷が一様に分布していることを考慮すると，電荷密度 ρ とドリフト速度 $\boldsymbol{U}$ の積は，単位時間に単位断面積を通過する電荷量，すなわち**電流密度**となります．よって，電流密度 $\boldsymbol{J}$ は

$$\boldsymbol{J} = \rho \boldsymbol{U} \ [\mathrm{A/m^2}] \tag{6.3}$$

となります．さらに，式 (6.3) にドリフト速度 $\boldsymbol{U}$ の式 (6.2) を代入すると

$$\boldsymbol{J} = \rho \mu \boldsymbol{E} = \sigma \boldsymbol{E} \ [\mathrm{A/m^2}] \tag{6.4}$$

となります．上式の $\sigma = \rho\mu$ を**伝導度** (conductivity) あるいは**導電率**といい，これは物質により決まる値です．単位は，[S/m]（ジーメンス/メートル）です*1．代表的な金属の伝導度 σ と移動度 μ の値の一例を表 6.1 に示しておきます．

表 6.1 伝導度 σ と移動度 μ

金属	伝導度 σ[S/m]	移動度 $\mu[\mathrm{m^2/(V \cdot s)}]$
銀	6.17×10^7	5.6×10^{-3}
銅	5.9×10^7	3.2×10^{-3}
アルミニウム	3.82×10^7	1.4×10^{-3}

金属導体の場合，電荷の担い手（キャリアという）は電子であり，負の電荷をもちます．キャリアである移動する電子を**自由電子**とよびます．自由電子は負の電荷ですから，3.2 節からも明らかなように，電界 $\boldsymbol{E}$ とは反対向きに移動します．このことから，電子に対しては，電荷密度 ρ と移動度 μ はともに負の値ですから伝導度 σ は正となり，結果として，正のキャリアの場合と同じになります．したがって，式 (6.4) の $\boldsymbol{J} = \sigma \boldsymbol{E}$ は，キャリアの符号に関係なく同じ方向になります．また，電子が移動する方向と逆方向に正電荷が移動すると見なし，ρ と σ は正の値として処理してもよいことになります．

当初，電流は電位の高いほうから低いほうへ流れると定義されました．その後，電子の移動方向が電流方向と逆であることが明らかになりましたが，その事実が電流方向を考えて確立された種々の理論と矛盾しないことが，前述の説明からも理解でき

*1 [S]=[1/Ω] なので，昔は [S] のかわりに [℧]（モー）という単位が使われていました．

ます．

ここで，電流と電流密度の関係を確認しておきましょう．電流密度 $\boldsymbol{J}$ は，単位面積当たりの電流として定義されていますから

$$I = \int_S \boldsymbol{J} \cdot \mathrm{d}\boldsymbol{s} = \int_S \sigma \boldsymbol{E} \cdot \mathrm{d}\boldsymbol{s} \ [\mathrm{A}] \tag{6.5}$$

の関係が成り立ちます．上式は，後述の式 (6.25) で示すように，電界 $\boldsymbol{E}$ が与えられたときの導体中を流れる電流 I（伝導電流）を求める際に利用することができます．

例題 6.1　半径が $r = 1\,[\mathrm{mm}]$ で，長さが $l = 15\,[\mathrm{m}]$ の銅の円柱導体がある．この導体に電流 $I = 20\,[\mathrm{A}]$ が流れているとき，電界強度 E，電圧降下 V，抵抗 R，およびドリフト速度 U を求めなさい．

解　答　電流密度の定義から，導体の断面積を S とすると，その大きさ J は

$$J = \frac{I}{S} = \frac{20}{(1 \times 10^{-3})^2\,\pi} = 6.37 \times 10^6 \ [\mathrm{A/m^2}]$$

となります．つぎに，表 6.1 より，銅の伝導度は $\sigma = 5.9 \times 10^7\,[\mathrm{S/m}]$ ですので，式 (6.4) より，電界強度 E は

$$E = \frac{J}{\sigma} = \frac{6.37 \times 10^6}{5.9 \times 10^7} = 0.108 \quad \text{より} \quad E = 0.11 \ [\mathrm{V/m}]$$

となります．電圧降下 V は，式 (5.9) から

$$V = E\,l = 0.108 \times 15 = 1.62 \quad \text{より} \quad V = 1.6 \ [\mathrm{V}]$$

となるので，オームの法則より，抵抗 R は

$$R = \frac{V}{I} = \frac{1.62}{20} = 8.10 \times 10^{-2} \quad \text{より} \quad R = 8.1 \times 10^{-2} \ [\Omega]$$

と求められます．さらに，表 6.1 より，銅の電子の移動度は $\mu = 3.2 \times 10^{-3}\,[\mathrm{m^2/(V \cdot s)}]$ であり，$\sigma = \rho\mu$ の関係から

$$\rho = \frac{\sigma}{\mu} = \frac{5.9 \times 10^7}{3.2 \times 10^{-3}} = 1.84 \times 10^{10} \ [\mathrm{C/m^3}]$$

となり，式 (6.3) から，電子の平均移動速度であるドリフト速度 U は

$$U = \frac{J}{\rho} = \frac{6.37 \times 10^6}{1.84 \times 10^{10}} = 3.5 \times 10^{-4} \ [\mathrm{m/s}]$$

となります．3.5×10^{-4} [m/s] を時速に直すと 1.26 [m/h] ですから，銅線中の電子は私たちが日常生活から想像する値よりずっと遅い速度で移動しています．

6.2　オームの法則と電気抵抗

ここでは，本章で定義した電流密度や第3章の電界を使ってオームの法則を記述すると，どのように表せるかを説明します．電気回路などでは，回路素子の R は，抵抗器の値として既知であるとして扱われます．このときに用いられるオームの法則 $V = RI$ との違いを説明します．これにより，導体の形状を考慮した場合の抵抗値などを求めることができます．

図6.1に示すように，断面積 S が一定で，長さ l の直線状の円柱導体があります．ここで，導体両端の電位はそれぞれ V_1，V_2 で，$V_1 > V_2$ と仮定します．電界強度 E は

$$E = \frac{V_1 - V_2}{l} \ [\mathrm{V/m}] \tag{6.6}$$

ですから，式(6.4)より，電流密度 J は

$$J = \sigma E = \frac{\sigma(V_1 - V_2)}{l} \ [\mathrm{A/m^2}] \tag{6.7}$$

となります．よって，式(6.7)から，電位差は

$$V_1 - V_2 = \frac{Jl}{\sigma} \ [\mathrm{V}] \tag{6.8}$$

となります．導体断面積 S 内で電流密度 J は一定ですから，この場合の電流 I は

$$I = JS \ [\mathrm{A}] \tag{6.9}$$

となり，導体の電気抵抗 R は，オームの法則より

$$R = \frac{V_1 - V_2}{I} = \frac{Jl}{\sigma JS} = \frac{1}{\sigma} \cdot \frac{l}{S} \ [\Omega] \tag{6.10}$$

と求められます．

上式のように，抵抗の値は導体の長さに比例し，断面積に反比例します．また，伝導度の逆数 $1/\sigma$ を**固有抵抗**とよび，その単位は $[\Omega\cdot\mathrm{m}]$ です．一般に，導体の抵抗は流れる電流にはほとんど無関係に一定です．温度によってもあまり変化しませんが，温度変化を考える場合，任意の温度 t における固有抵抗 ρ_t は，以下の式(6.11)で与えら

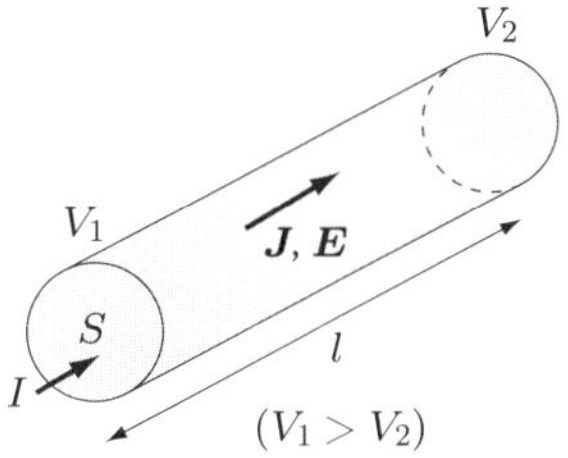

図 6.1　直線状円柱導体

れます．

$$\rho_t = \rho_{t_0}\{1 + \alpha_{t_0}(t - t_0) + \beta_{t_0}(t - t_0)^2 + \cdots\} \tag{6.11}$$

上式の α_{t_0}，β_{t_0} を温度 t_0[°C] における**温度係数** (temperature coefficient) といい，ふつうは α に比べて β は小さいので無視します．t_0 は室温に近い 20 [°C] を基準として，以下の近似式が用いられています．

$$\rho_t = \rho_{20}\{1 + \alpha_{20}(t - t_0)\} \tag{6.12}$$

銀，銅，アルミニウムの固有抵抗と温度係数を表 6.2 に示します．

表 6.2　固有抵抗と温度係数

金属	固有抵抗 ρ_{20}[Ω·m]	温度係数 α_{20}
銀	1.62×10^{-8}	3.8×10^{-3}
銅	1.69×10^{-8}	3.93×10^{-3}
アルミニウム	2.62×10^{-8}	3.9×10^{-3}

例題 6.2　半径が 1 [mm] で，長さが 100 [m] の円柱状銅線があります．70 [°C] における銅線の抵抗を求めなさい．

解　答　表 6.2 より，銅の固有抵抗は $\rho_{20} = 1.69 \times 10^{-8}$ [Ω·m] で，温度係数は $\alpha_{20} = 3.93 \times 10^{-3}$ ですから，式 (6.12) より

$$\rho_{70} = (1.69 \times 10^{-8})\{1 + (3.93 \times 10^{-3}) \cdot (70 - 20)\} = 2.02 \times 10^{-8}\ [\Omega\cdot\mathrm{m}]$$

となり，求める抵抗値は

$$R = \rho_{70}\frac{l}{S} = 2.02 \times 10^{-8}\frac{100}{(10^{-3})^2\pi} = 0.64\ [\Omega]$$

となります．

20 [°C] における抵抗値は 0.54 [Ω] ですから，70 [°C] では約 20 %近く抵抗値が増加することになります．しかし，1 [m] の単位長さでは，いずれの場合も 10^{-3} のオーダーになり，比較的小さな値です．したがって，電気回路で**閉路方程式**や**接点方程式**を立てる際には導線の抵抗を $R = 0$，すなわち $\sigma \to \infty$ として考えて，式 (6.8) から $V_1 - V_2 = 0$ ですから，導線の両端の電位は同電位として扱われます．

■ ジュールの法則

R [Ω] の抵抗に I [A] の電流が流れているとき，オームの法則より，$V = RI$ [V] の電圧降下が生じています．電流の定義より，I [A] の電流が流れているときは，1 秒間

に移動する電荷量は I [C] です．電位差は単位正電荷による仕事ですから，I [C] の電荷が移動したときの仕事量 P [J/s] は，単位時間当たり

$$P = VI \text{ [J/s]} \tag{6.13}$$

となります．この単位時間当たりの仕事量を電力とよび，その単位には**ワット** [W]=[J/s] を用います．式 (6.13) にオームの法則を適用すると

$$P = VI = (RI)I = I^2R \text{ [W]} \tag{6.14}$$

となり，抵抗に流れる電流の 2 乗に比例した電力が熱エネルギーとなって消費されることがわかります．これが**ジュールの法則**であり，発生する熱を**ジュール熱**とよびます．

話を電流密度に戻して，断面において電流密度が一定でない場合について考えてみましょう．

図 6.2 に示す半径 a [m] の円柱状導体の断面において，電流密度が $\boldsymbol{J} = r\,\boldsymbol{a}_z$ [A/m^2] のように半径 r に比例する場合を例にとります．電流密度は単位面積当たりの電流ですから，面積分を用いて，式 (6.5) より

$$\begin{aligned} I &= \int_S \boldsymbol{J}\cdot \mathrm{d}\boldsymbol{s} = \int_0^{2\pi}\int_0^a r\,\boldsymbol{a}_z \cdot r\mathrm{d}r\mathrm{d}\phi\,\boldsymbol{a}_z = \int_0^{2\pi}\mathrm{d}\phi \int_0^a r^2\mathrm{d}r \\ &= 2\pi\left[\frac{r^3}{3}\right]_0^a = \frac{2\pi a^3}{3} \text{ [A]} \end{aligned} \tag{6.15}$$

のように求められます．

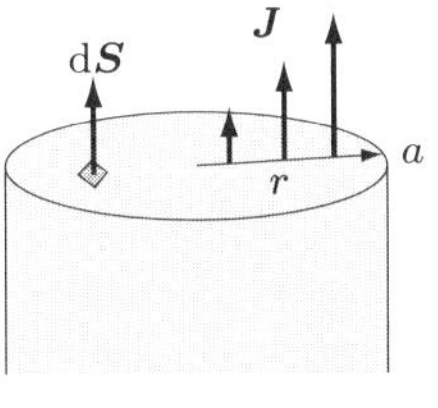

図 6.2 断面内の電流密度が異なる場合

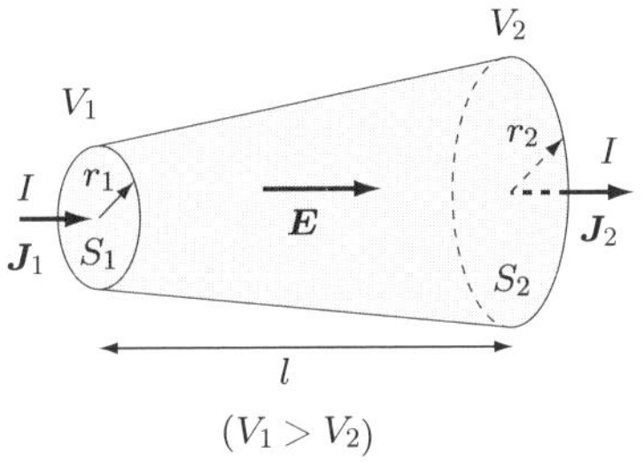

図 6.3 断面積が変化する円柱導体

つぎに，図 6.3 に示すように，長さが l，伝導度が σ，一端の半径が r_1，他端の半径が r_2 であり，一定の割合で太さが変化する導体の抵抗を求めてみることにしましょう．

まず，図 6.4(a) に示すように，円錐の頂点を原点とし，底面を $+z$ 方向にとった図形を考えます．さらに，その図を $+x$ 方向から見たものを図 (b) に示します．原点から半径 r_1 の導体断面 S_1 までの距離を図のように m とし，さらに円錐の中心である z 軸との角度を θ とします．この図 (b) から明らかなように，$\tan\theta$ の値は

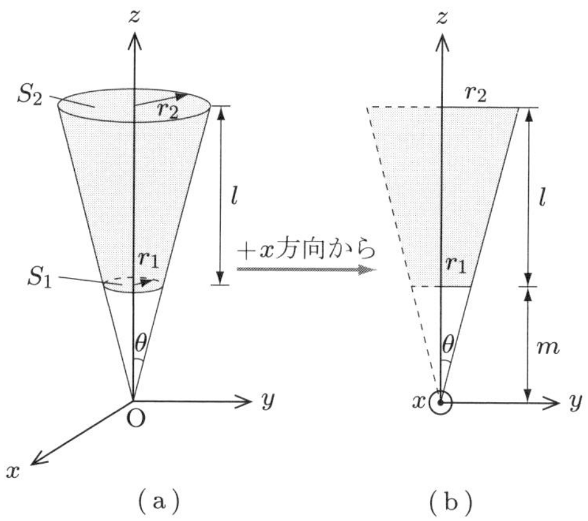

図 6.4　断面積が変化する円柱導体

$$\tan\theta = \frac{r_1}{m} = \frac{r_2}{m+l} \tag{6.16}$$

となります．この式 (6.16) から，距離 m は

$$m = \frac{r_1\,l}{r_2 - r_1} \tag{6.17}$$

となります．また，円錐の任意の位置における半径 r と z の関係は $\tan\theta = r/z$ ですから，$r = z\tan\theta$ に式 (6.16) を代入すると

$$r = \left(\frac{r_1}{m}\right) z \tag{6.18}$$

の関係が得られます．

このとき，図 6.3 に示すように，導体内を流れる電流は断面 S_1 と断面 S_2 において同じ I となっています．しかし，断面積が異なりますから，電流密度は位置によって異なっています．いま，導体の任意の位置における断面積を A とすると $\boldsymbol{J} = J\boldsymbol{a}_z$ であり，

$$J = \frac{I}{A} \tag{6.19}$$

となります．この断面積 A の具体的な値は，式 (6.18) を用いると

$$A = r^2\pi = \left(\frac{r_1\,z}{m}\right)^2 \pi \tag{6.20}$$

となり，導体の任意の位置における電流密度 $\boldsymbol{J}$ は

$$\boldsymbol{J} = \frac{I}{A}\,\boldsymbol{a}_z = \frac{m^2\,I}{{r_1}^2 z^2 \pi}\,\boldsymbol{a}_z\ [\mathrm{A/m^2}] \tag{6.21}$$

となります．さらに，$\boldsymbol{J} = \sigma\boldsymbol{E}$ の関係から，電界 $\boldsymbol{E}$ は

$$\boldsymbol{E} = \frac{m^2\,I}{{r_1}^2 z^2 \pi\sigma}\,\boldsymbol{a}_z\ [\mathrm{V/m}] \tag{6.22}$$

となり，電位 V は式 (5.8) より

$$V = -\int_{m+l}^{m} \boldsymbol{E} \cdot \mathrm{d}\boldsymbol{l} = \int_{m}^{m+l} \frac{m^2 I}{{r_1}^2 z^2 \pi\sigma} \boldsymbol{a}_z \cdot \mathrm{d}z\, \boldsymbol{a}_z = \frac{m^2 I}{{r_1}^2 \pi\sigma} \int_{m}^{m+l} \frac{1}{z^2} \mathrm{d}z$$
$$= \frac{m^2 I}{{r_1}^2 \pi\sigma} \left[-\frac{1}{z} \right]_{m}^{m+l} = \frac{m\, l\, I}{{r_1}^2 \pi\sigma(m+l)} \ [\mathrm{V}] \tag{6.23}$$

のように求められます．そして，$R = V/I$ ですから，式 (6.23) を電流 I で割り，式 (6.17) を代入すると

$$R = \frac{m\, l}{{r_1}^2 \pi\sigma(m+l)} = \frac{l}{r_1 r_2 \pi\sigma} \ [\Omega] \tag{6.24}$$

のように抵抗の値が求められます．

さらに，電界 $\boldsymbol{E}$ のみしか与えられていない場合であっても，式 (6.5) を用いることにより

$$R = \frac{V}{I} = \frac{\displaystyle\int_L \boldsymbol{E} \cdot \mathrm{d}\boldsymbol{l}}{\displaystyle\int_S \sigma \boldsymbol{E} \cdot \mathrm{d}\boldsymbol{s}} \ [\Omega] \tag{6.25}$$

のように抵抗の値を求めることができます．ただし，式 (6.25) の分子の積分は，式 (5.8) とは積分方向が逆に（電界強度の大きいほうから小さいほうへ）なっていることに注意してください．

6.3 導体中の電荷 (☞ 2.3.2 項)

面 S での電流密度 $\boldsymbol{J}$ が既知のときに面 S を貫通する電流 I については，すでに 6.1 節で説明しました．いま，面が閉曲面であり，その表面積が S であるとすると，面から出ていく電流は，閉曲面内の電荷 q を減少させることになります．したがって，式 (6.1)，(6.5) より

$$\oint_S \boldsymbol{J} \cdot \mathrm{d}\boldsymbol{s} = I = -\frac{\mathrm{d}q}{\mathrm{d}t} = -\frac{\partial}{\partial t} \int \rho \,\mathrm{d}v \tag{6.26}$$

となります．ここで，式 (6.26) の $-\mathrm{d}q/\mathrm{d}t$ の負符号は電荷の減少を表しています．そして，両辺を Δv で割ると

$$\frac{\oint \boldsymbol{J} \cdot \mathrm{d}\boldsymbol{s}}{\Delta v} = -\frac{\partial}{\partial t} \frac{\int \rho \,\mathrm{d}v}{\Delta v} \tag{6.27}$$

となります．さらに，Δv の極限をとると

$$\lim_{\Delta v \to 0} \frac{1}{\Delta v} \oint \boldsymbol{J} \cdot \mathrm{d}\boldsymbol{s} = \lim_{\Delta v \to 0} \left(-\frac{\partial}{\partial t} \frac{\int \rho \,\mathrm{d}v}{\Delta v} \right) \tag{6.28}$$

となりますから，左辺は式 (2.45) で定義した発散の定義式そのものです (☞ 2.3.2 項)．また，電荷は体積内に一様に分布しており，$\int \rho \, \mathrm{d}v = \rho \, \Delta v$ となりますから，右辺は $-\partial\rho/\partial t$ となり，

$$\operatorname{div} \boldsymbol{J} = -\frac{\partial \rho}{\partial t} \tag{6.29}$$

が得られます．この式 (6.29) は，**電流連続の式** (continuity of current equation)，あるいは**電荷の保存則**とよばれています．ただし，式中の ρ は 4.3 節で説明したネット電荷の密度であり，移動する電荷の密度ではないことに注意してください．

さらに，$\boldsymbol{J} = \sigma \boldsymbol{E}$，$\boldsymbol{D} = \varepsilon_0 \boldsymbol{E}$ および式 (4.11) の $\operatorname{div} \boldsymbol{D} = \rho$ より

$$\operatorname{div} \boldsymbol{J} = \operatorname{div} \sigma \, \boldsymbol{E} = \frac{\sigma}{\varepsilon_0} \operatorname{div} \boldsymbol{D} = \frac{\sigma}{\varepsilon_0} \rho \tag{6.30}$$

となります．この結果を式 (6.29) に代入すると

$$\frac{\sigma}{\varepsilon_0} \rho = -\frac{\partial \rho}{\partial t} \tag{6.31}$$

となり，

$$\frac{\partial \rho}{\partial t} + \frac{\sigma}{\varepsilon_0} \rho = 0 \tag{6.32}$$

という電荷密度 ρ に関する微分方程式が得られます．この方程式の解は，電荷密度の初期値を ρ_0 とすると

$$\rho = \rho_0 \, e^{-(\sigma/\varepsilon_0)t} \tag{6.33}$$

となり，電荷密度 ρ は，時定数 $\tau = \varepsilon_0/\sigma$ で指数関数的に減少することになります．この τ は**緩和時間** (relaxation time) とよばれ，その物質に固有な値です．

では，その具体的な値を求めてみましょう．たとえば，銅の伝導度は表 6.1 から $\sigma = 5.9 \times 10^7$ [S/m] ですから，$\varepsilon_0 = 8.854 \times 10^{-12}$ [F/m] とすると，時定数 τ は

$$\tau = \frac{\varepsilon_0}{\sigma} = \frac{8.854 \times 10^{-12}}{5.9 \times 10^7} = 1.5 \times 10^{-19} \ [\mathrm{s}] \tag{6.34}$$

となります．τ は時定数ですから，時刻 $t = 1.5 \times 10^{-19}$ 秒後には，その密度が ρ_0 の $1/e = 36.8\%$ に減少することになります．さらに，10 倍の時刻 $t = 1.5 \times 10^{-18}$ 秒後には 0.0045% となってしまいます．この時間は，私たちの日常生活における時間からすれば，ほんの一瞬です．したがって，金属（良導体）の導体内部に何らかの理由で電荷密度 ρ_0 が形成されたとしても，この電荷はクーロン力によって，一瞬にして導体表面に分散することになります．いい換えれば，静的な界では，導体内にネット電荷は存在せず，導体表面にのみ存在するといえます．

以上のように，導体中の電荷が一瞬にして分散するという結果は，銅内部の電子の

平均移動速度であるドリフト速度 U が時速 1.26 [m/h] であること（**例題 6.1**）と矛盾するように思うかもしれません．しかし，前述したように，ここでの ρ はネット電荷密度で，実際に移動する電荷の密度ではありません．たとえば，野球場やサッカー場などでよく見かけるウェーブを想像してみてください．人が座席の間を移動するには時間がかかりますが，ウェーブはずっと速い速度で移動します．したがって，$\partial\rho/\partial t$ は過渡的にのみ導体内部でゼロではなく，定常状態では式 (6.29) は $\mathrm{div}\,\boldsymbol{J} = 0$ となります．$\mathrm{div}\,\boldsymbol{J} = 0$ は流れ込む電流と流れ出る電流の和が等しいということを表し，これは**キルヒホッフの第 1 法則**（**電流則**）とよばれています．

ここで説明したように，導体が帯電した場合，そのネット電荷は導体表面に分布することになり，導体内部には存在しません．そこで，以下の例題では，3.3.3 項の電荷の体積分布との違いについて比較してみます．

例題 6.3

(1) 図 6.5(a) に示すように，全電荷量 $Q = 5$ [nC] が半径が $a = 3$ [m] の球状に一様に分布しているとき，球の内外における電界強度 E および電位 V を求め，それぞれのグラフを描きなさい．

(2) 図 (b) に示すように，半径 $a = 3$ [m] の導体球表面に $Q = 5$ [nC] の電荷が帯電しているとき，球の内外における電界強度 E および電位 V を求め，それぞれのグラフを描きなさい．

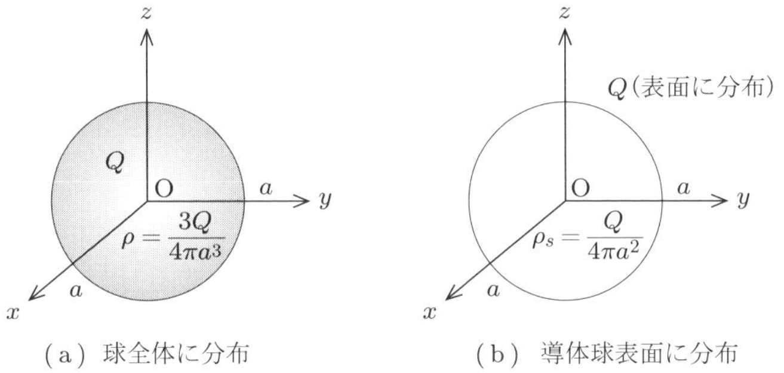

図 6.5　電荷の分布形状の違いと電界

解　答　(1) ここでは，ガウスの法則を用いて求めることにします．まず，球の外側の電界を求めるために，図 (a) の球体を取り囲む仮想的な球面をガウス面とします．

図 (a) の球体からの電束は放射状になりますから，球体を取り囲むガウス面のどこでも同じ値 D になっています．そして，ガウスの法則の式 (4.6)

$$\int_S \boldsymbol{D} \cdot \mathrm{d}\boldsymbol{s} = Q$$

の左辺は $D \cdot 4\pi r^2$ となりますから，

$$D = \frac{Q}{4\pi r^2}$$

となり，さらに $D = \varepsilon_0 E$ の関係から，電界強度 E は

$$E = \frac{D}{\varepsilon_0} = \frac{Q}{4\pi\varepsilon_0 r^2} = 9 \times 10^9 \times 5 \times 10^{-9} \frac{1}{r^2} = \frac{45}{r^2} \text{ [V/m]} \qquad ①$$

となります．ここまでで，$r \geq a$ における電界強度が得られました．

つぎに，球の内側の電界を求めるために，図 (a) の内部に仮想的な球面を考え，ガウス面とします．この場合は球内部を考えるため，全電荷量 Q ではなく，電荷密度 ρ を求めておきます．半径 $a = 3$ の球の体積は $Vol = 4\pi a^3/3$ ですから

$$\rho = \frac{Q}{Vol} = \frac{3Q}{4\pi a^3} = \frac{3(5 \times 10^{-9})}{4\pi(3)^3} = \frac{5 \times 10^{-9}}{36\pi} \text{ [C/m}^3\text{]}$$

となります．そして，半径 $r (r \leq a)$ のガウス面に対してガウスの法則を適用すると

$$D \cdot 4\pi r^2 = \rho \cdot \frac{4\pi r^3}{3} = \frac{5 \times 10^{-9}}{36\pi} \cdot \frac{4\pi r^3}{3}$$

$$D = \frac{5 \times 10^{-9}}{108\pi} r \text{ [C/m}^2\text{]}$$

となり，$D = \varepsilon_0 E$ の関係から，$r \leq a$ の条件における電界強度 E は

$$E = \frac{D}{\varepsilon_0} = \frac{5 \times 10^{-9}}{108\pi} r \cdot \frac{36\pi}{10^{-9}} = \frac{5}{3} r \text{ [V/m]} \qquad ②$$

と求められます．以上の結果を整理すると

$$E = \begin{cases} \dfrac{5}{3} r \quad (r \leq a = 3) & ② \\ \dfrac{45}{r^2} \quad (r \geq a = 3) & ① \end{cases}$$

となります．そして，上式を用いて球内外の電界強度を具体的に計算し，その結果をグラフで示すと，図 6.6 のようになります．

得られた電界強度の結果を用いて，以下の手順で球内外の電位を求めます．

まず，無限遠点 $(r \to \infty)$ から球表面 $(r = a)$ までの範囲は，式①の電界強度を用いて求めます．つぎに，球内部の電位については，球表面と球内部の任意の点との電位差を式②の電界強度を用いて求め，この電位差と球表面の電位との和により，球内部の電位を求めます．

無限遠点を基準にした球表面までの電位 V を，式①を用いて求めると

$$V = -\int_\infty^r \left(\frac{45}{r^2}\right) \mathrm{d}r = -45 \int_\infty^r \frac{1}{r^2} \mathrm{d}r = -45 \left[-\frac{1}{r}\right]_\infty^r = \frac{45}{r} \text{ [V]} \qquad ③$$

となります．球表面 $(r = a = 3)$ の電位 V_a は，式③から

$$V_a = \frac{45}{a} = \frac{45}{3} = 15 \text{ [V]}$$

と求められます．球内部の任意の点 P と球表面の電位差 $V_{\mathrm{P}a}$ は，式②を用いて

$$V_{\mathrm{P}a} = -\int_a^r \left(\frac{5}{3}r\right) \mathrm{d}r = -\frac{5}{3}\int_a^r r\,\mathrm{d}r = -\frac{5}{3}\left[\frac{r^2}{2}\right]_a^r = -\frac{5}{3}\left(\frac{r^2}{2} - \frac{a^2}{2}\right)$$
$$= \frac{5}{3}\left(\frac{a^2}{2} - \frac{r^2}{2}\right) = \frac{5}{6}(a^2 - r^2) = \frac{5}{6}(9 - r^2)\ [\mathrm{V}]$$

となります．球内部の任意の点 P と球表面の電位差がわかりましたから，この値に球表面の電位 V_a を足すと球内部の任意の点 P の電位となり，

$$V = V_a + V_{\mathrm{P}a} = 15 + \frac{5}{6}(9 - r^2) = \frac{135 - 5r^2}{6}\ [\mathrm{V}] \qquad ④$$

のように求められます．

以上の球内外についての電位 V の結果を整理すると

$$V = \begin{cases} \dfrac{135 - 5r^2}{6} & (r \leq a = 3) \qquad ④ \\ \dfrac{45}{r} & (r \geq a = 3) \qquad ③ \end{cases}$$

となります．球内外の電位をグラフで示すと，図 6.7 のようになります．

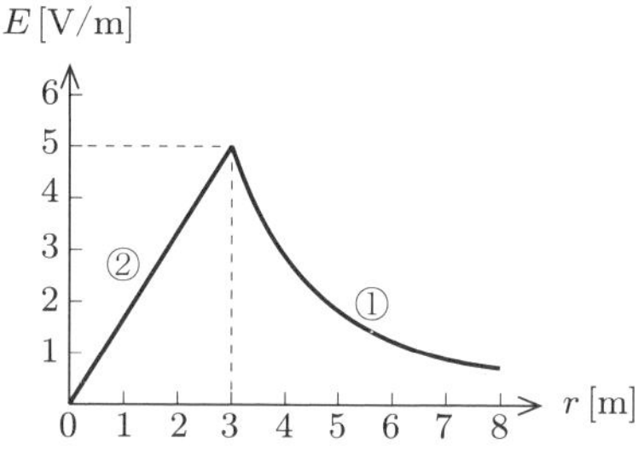

図 6.6　(1) 電界強度の計算結果

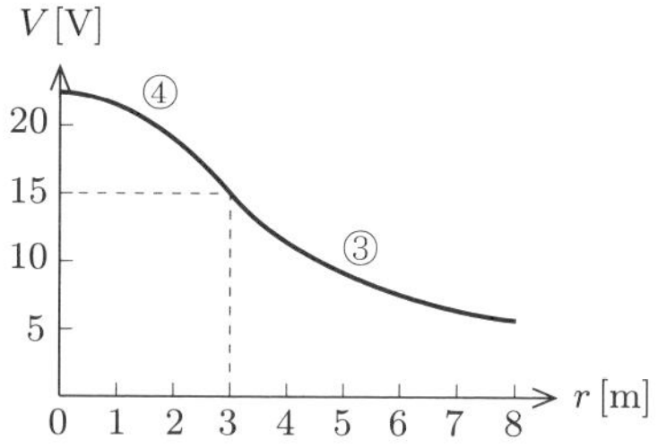

図 6.7　(1) 電位の計算結果

(2) この場合も，ガウスの法則を用いることにします．

まず，導体球外の電界を求める場合は，問 (1) と同様に，図 (b) の球体を取り囲む仮想的な球面をガウス面とします．ガウス面内に存在する電荷量は問 (1) と同じく Q [C] ですから，

$$D = \frac{Q}{4\pi r^2}$$

となります．さらに，$D = \varepsilon_0 E$ の関係から，この場合の電界強度 E も

$$E = \frac{D}{\varepsilon_0} = \frac{Q}{4\pi\varepsilon_0 r^2} = 9 \times 10^9 \times 5 \times 10^{-9}\,\frac{1}{r^2} = \frac{45}{r^2}\ [\mathrm{V/m}] \qquad ⑤$$

となり，式①と同じ結果になります．

つぎに，題意より，表面にしか電荷は分布していないので，導体球内部には電荷が存在しません．したがって，電束 Ψ も存在せず，電界強度はゼロとなります．よって

$$E = 0 \text{ [V/m]} \qquad ⑥$$

となります．以上の結果を整理すると

$$E = \begin{cases} 0 & (r < a) \qquad ⑥ \\ \dfrac{45}{r^2} & (r \geq a) \qquad ⑤ \end{cases}$$

となりますので，導体球内外の電界強度の計算結果をグラフで示すと，図 6.8 のようになります．

最後に，導体球内外の電位を求めます．まず，導体球の外部に関しては，式⑤が式①と等しいことから，電位 V は式③と同じになり

$$V = \frac{45}{r} \text{ [V]} \qquad ⑦$$

となります．そして，導体球表面の電位 V_a は，式⑦より

$$V_a = \frac{45}{a} = \frac{45}{3} = 15 \text{ [V]}$$

となります．さらに，導体球内部の任意の点 P と導体球表面との電位差 $V_{\mathrm{P}a}$ は，式⑥で $E = 0$ であることから

$$V_{\mathrm{P}a} = -\int_a^r E\,\mathrm{d}r = 0 \text{ [V]}$$

となります．すなわち，導体内はすべて等電位となっています．したがって，導体球内部の任意の点の電位 V は

$$V = V_a + V_{\mathrm{P}a} = V_a = 15 \text{ [V]} \qquad ⑧$$

となります．

以上の結果を整理すると

$$V = \begin{cases} 15 & (r \leq a) \qquad ⑧ \\ \dfrac{45}{r} & (r \geq a) \qquad ⑦ \end{cases}$$

となります．導体球内外の電位の計算結果をグラフで示すと，図 6.9 のようになります．

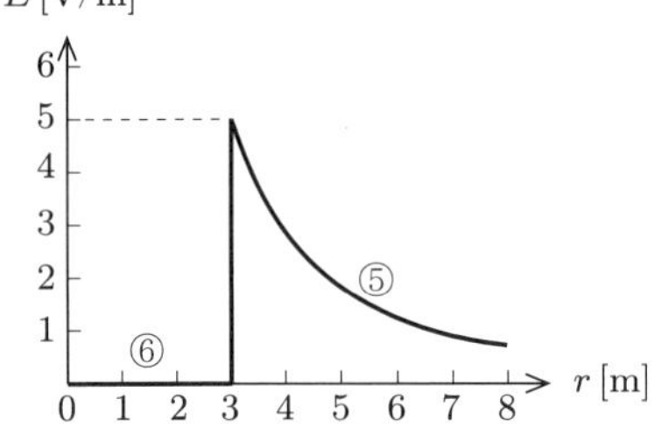

図 6.8　(2) 電界強度の計算結果

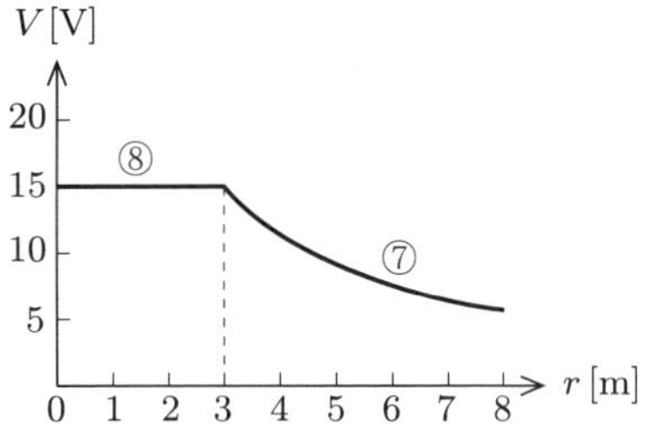

図 6.9　(2) 電位の計算結果

例題 6.3 の結果からわかるように，等しい電荷量が「球状に体積分布」した場合と「導体球表面に分布」した場合の電界や電位は，その球体外部に及ぼす影響はまったく同じになりますが，球体内部では大きく異なっていることがわかります．

6.4　抵抗の接続

複数の抵抗の接続については電気回路の範囲かも知れませんが，合成抵抗の導出方法は，次章のコンデンサの接続と類似した部分がありますから，ここで簡単に説明しておきます．

具体的な話の前に，現在一般的な回路図において抵抗素子を表す図記号には，図 6.10(b) のものが使われます．従来（1952 年に制定された JIS C 0301）は，図 (a) のものが使われていました．しかし，1997-1999 年制定の JIS C 0617 では，国際規格の IEC 60617 を元にして，現在の箱状のものになりました．ただし，拘束力はないため，現在でも一部では，従来の図記号が用いられている場合もあります．

(a) 旧規格の図記号 JIS C 0301　(b) 新規格の図記号 JIS C 0617

図 **6.10**　抵抗を表す図記号

直列接続

まず，直列接続について説明します．図 6.11(a) に示すように，$R_1 \sim R_3$ の 3 個の抵抗が直列に接続された場合を考えます．直列に接続されていますから，どの抵抗に流れる電流も同じ値で I [A] となっています．また，各抵抗の電圧降下は，オームの法則より

$$V_1 = R_1 I, \quad V_2 = R_2 I, \quad V_3 = R_3 I \tag{6.35}$$

となっています．図の端 a と端 b の電位差は，$V = V_1 + V_2 + V_3$ [V] です．

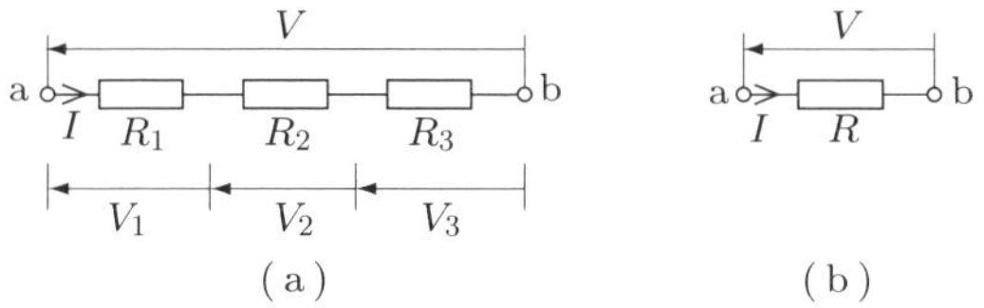

図 **6.11**　抵抗の直列接続

つぎに，図(b)のように，等価的に1個の抵抗 R と見なしたものを考えます．このとき，電流 I [A] と電圧 V [V] は，図(a)と同じ値とします．この等価的に一つの抵抗と見なした R を**合成抵抗**とよびます．図(a)と図(b)を比較し，さらに式(6.35)を用いると

$$R = \frac{V}{I} = \frac{V_1 + V_2 + V_3}{I} = \frac{V_1}{I} + \frac{V_2}{I} + \frac{V_3}{I} = R_1 + R_2 + R_3 \tag{6.36}$$

となります．これを一般化すると，n 個の抵抗が直列に接続されたときは

$$R = R_1 + R_2 + R_3 + \cdots + R_n = \sum_{i=1}^{n} R_i \tag{6.37}$$

のように，各抵抗の和として合成抵抗の値が求められます．

■ 並列接続

つぎに，並列接続について説明します．図6.12(a)に示すように，$R_1 \sim R_3$ の3個の抵抗が並列に接続された場合を考えます．並列に接続されていますから，それぞれの抵抗に流れる電流は異なり，それぞれ図のように I_1 [A]～I_3 [A] とします．しかし，並列ですから，各抵抗の電圧降下は同じ値となります．すなわち

$$V = V_1 = V_2 = V_3 \tag{6.38}$$

となっています．ここで，キルヒホッフの第1法則より

$$I = I_1 + I_2 + I_3 \tag{6.39}$$

が成り立ちます．

また，式(6.38)と各抵抗の電圧降下に関するオームの法則より

$$I_1 = \frac{V}{R_1}, \quad I_2 = \frac{V}{R_2}, \quad I_3 = \frac{V}{R_3} \tag{6.40}$$

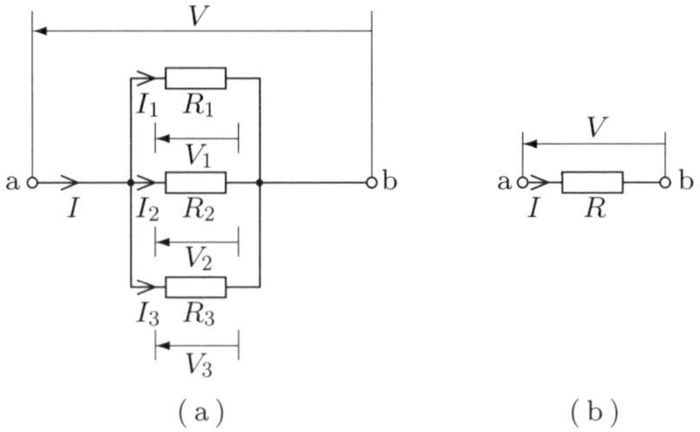

図 **6.12**　抵抗の並列接続

ですから，式 (6.40) を式 (6.39) に代入すると

$$I = I_1 + I_2 + I_3 = \frac{V}{R_1} + \frac{V}{R_2} + \frac{V}{R_3} \tag{6.41}$$

となります．ここで，直列接続のように図 (b) の R を合成抵抗とし，電流 I [A] と電圧 V [V] は，図 (a) と同じ値とします．そして，式 (6.41) は分母がそれぞれ異なっていますから，合成抵抗 R の逆数をとると

$$\frac{1}{R} = \frac{I}{V} = \frac{I_1}{V} + \frac{I_2}{V} + \frac{I_3}{V} = \frac{1}{R_1} + \frac{1}{R_2} + \frac{1}{R_3} \tag{6.42}$$

となります．これを一般化すると，n 個の抵抗が並列に接続されたときは

$$\frac{1}{R} = \frac{1}{R_1} + \frac{1}{R_2} + \frac{1}{R_3} + \cdots + \frac{1}{R_n} = \sum_{i=1}^{n} \frac{1}{R_i} \tag{6.43}$$

のように，各抵抗の逆数の和として，合成抵抗の逆数の値が求められます．また，並列接続では，二つの抵抗の合成抵抗の値は

$$R = \frac{1}{\dfrac{1}{R_1} + \dfrac{1}{R_2}} = \frac{1}{\dfrac{R_1 + R_2}{R_1 R_2}} = \frac{R_1 R_2}{R_1 + R_2} \tag{6.44}$$

のようになりますので，式の形から「和分の積」とよばれています．

6.5 面電流密度

6.1 節で電流密度 $\boldsymbol{J}$ を定義しましたが，高い周波数の交流になると**表皮効果**とよばれる現象が起こり，電流が導体表面のみに流れるようになることがあります．また，マイクロ波通信などで用いられる導波管では，電流が導体表面に閉じ込められることになります．このような場合は，**面電流密度** $\boldsymbol{K}$ [A/m]*2が用いられます．いま，縦 l_1 [m]，横 l_2 [m] の薄い長方形中空導体の面を x 方向に全電流 I [A] が流れている様子を，図 6.13 に示します．

この場合，面のどの点においても面電流密度 $\boldsymbol{K}$ は同じであることから

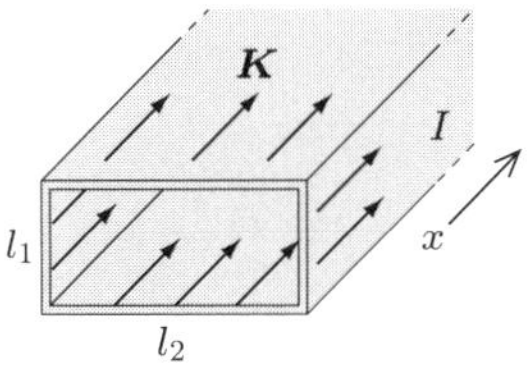

図 **6.13** 長方形中空導体の面電流

*2 電流密度の一種ですから，教科書によっては $\boldsymbol{J}_s$ と表記する場合もあります．

$$\boldsymbol{K} = \frac{I}{2(l_1 + l_2)}\boldsymbol{a}_x \text{ [A/m]} \tag{6.45}$$

となります．すなわち，電流密度 $\boldsymbol{J}$ [A/m^2] が単位断面積当たりの電流を表しているのに対し，面電流密度 $\boldsymbol{K}$ [A/m] は単位長さ当たりの電流を表していることになります．

演習問題

▶ **6.1**　y 軸が $-\pi/4 \leq y \leq \pi/4$ [m] の範囲，z 軸が $-0.01 \leq z \leq 0.01$ [m] の範囲の，$x = 0$ 平面を通る電流を求めなさい．ただし，電流密度は次式で与えられるものとする．

$$\boldsymbol{J} = 100 \cos 2y\, \boldsymbol{a}_x \text{ [A/m}^2\text{]}$$

▶ **6.2**　正方形断面をもつ長さ l の導体がある．一端の面積を $S_1 = A$ としたとき，他端が $S_2 = kA\,(k \geq 1)$ となるように一定の割合で太さが変化している．導体の伝導度を σ としたときの抵抗値を求めなさい．

▶ **6.3**　各辺が座標軸に平行で，1 辺が 1[m] の立方体があり，一つの頂点が原点にある．電流密度が $\boldsymbol{J} = 2x^2\boldsymbol{a}_x + 2xy^3\boldsymbol{a}_y + 2xy\boldsymbol{a}_z$ [A/m^2] で与えられているとき，この立方体から外へ流出する全電流はいくらになるか求めなさい．

▶ **6.4**　図 6.14 に示すように，半径 a [m] の内部が空洞で厚さの薄い垂直な円柱の上面の中心に電流 I [A] が流入している．このとき，円柱上面と側面での面電流密度 $\boldsymbol{K}$ をそれぞれ求めなさい．

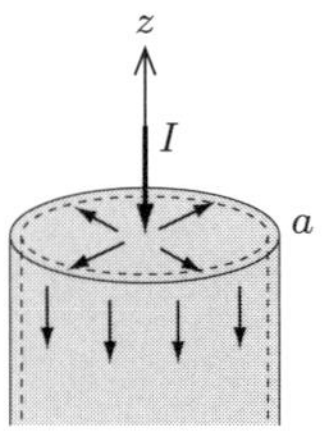

図 6.14　薄い垂直な円柱を流れる面電流

第 7 章

静電容量と誘電体

本章では，静電容量の定義について説明した後，コンデンサの部品の一つとして用いられている誘電体について説明します．また，誘電体中では，分極により第 4 章で説明した真空中の $\boldsymbol{D}$ と $\boldsymbol{E}$ の関係とは異なることになります．さらに，コンデンサに蓄えられるエネルギーについても説明します．

7.1 静電容量の定義

前章の**例題 6.3** でも考察しましたが，金属などの導体に電荷 Q [C] が帯電しているとします．帯電しているので，無限遠点の電位ゼロを基準としたとき，この導体の電位を V [V] とします（図 6.9 参照）．このとき，帯電している電荷量が増えれば導体の電位も高くなりますから，$Q \propto V$ の関係となります．そこで，この比例定数を C と表記すると，

$$C = \frac{Q}{V}\ [\mathrm{C/V}] \tag{7.1}$$

となり，この C を静電容量とよぶことにします．静電容量は**キャパシタンス**ともよばれ，その単位は [C/V] ですが，これを**ファラド** (farad) [F] と定義します．すなわち，1 [F]= 1 [C/V] になります．

例題 7.1　真空中に半径 a [m] の導体球がある．この導体球が Q [C] に帯電したとき，導体球がもつ静電容量を求めなさい．

解　答　無限遠点を電位の基準にした場合，半径が a の帯電導体球の中心からの距離 $r(> a)$ における電位は，式 (5.13) で求めたように，

$$V = \frac{Q}{4\pi\varepsilon_0 r}\ [\mathrm{V}]$$

でしたから，無限遠点と導体球表面の電位差は

$$V = \frac{Q}{4\pi\varepsilon_0 a}\ [\mathrm{V}]$$

となります．したがって，導体球がもつ静電容量は，式 (7.1) から

$$C = \frac{Q}{V} = 4\pi\varepsilon_0 a\ [\mathrm{F}]$$

と求められます．

7.2　誘電体と分極現象

一般に，電気を通さない絶縁体を誘電体とよびます．電界中に誘電体を置くと**分極** (polarized) が生じ，同じ電界強度の真空中よりも，電束密度 $\boldsymbol{D}$ が大きくなります．これは，磁気現象と対比してみるとわかりやすいかも知れません．理科の実験などで電磁石をつくったことがあるかもしれませんが，電磁石の鉄心を磁化することにより，コイルのみの場合よりも強い磁力となります．電気現象でも，これと似たようなことが起こっているため，初めにも書いたように，電束密度 $\boldsymbol{D}$ が大きくなります．

誘電体が電気を通さないのは，6.1 節で説明したような，キャリアとなる自由電子が存在しないためです．金属などの導体では，原子核による電子の拘束力が弱いため，外部電界によって，容易に最外殻電子が離れて自由電子になります．これに対し，誘電体では拘束力が強く，外部電界によって自由電子が生じません．しかし，微視的に見ると，図 7.1(a) のように外部電界が加わる前は電気的に中性だったものが，外部電界が加わることにより，図 (b) のように微小変位を生じます．

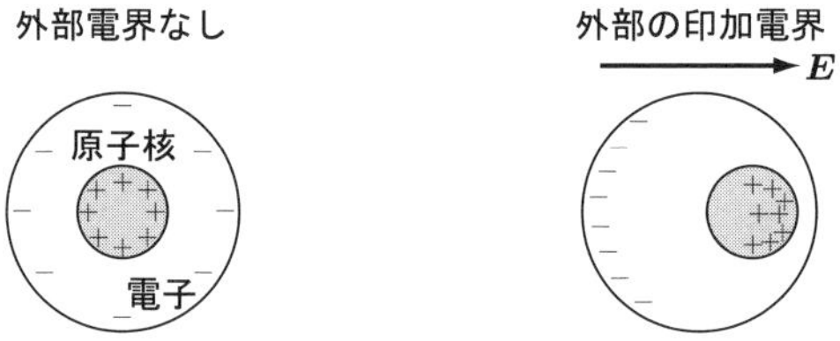

(a) 原子のマクロモデル　　(b) 印加電界による微小変位

図 7.1　外部印加電界があるときの誘電体原子

この図 (b) の状態を原子 1 個の単純な形で表すと，図 7.2(a) のように描くことができます．さらに，図 (a) は，等価的に図 (b) のように一対の正負の電荷（電気双極子）として表せ，この変位は**電気双極子モーメント** (electric dipole moment) $\boldsymbol{p} = Q\boldsymbol{d}$ [C·m] で表すことができます．ここで，分極した誘電体の体積 Δv 中には，N 個の双極子モーメント $\boldsymbol{p}$ が含まれているとします．誘電体全体では，図 (c) に示すように，分極を表

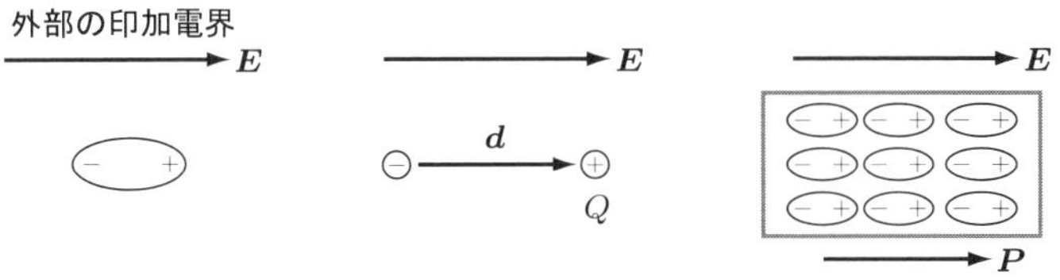

（a）原子1個　（b）電気双極子　（c）誘電体全体

図 **7.2** 誘電体の分極現象

すベクトル $\boldsymbol{P}$ は単位体積当たりの双極子モーメントとして定義することができますから，

$$\boldsymbol{P} = \lim_{\Delta v \to 0} \frac{N\boldsymbol{p}}{\Delta v} \ [\mathrm{C/m^2}] \tag{7.2}$$

となります．このベクトル $\boldsymbol{P}$ は電束密度を増加させることになり，真空の場合の電束密度 $\boldsymbol{D} = \varepsilon_0 \boldsymbol{E}$ に対して

$$\boldsymbol{D} = \varepsilon_0 \boldsymbol{E} + \boldsymbol{P} \tag{7.3}$$

だけ電束密度が増加することになります．この式 (7.3) の $\boldsymbol{E}$ と $\boldsymbol{P}$ は異なる方向をもつことができますが，等方性で線形の物質*1では平行になり，

$$\boldsymbol{P} = \chi_e \varepsilon_0 \boldsymbol{E} \quad \text{（等方性で線形の物質）} \tag{7.4}$$

と書き表すことができます．ただし，χ_e は無次元の定数で**分極率** (electric susceptibility) とよばれ，この式は，$\boldsymbol{P}$ が真空のときの電束密度 $\varepsilon_0 \boldsymbol{E}$ の χ_e 倍になることを表しています．そして，式 (7.3) に式 (7.4) を代入すると

$$\boldsymbol{D} = \varepsilon_0 (1 + \chi_e) \boldsymbol{E} = \varepsilon_0 \varepsilon_r \boldsymbol{E} = \varepsilon \boldsymbol{E} \quad \text{（等方性で線形の物質）} \tag{7.5}$$

となります．この ε を媒質の**誘電率**とよびます．式 (7.5) のように $\varepsilon_r = 1 + \chi_e$ ですから，ε_r の値は必ず $\varepsilon_r > 1$ となります．また，3.1 節でも述べたように，$\varepsilon = \varepsilon_0 \varepsilon_r$ ですから

$$\varepsilon_r = \frac{\varepsilon}{\varepsilon_0} \tag{7.6}$$

の関係が得られます．この ε_r は真空の誘電率 ε_0 との比を表していることから，**比誘電率** (relative permittivity) とよばれ，物質固有の値です．

---

*1 多くの物質は等方性で線形な性質をもちます．

7.3　コンデンサ

静電容量をもった受動素子は，コンデンサとよばれます．一般に英語でコンデンサ (condenser) といった場合は，熱交換などで用いられる装置を指すことが多く，日本語におけるコンデンサは，英語圏では通常はキャパシタ (capacitor) とよばれています．また最近では，産業応用分野などで用いられる数千 [F] 以上の容量をもつ電気二重層キャパシタの出現により，一般的な数 [pF]～数万 [μF] の容量のコンデンサと区別して，とくに大容量のものをキャパシタとよんでいる分野もあります．コンデンサあるいはキャパシタは，日本語では**蓄電器**と訳されています．

コラム

私たち日本人は欧米の人達に比べ，物事を理解するうえで一種の利点をもっています．それは，英語は表音文字ですが，日本語の漢字は表意文字ということです．

たとえば，変圧器のことを英語ではトランスフォーマーといいますが，変圧器を知らない人が，トランスフォーマーといわれても，どのような機器であるかは想像できないと思います．しかし，変圧器といわれれば「圧を変える器（うつわ）」と読んで，電圧を変える機器であることが想像できます．これと同様に，蓄電器は「電気（電荷）を蓄える器（うつわ）」と読むことができますから，具体的に蓄電器がどのようなはたらきをする素子なのかを想像することができます．

つぎに，回路素子としてのコンデンサについて具体的に説明します．基本的なコンデンサは，図 7.3 に示すように，距離 d [m] の 2 枚の平行平板（電極）の構造をもちます．上部電極に電源から $+Q$ [C] の電荷が与えられたとき，下部電極には静電誘導によって $-Q$ [C] の電荷が生じます．このとき，電極面積 S [m^2] に対して距離 d は十分に小さいものとします（コンデンサ内部の電界 $\boldsymbol{E}$ が極板に対して垂直であるとして扱える）．電極上の電荷は一様な密度 $\rho_s = \pm Q/S$ をもつと考えられます．したがって，電極間の電束密度 $\boldsymbol{D}$ も一様で，図 7.4 に示すように，$\boldsymbol{D}_+$ と $\boldsymbol{D}_-$ の和で，$+\rho_s$ から

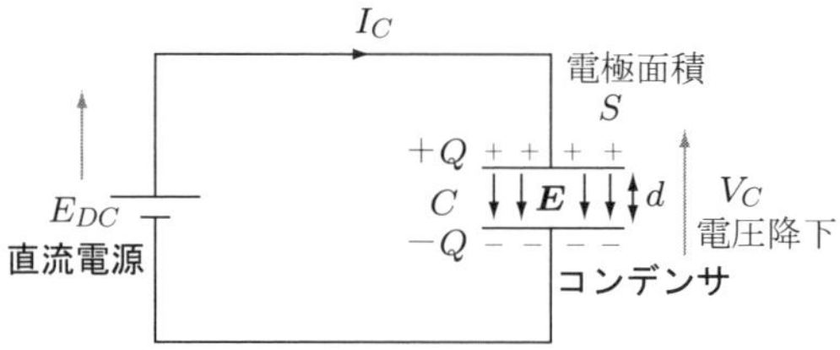

図 **7.3**　コンデンサ

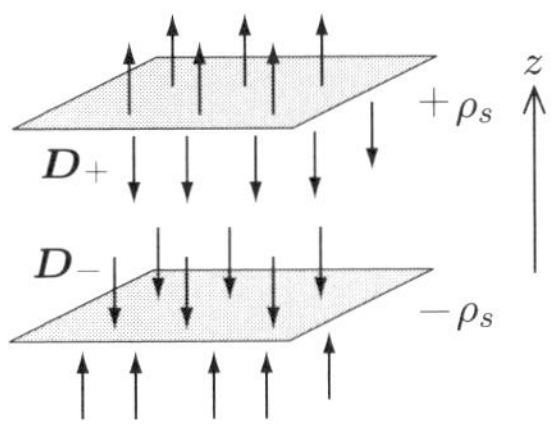

図 **7.4**　コンデンサ内の電束密度

$-\rho_s$ の方向となり，上下電極方向を z 方向とすると

$$\boldsymbol{D}_+ = \frac{\rho_s}{2}(-\boldsymbol{a}_z) = \frac{Q}{2S}(-\boldsymbol{a}_z), \quad \boldsymbol{D}_- = \frac{\rho_s}{2}(-\boldsymbol{a}_z) = \frac{Q}{2S}(-\boldsymbol{a}_z)$$

より，

$$\boldsymbol{D} = \frac{Q}{S}(-\boldsymbol{a}_z) \quad \text{あるいは} \quad \boldsymbol{E} = \frac{Q}{\varepsilon S}(-\boldsymbol{a}_z) = \frac{Q}{\varepsilon_0 \varepsilon_r S}(-\boldsymbol{a}_z) \tag{7.7}$$

となります．したがって，上部電極と下部電極の電位差 V_C は，式 (5.8) より

$$V_C = -\int_L \boldsymbol{E}\cdot \mathrm{d}\boldsymbol{l} = -\int_0^d \frac{Q}{\varepsilon_0\varepsilon_r S}(-\boldsymbol{a}_z)\cdot(\mathrm{d}z\,\boldsymbol{a}_z) = \frac{Q}{\varepsilon_0\varepsilon_r S}\int_0^d \mathrm{d}z$$
$$= \frac{Q}{\varepsilon_0\varepsilon_r S}\Big[z\Big]_0^d = \frac{Qd}{\varepsilon_0\varepsilon_r S} \tag{7.8}$$

となりますから，静電容量 C は

$$C = \frac{Q}{V_C} = \frac{\varepsilon_0\varepsilon_r S}{d} = \frac{\varepsilon S}{d} \tag{7.9}$$

となり，電極面積と誘電率に比例し，電極間距離に反比例することがわかります．

例題 7.2　真空中で電極間距離が 1 [mm] の平行平板コンデンサの静電容量が 0.001[μF] であるとき，電極の面積を求めなさい．

解　答　真空なので，式 (7.9) は

$$C = \frac{\varepsilon_0 S}{d}\ [\mathrm{F}]$$

となります．したがって，電極面積 S は

$$S = \frac{Cd}{\varepsilon_0} = \frac{0.001\times 10^{-6}\times 1\times 10^{-3}}{8.854\times 10^{-12}} = 0.113\ [\mathrm{m}^2]$$

と求まります．もし，電極の形状が正方形ならば，一辺が 33.6 [cm] の電極となります．

電荷 Q [C] が蓄えられたときのコンデンサの電圧は式 (7.8) のように求められました．詳しくは電気回路の科目で学びますが，電気回路としての閉路方程式では，電源電圧 E_{DC} とコンデンサの電圧降下 V_C の関係は，十分時間が経過したときには $E_{DC} = V_C$ となりますから

$$E_{DC} = V_C = \frac{1}{C}\int I_C \mathrm{d}t \tag{7.10}$$

が成り立ちます．では，なぜこのような式が成り立つのかを説明しておきます．電荷を運ぶのは電流です．コンデンサの電圧は，式 (7.8) からも明らかなように，電荷が貯まるほど高くなりますから，コンデンサの電圧降下の値は，コンデンサに流れる電流を時間で積分した値に比例すると考えられます．式で表すと，$V_C \propto \int I_C \mathrm{d}t$ となります．しかし，このままでは計算できませんから，比例定数を k として，$V_C = k\int I_C \mathrm{d}t$ と書くことができます．そして，この比例定数 k の値を決めればよいことになります．

電流は，よく水の流れにたとえられますので，ここでも同じようにして，大きさの異なる桶を考えることにします．図 7.5 に大きさの違う二つの桶を示します．左側の桶の容量を C_1，右側の桶の容量を C_2 とし，$C_1 < C_2$ とします．両方の桶に同じ x [cm^3] の水を入れると，図のように容量 C_1 の桶のほうが水位は高くなります．

同様に，同じ電荷量がコンデンサに蓄えられたとき，水位と同じように，容量の小さなコンデンサのほうが電位は高くなりますから，コンデンサの電位はその容量に反比例することになります．よって，比例定数 k は $1/C$ となり，コンデンサの電圧降下の式は，式 (7.10) で表されることがわかります．

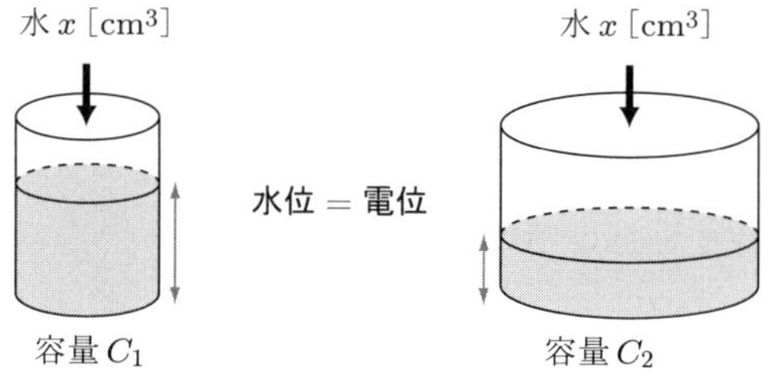

図 7.5　二つの大きさが違う桶

また，以上のような定性的な説明ではなく，式 (7.10) に式 (6.1) の電流の定義式を用いると

$$\frac{1}{C}\int I_C \mathrm{d}t = \frac{1}{C}\int \frac{\mathrm{d}Q}{\mathrm{d}t}\mathrm{d}t = \frac{Q}{C} = V \tag{7.11}$$

となり，式 (7.1) と同じ式が成り立つことからも，式 (7.10) で表されることがわかります．

一般に，回路素子として使われるコンデンサは，電極間に誘電体を挿入した構造になっています．これは，式 (7.9) から明らかなように，真空の場合よりも ε_r 倍だけ静電容量が大きくなるためです．

7.4 複合誘電体とコンデンサの接続

並列接続

図 7.6(a) に示すように，$\boldsymbol{E}$ と $\boldsymbol{D}$ に平行な境界面をもつ二つの誘電体があるときは，図 (b) のように，二つのコンデンサが並列に接続されたものとして扱うことができます．

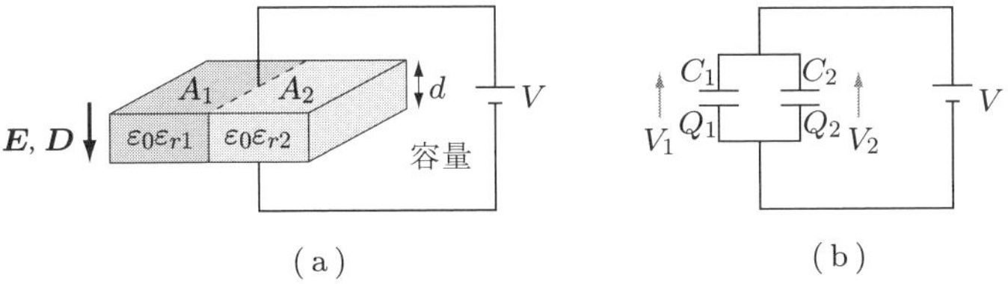

図 7.6 コンデンサの並列接続

式 (7.9) より，二つのコンデンサの容量 C_1 と C_2 は，それぞれ以下のようになります．ここで，二つのコンデンサの比誘電率をそれぞれ $\varepsilon_{r_1}, \varepsilon_{r_2}$，極板の面積を A_1, A_2 とします．

$$C_1 = \frac{\varepsilon_0\varepsilon_{r1}A_1}{d}, \quad C_2 = \frac{\varepsilon_0\varepsilon_{r2}A_2}{d} \tag{7.12}$$

図 (b) からも明らかなように，二つのコンデンサの電圧は同じ値ですから，$V = V_1 = V_2$ です．また，二つのコンデンサに蓄えられた合計の電荷量 Q は

$$Q = Q_1 + Q_2 = C_1V_1 + C_2V_2 = (C_1 + C_2)V \tag{7.13}$$

となりますから，合成容量 C は

$$C = C_1 + C_2 = \frac{\varepsilon_0}{d}(\varepsilon_{r1}A_1 + \varepsilon_{r2}A_2) \tag{7.14}$$

となります．

直列接続

つぎに，図 7.7(a) に示すように，$\boldsymbol{E}$ と $\boldsymbol{D}$ に垂直な境界面をもつ二つの誘電体があるときは，図 (b) のように，二つのコンデンサが直列に接続されたものとして扱うことができます．

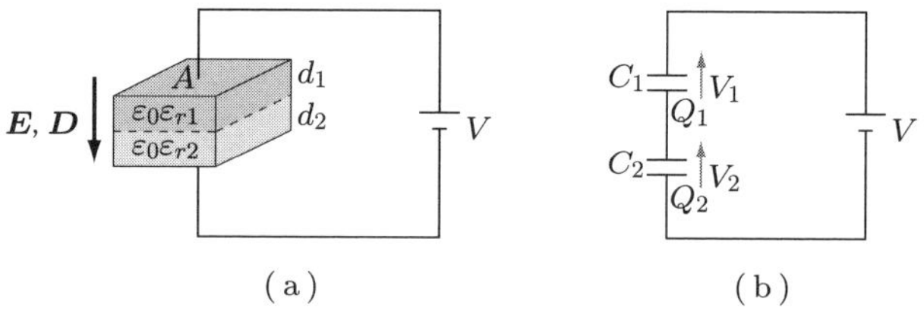

図 **7.7**　コンデンサの直列接続

並列接続の場合と同様に，式 (7.9) より，直列に接続された二つのコンデンサの容量 C_1 と C_2 は，それぞれ以下のようになります．ここで，A はコンデンサの極板の面積，d_1, d_2 はそれぞれの誘電体の厚さです．

$$C_1 = \frac{\varepsilon_0\varepsilon_{r1}A}{d_1}, \quad C_2 = \frac{\varepsilon_0\varepsilon_{r2}A}{d_2} \tag{7.15}$$

図 (b) の回路において十分時間が経過したときには，電流が流れていません．したがって，$V = V_1 + V_2$ となっています．また，コンデンサの上部電極と下部電極には正負等量の電荷が蓄えられますから，$Q_1 = Q_2 = Q$ です．まず，静電容量の定義式である式 (7.1) を用いると

$$C = \frac{Q}{V} = \frac{Q}{V_1 + V_2} \tag{7.16}$$

となります．しかし，この式のままでは二つのコンデンサに分離できませんから，その逆数をとります．すると，

$$\frac{1}{C} = \frac{V_1 + V_2}{Q} = \frac{V_1}{Q} + \frac{V_2}{Q} = \frac{1}{C_1} + \frac{1}{C_2} = \frac{\varepsilon_{r2}d_1 + \varepsilon_{r1}d_2}{\varepsilon_0\varepsilon_{r1}\varepsilon_{r2}A} \tag{7.17}$$

となり，抵抗の並列接続における合成抵抗の式と似た式が得られます．つまり，合成容量の逆数は，それぞれのコンデンサの容量の逆数の和になります．

7.5　コンデンサに蓄えられるエネルギー

まず，静電界におけるエネルギーについて考えます．図 7.8 に示すようにある領域 A を考え，領域 A を含めて，その近傍に電荷が存在しないとします．領域 A に無限遠点から Q_1，Q_2，Q_3 の 3 個の点電荷を順番に運ぶときに必要な仕事を考えてみましょう．

領域 A にははじめは電荷が存在しないので，$\boldsymbol{E} = \boldsymbol{0}$ ですから，その電位も $V = 0$ です．5.3 節で述べたように，単位電荷に対する仕事は $W = QV$ ですから，一つめの点電荷 Q_1 を運ぶのに必要な仕事 W_1 もゼロです．つぎに，二つめの点電荷 Q_2 を

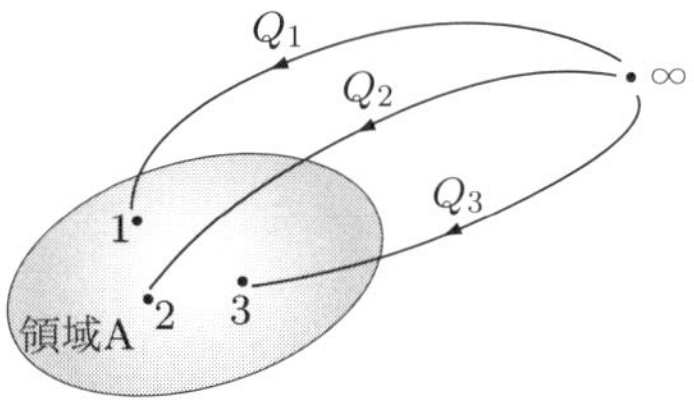

図 **7.8** 点電荷を無限遠点から移動

運ぶときは，すでに Q_1 の電荷が点 1 に存在しているので，Q_1 による点 2 の電位 V_{21} と Q_2 の積が仕事 W_2 となります．さらに，三つめの点電荷 Q_3 では，Q_1 による点 3 の電位 V_{31} と Q_2 による点 3 の電位 V_{32} の和が点 3 の電位ですから，その仕事は，$W_3 = Q_3(V_{31} + V_{32})$ となります．したがって，全仕事量 W_E は

$$W_E = W_1 + W_2 + W_3 = 0 + Q_2V_{21} + Q_3(V_{31} + V_{32}) \tag{7.18}$$

となります．ここで，点電荷を運ぶ順序を逆にすると

$$W_E = W_3 + W_2 + W_1 = 0 + Q_2V_{23} + Q_1(V_{12} + V_{13}) \tag{7.19}$$

となります．この式 (7.18) と式 (7.19) の和を求めると，次式となります．

$$\begin{aligned} 2W_E = W_3 + W_2 + W_1 &= Q_1(V_{12} + V_{13}) + Q_2(V_{21} + V_{23}) \\ &\quad + Q_3(V_{31} + V_{32}) \end{aligned} \tag{7.20}$$

ここで，$V_{12} + V_{13}$ は，Q_2 と Q_3 の点電荷による点 1 の電位を表していますから，これを V_1 と表記することにします．ほかの点 2, 3 についてもそれぞれ V_2，V_3 と表記することにすると，式 (7.20) は

$$2W_E = Q_1V_1 + Q_2V_2 + Q_3V_3 \tag{7.21}$$

と書き表せます．いま，点電荷の数を n 個とすると，一般化した形で

$$W_E = \frac{1}{2}\sum_{i=1}^{n} Q_iV_i \tag{7.22}$$

となります．

n 個の点電荷の代わりに電荷密度 $\rho\,[\mathrm{C/m^3}]$ を考えた場合には，積分を用いて

$$W_E = \frac{1}{2}\int_{Vol} \rho V \,\mathrm{d}v \tag{7.23}$$

のように表されます．その様子を図 7.9 に示します．そして，式 (4.11) の $\mathrm{div}\boldsymbol{D} = \rho$ を代入すると

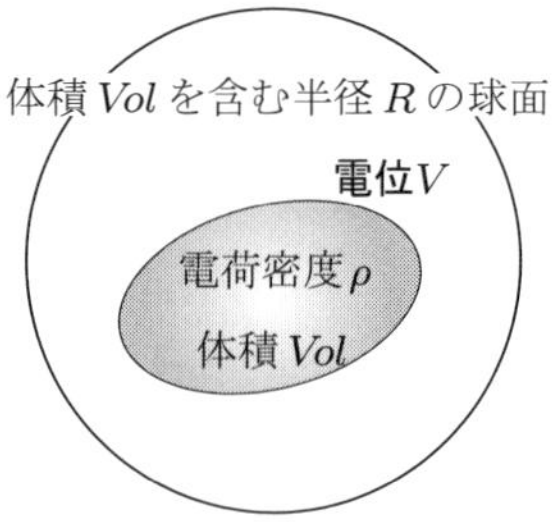

図 **7.9**　体積 Vol 中での電荷分布

$$W_E = \frac{1}{2}\int_{Vol} \rho V \mathrm{d}v = \frac{1}{2}\int_{Vol} (\mathrm{div}\boldsymbol{D})\, V \mathrm{d}v = \frac{1}{2}\int_{Vol} V \mathrm{div}\boldsymbol{D}\, \mathrm{d}v \qquad (7.24)$$

となり，さらに，式 (2.98) の $\mathrm{div}(f\boldsymbol{A}) = \boldsymbol{A}\cdot\mathrm{grad}\, f + f\,\mathrm{div}\,\boldsymbol{A}$（☞ 2.5 節）を式 (7.24) に適用すると

$$W_E = \frac{1}{2}\int_{Vol} \{\mathrm{div}(V\boldsymbol{D})\}\, \mathrm{d}v - \frac{1}{2}\int_{Vol} \boldsymbol{D}\cdot \mathrm{grad}\, V \mathrm{d}v \qquad (7.25)$$

となります．

式 (7.25) の右辺第 1 項にガウスの発散定理（☞ 2.5 節，4.4 節）を適用すると

$$\frac{1}{2}\int_{Vol} \{\mathrm{div}(V\boldsymbol{D})\}\, \mathrm{d}v = \frac{1}{2}\oint_S (V\boldsymbol{D})\cdot \mathrm{d}\boldsymbol{s} \qquad (7.26)$$

となります．このとき，図 7.9 の体積 Vol を含む球の半径 R を限りなく大きくすると，電荷密度 ρ の体積 Vol は点電荷として扱うことができます．点電荷からの距離を R としたとき，D は R^2 に反比例（☞ **例題 4.2**）し，V は R に反比例（式 (5.13) 参照）します．したがって，被積分関数は R^3 で減少することになります．これに対し，球体の表面積は R^2 で増加しますから，式 (7.26) の値は

$$\lim_{R\to\infty} \frac{1}{2}\oint_S (V\boldsymbol{D})\cdot \mathrm{d}\boldsymbol{s} = 0 \qquad (7.27)$$

となります．

式 (7.25) の右辺第 2 項は，式 (5.15) の $\boldsymbol{E} = -\mathrm{grad}\, V$ より

$$-\frac{1}{2}\int_{Vol} \boldsymbol{D}\cdot \mathrm{grad}\, V \mathrm{d}v = \frac{1}{2}\int_{Vol} (\boldsymbol{D}\cdot\boldsymbol{E})\, \mathrm{d}v \qquad (7.28)$$

となります．さらに，式 (7.5) の $\boldsymbol{D} = \varepsilon_0\varepsilon_r\boldsymbol{E}$ の関係から

$$W_E = \frac{1}{2}\int_{Vol} \varepsilon_0\varepsilon_r E^2\, \mathrm{d}v \quad \text{あるいは} \quad W_E = \frac{1}{2}\int_{Vol} \frac{D^2}{\varepsilon_0\varepsilon_r}\, \mathrm{d}v \qquad (7.29)$$

の式も成り立ちます．

以上の結果から，コンデンサに蓄えられるエネルギーは，式 (7.28) や式 (7.29) を用

いて求めることができます．また，静電容量 C と電圧 V を用いると，式 (7.22) から，コンデンサに蓄えられるエネルギー W_E は

$$W_E = \frac{1}{2}QV = \frac{1}{2}CV^2 \tag{7.30}$$

と簡素な形の式となります．

例題 7.3　図 7.10 に示すような長さ L [m] の同軸コンデンサがある．内側導体の半径が a [m]，外側導体の半径が b [m] であり，導体間は比誘電率 ε_r の誘電体で満たされている．このとき，単位長さ当たりの静電容量を求めなさい．

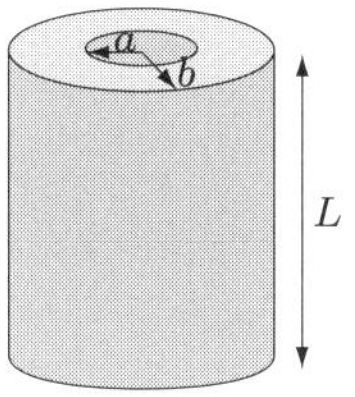

図 7.10　例題 7.3 の同軸コンデンサ

解　答　半径 a の内部導体には Q [C] の電荷が帯電していると考えます．ガウス面を半径 $r(a < r < b)$ の仮想円柱とすると，r の円周上での電束密度 $\boldsymbol{D}$ の向きは r 方向で，円周上のどこでも大きさが等しいので，ガウスの法則 $\oint \boldsymbol{D}\cdot \mathrm{d}\boldsymbol{s} = Q$ より

$$\oint_S \boldsymbol{D}\cdot \mathrm{d}\boldsymbol{s} = \oint_S D\mathrm{d}s = D\oint_S \mathrm{d}s = D(2\pi rL) = Q$$

となり，電束密度は

$$D = \frac{Q}{2\pi rL} \quad \text{および} \quad \boldsymbol{D} = \frac{Q}{2\pi rL}\boldsymbol{a}_r$$

のように求められます．そして，$\boldsymbol{D} = \varepsilon\boldsymbol{E}$ から，電界 $\boldsymbol{E}$ は

$$\boldsymbol{E} = \frac{Q}{2\pi r\varepsilon_0\varepsilon_r L}\boldsymbol{a}_r$$

となりますので，導体間の電位差 V は

$$V = -\int \boldsymbol{E}\cdot \mathrm{d}\boldsymbol{l} = -\int_b^a \left(\frac{Q}{2\pi r\varepsilon_0\varepsilon_r L}\boldsymbol{a}_r\right)\cdot \mathrm{d}r\,\boldsymbol{a}_r = \int_a^b \frac{Q}{2\pi r\varepsilon_0\varepsilon_r L}\mathrm{d}r$$

$$= \frac{Q}{2\pi\varepsilon_0\varepsilon_r L}\int_a^b \frac{1}{r}\mathrm{d}r = \frac{Q}{2\pi\varepsilon_0\varepsilon_r L}\Big[\ln|r|\Big]_a^b = \frac{Q}{2\pi\varepsilon_0\varepsilon_r L}\ln\left(\frac{b}{a}\right)$$

となります．静電容量は，$Q = CV$ より

$$C = \frac{Q}{V} = \frac{2\pi\varepsilon_0\varepsilon_r L}{\ln(b/a)}\ \text{[F]}$$

と求められます．したがって，単位長さ当たりの静電容量は

$$\frac{C}{L} = \frac{2\pi\varepsilon_0\varepsilon_r}{\ln(b/a)}\ \text{[F/m]}$$

となります．

例題 7.4　図 7.11 に示すように，半径 a [m] の 2 本の円柱導体が真空中で平行に置かれている．導体の中心間の距離が d [m] であるとき，単位長さ当たりの静電容量を求めなさい．

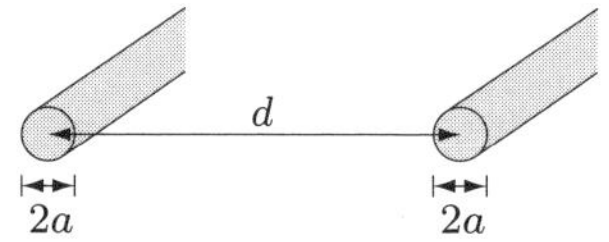

図 7.11　例題 7.4 の 2 本の円柱導体

解　答　図 7.12 に示すように，導体 1 に $+Q$ [C]，導体 2 に $-Q$ [C] の電荷が帯電していると考えます．また，円柱導体の長さを L [m] とします．

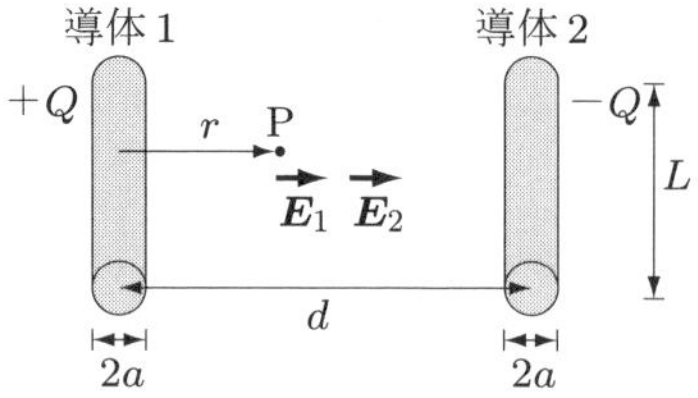

図 7.12　2 本の円柱導体

図の導体 1 から距離 r の点 P の電界 $\boldsymbol{E}$ は，導体 1 の $+Q$ による電界 $\boldsymbol{E}_1$ と導体 2 の $-Q$ による電界 $\boldsymbol{E}_2$ の和として表せますから，

$$\begin{aligned}\boldsymbol{E} &= \boldsymbol{E}_1 + \boldsymbol{E}_2 \\ &= \frac{Q}{2\pi\varepsilon_0 rL}\boldsymbol{a}_r + \frac{Q}{2\pi\varepsilon_0 (d-r)L}\boldsymbol{a}_r = \frac{Q}{2\pi\varepsilon_0 L}\left(\frac{1}{r} + \frac{1}{d-r}\right)\boldsymbol{a}_r\end{aligned}$$

となります．したがって，この電界 $\boldsymbol{E}$ を $d-a$ から a まで積分すると電位差 V が求められ，

$$\begin{aligned}V &= -\int_{d-a}^{a} \boldsymbol{E}\cdot \mathrm{d}\boldsymbol{r} = -\int_{d-a}^{a} \frac{Q}{2\pi\varepsilon_0 L}\left(\frac{1}{r} + \frac{1}{d-r}\right)\mathrm{d}r \\ &= -\frac{Q}{2\pi\varepsilon_0 L}\left(\int_{d-a}^{a}\frac{1}{r}\,\mathrm{d}r + \int_{d-a}^{a}\frac{1}{d-r}\,\mathrm{d}r\right) \\ &= -\frac{Q}{2\pi\varepsilon_0 L}\left(\Big[\ln|r|\Big]_{d-a}^{a} - \Big[\ln|d-r|\Big]_{d-a}^{a}\right) \\ &= -\frac{Q}{2\pi\varepsilon_0 L}\left(\ln\left|\frac{a}{d-a}\right| - \ln\left|\frac{d-a}{a}\right|\right) \\ &= -\frac{Q}{2\pi\varepsilon_0 L}\left(\ln\left|\frac{a}{d-a}\right|^2\right) = -\frac{2Q}{2\pi\varepsilon_0 L}\ln\left(\frac{a}{d-a}\right) \\ &= \frac{Q}{\pi\varepsilon_0 L}\ln\left(\frac{d-a}{a}\right)\end{aligned}$$

となります．静電容量は，$Q = CV$ より

$$C = \frac{Q}{V} = \frac{\pi\varepsilon_0 L}{\ln\left(\dfrac{d-a}{a}\right)}$$

と求められます．そして，単位長さ当たりの静電容量は

$$\frac{C}{L} = \frac{\pi\varepsilon_0}{\ln\left(\dfrac{d-a}{a}\right)}$$

となります．

7.6 平行平板コンデンサの電極間にはたらく力

コンデンサ内の電界は，図 7.4 および式 (7.7) から

$$\boldsymbol{E}_+ = \frac{Q}{2\varepsilon_0\varepsilon_r S}(-\boldsymbol{a}_z), \quad \boldsymbol{E}_- = \frac{Q}{2\varepsilon_0\varepsilon_r S}(-\boldsymbol{a}_z) \tag{7.31}$$

となっています．電荷 Q[C] に帯電した上部電極は，$\boldsymbol{E}_-$ の電界から力を受けることになり，上部電極にはたらく力 $\boldsymbol{F}_+$ は

$$\boldsymbol{F}_+ = Q\boldsymbol{E}_- = \frac{Q^2}{2\varepsilon_0\varepsilon_r S}(-\boldsymbol{a}_z) \tag{7.32}$$

となります．一方，下部電極は電荷 $-Q$[C] に帯電しています．したがって，下部電極にはたらく力 $\boldsymbol{F}_-$ は

$$\boldsymbol{F}_- = -Q\boldsymbol{E}_+ = \frac{Q^2}{2\varepsilon_0\varepsilon_r S}\boldsymbol{a}_z \tag{7.33}$$

となります．以上の式 (7.32) および式 (7.33) の結果から，図 7.4 の上側の電極にはたらく力は $-\boldsymbol{a}_z$ より下向き，下側の電極にはたらく力は $\boldsymbol{a}_z$ より上向きですので，コンデンサが充電されると電極間を縮めようとする力がはたらくことがわかります．

演習問題

▶ **7.1**　真空中に静電容量が 0.001 [μF] の導体球がある．導体球の半径 a を求めなさい．

▶ **7.2**　真空中に半径 6.378×10^6 [m]（この値は，地球の赤道半径です）の導体球がある．この導体球の静電容量 [μF] を求めなさい．ただし，真空の誘電率を $\varepsilon_0 = 8.854 \times 10^{-12}$ とする．

▶ **7.3**　電極間距離が 1 [mm] の平行平板コンデンサの内部に比誘電率 $\varepsilon_r = 3.5$ の誘電体を挿入したとき，静電容量が 0.001[μF] となった．電極の面積を求めなさい．

▶ **7.4**　図 7.13 に示すように，内側と外側の電極 1 と電極 2 が円柱曲面であるときの静電容量を求めなさい．ただし，電極間の誘電体の比誘電率は $\varepsilon_r = 5.5$ とし，電極端部の乱れはないものとする．

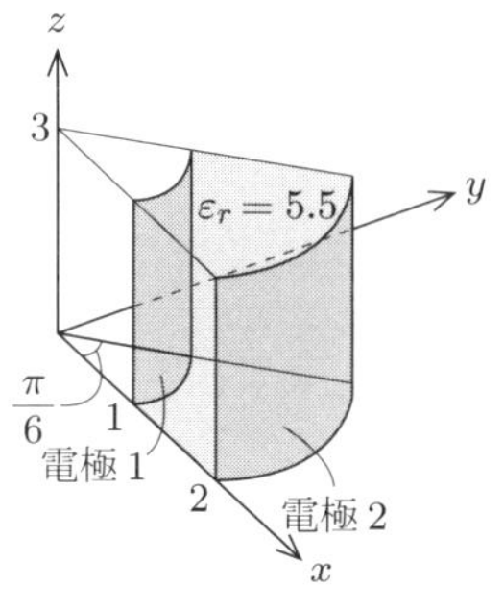

図 7.13　問題 7.4 の図

▶ **7.5**　図 7.14 に示す電力用シールドケーブルが，$\varepsilon_r = 2.26$，絶縁耐力 18.1 [MV/m] の絶縁体で絶縁されている．内部の導体の半径が 1 [cm] で，同心の被覆の内側の面の半径が 8 [cm] のとき，被覆に対する導体の電圧の上限値を求めなさい．

▶ **7.6**　図 7.15 において，$r_1 = 1$ [mm] の中心導体の電位は，$r_2 = 100$ [mm] の外側導体に対して 100 [V] である．$1 < r < 50$ [mm] の領域 1 は真空で，$50 < r < 100$ [mm] の領域 2 は $\varepsilon_r = 2.0$ の誘電体である．それぞれの領域にかかる電圧を求めなさい．

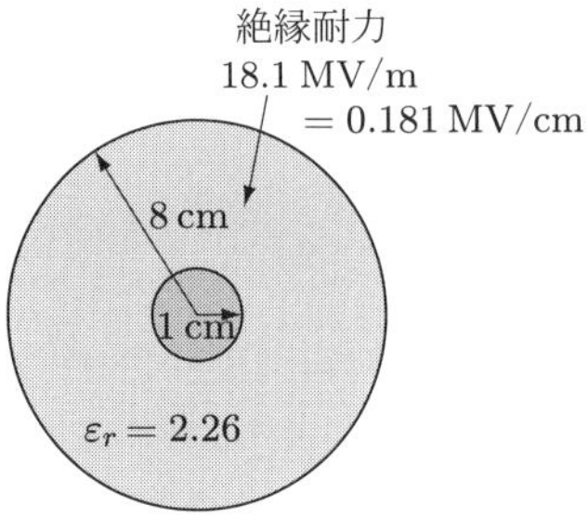

図 7.14　問題 7.5 の図

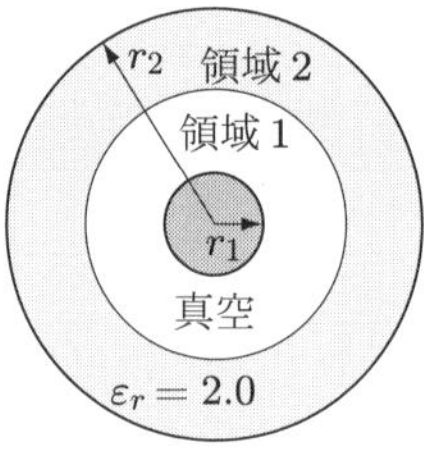

図 7.15　問題 7.6 の図

▶ **7.7**　電極面積 S [m^2] で，電極間が真空の平行平板コンデンサがある．一定電圧の電源をつないだまま，電極間距離を d [m] から $d/2$ [m] に変化させたとき，静電容量 C，蓄えられた電荷 Q，電荷密度 ρ_s，電極間の電束密度 D，電界 E，蓄えられるエネルギー W_E の各値がどのように変化するかを求めなさい．

第 8 章 アンペアの法則と磁界

永久磁石や定常電流によって静磁界が発生します．電気力線の様子を可視化するのは困難であるのに対し，砂鉄を使うと永久磁石のつくる磁力線（磁界）の様子を可視化することができます（図 8.1）．そして，磁力線の束を磁束とよびます．ここでは，永久磁石ではなく，電流によってつくられる磁界について考えます．また，第 4 章で説明した真空中での電界 $\boldsymbol{E}$ と電束密度 $\boldsymbol{D}$ の関係と同じように，磁界 $\boldsymbol{H}$ と磁束密度 $\boldsymbol{B}$ の関係についても説明します．

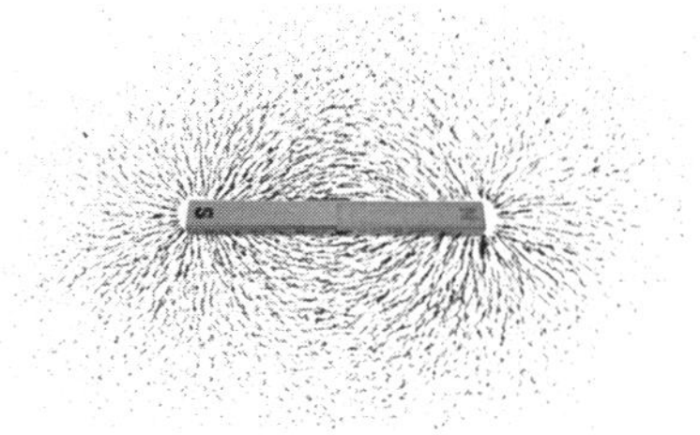

図 **8.1**　永久磁石のつくる磁界

8.1　アンペアの右ねじの法則

デンマークの物理学者エルステッドは，大学の講義中に電気回路の近くにあった方位磁石（コンパス）が北でない方向を指していたことに気付き，電流の磁気作用を発

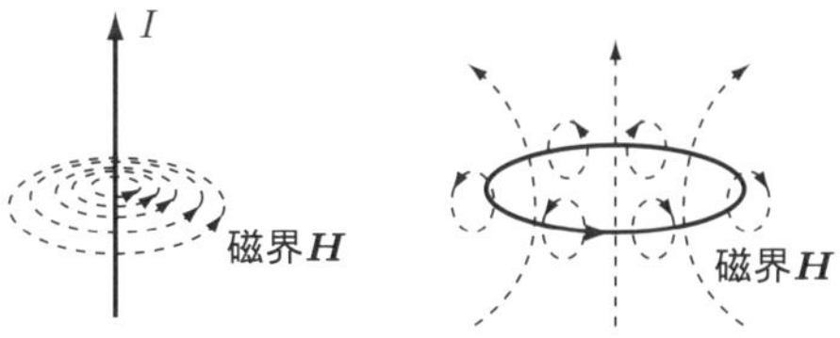

（a）直線状電流　（b）円状電流

図 **8.2**　電流による磁界

見しました．その後，フランスの物理学者アンペアがそれを法則としてまとめました．

図 8.2(a) に，直線状電流によってつくられる磁界 $\boldsymbol{H}$ の様子を破線で示します．磁束は，電流を中心とする同心円状に左回りになります．右ねじをこの方向に回すと，ねじの進む方向が電流方向に一致しますので，アンペアの右ねじの法則とよばれています．図 (b) は，円状電流によってつくられる磁界の様子を表しています．

8.2　ビオ－サバールの法則 (☞ 2.2.2 項)

アンペアの右ねじの法則により，電流の周りには磁界が形成されますが，図 8.3 のように，電流からの距離が遠くなるほど，磁界の強さは弱まると考えられます．電流からの距離と磁界の強さの関係には，万有引力やクーロン力と同じように逆二乗則が成り立ち，その具体的な表式をフランスの物理学者ビオとサバールが明らかにしました．この式は，**ビオ－サバールの法則** (Biot-Savart law) とよばれ，ベクトル積（外積，☞ 2.2.2 項）を用いて，式 (8.1) のように表されます．

$$\mathrm{d}\boldsymbol{H} = \frac{I\mathrm{d}\boldsymbol{l} \times \boldsymbol{a}_R}{4\pi R^2}\ [\mathrm{A/m}] \tag{8.1}$$

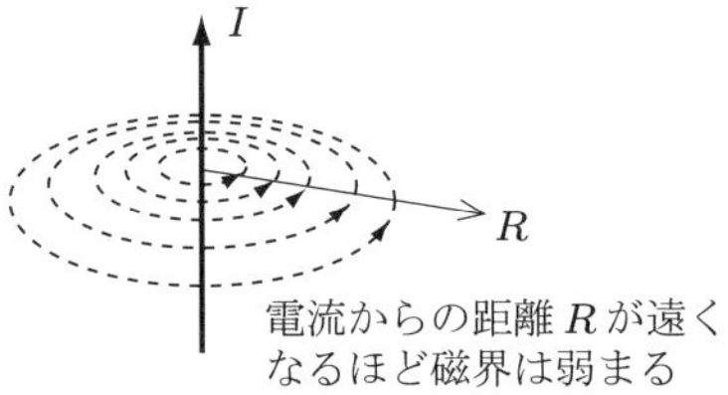

図 8.3　電流による磁界の強さ

図 8.4 に示すように，z 軸上の微小線要素 dl に電流 I が流れているとき，微小電流要素は $I\mathrm{d}\boldsymbol{l} = I\mathrm{d}z\,\boldsymbol{a}_z$ となります．この微小電流要素により距離 $\boldsymbol{R}$ の点 P に微小磁界 d$\boldsymbol{H}$ が発生し，その方向は，右ねじの法則から ϕ 方向となります．図 8.4 より

$$\boldsymbol{R} = r\boldsymbol{a}_r - z\boldsymbol{a}_z, \quad R = |\boldsymbol{R}| = \sqrt{r^2 + z^2}, \quad \boldsymbol{a}_R = \frac{r\boldsymbol{a}_r - z\boldsymbol{a}_z}{\sqrt{r^2 + z^2}}$$

ですから，これらを式 (8.1) に代入すると

$$\begin{aligned}\mathrm{d}\boldsymbol{H} &= \frac{I\mathrm{d}z\boldsymbol{a}_z \times (r\boldsymbol{a}_r - z\boldsymbol{a}_z)}{4\pi(r^2 + z^2)^{3/2}} = \frac{I\mathrm{d}z\,r(\boldsymbol{a}_z \times \boldsymbol{a}_r) - I\mathrm{d}z\,z(\boldsymbol{a}_z \times \boldsymbol{a}_z)}{4\pi(r^2 + z^2)^{3/2}} \\ &= \frac{I\mathrm{d}z\,r}{4\pi(r^2 + z^2)^{3/2}}\boldsymbol{a}_\phi \end{aligned} \tag{8.2}$$

となり，d$\boldsymbol{H}$ の方向は，図 8.4 に示されている ϕ 方向と一致した答えが得られます．

そして，磁界 $\boldsymbol{H}$ は，微小磁界 $\mathrm{d}\boldsymbol{H}$ を用いて，ビオ－サバールの法則の式 (8.1) の積分として表され

$$\boldsymbol{H} = \oint \frac{I\mathrm{d}\boldsymbol{l} \times \boldsymbol{a}_R}{4\pi R^2} \tag{8.3}$$

のようになります．

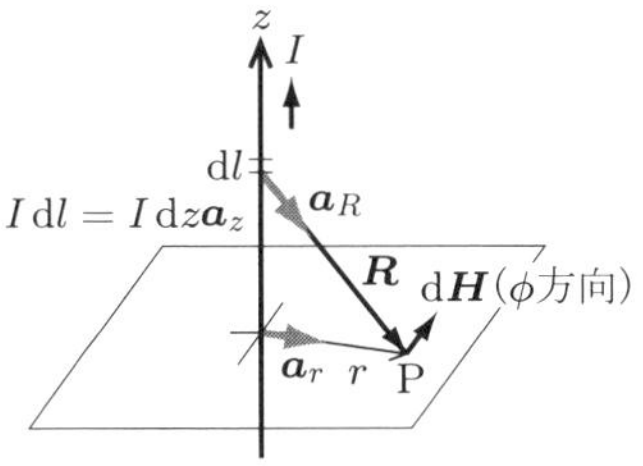

図 **8.4** ビオ－サバールの法則

コラム

万有引力の法則やクーロンの法則，そして，このビオ－サバールの法則でも逆 2 乗則が成り立っています．これは，私たちが生活している空間が 3 次元空間であることと密接に関係しています．

たとえば，電界 $\boldsymbol{E}$ は，式 (3.7) のように，距離 r の 2 乗に反比例します．電界は，4.1 節で説明した電気力線あるいは電束の密度として定義されます．点電荷を中心とした半径 r の球の表面積は $4\pi r^2$ ですから，距離の 2 乗に比例して表面積は増加します．したがって，電気力線あるいは電束の密度は距離の 2 乗に反比例することになります．

さらに，式 (5.8) で定義されている電位 V は，電界 $\boldsymbol{E}$ を距離で積分しますから，$(1/r^2) \to (1/r)$ となり，距離に反比例することになります．以上のことから，たとえば式 (3.7) は

$$\boldsymbol{E} = \frac{1}{\varepsilon_0} \cdot \frac{Q}{4\pi r^2}\boldsymbol{a}\ [\mathrm{V/m}]$$

のように表記したほうが理にかなっているかも知れません．

例題 8.1 図 8.5 に示すように，円柱座標の z 軸に沿って無限長直線導体に電流 I [A] が流れている．このとき，平面 $z = 0$ の任意の点に微小電流要素 $I\mathrm{d}\boldsymbol{l}$ がつくる磁界 $\boldsymbol{H}$ を求めなさい．

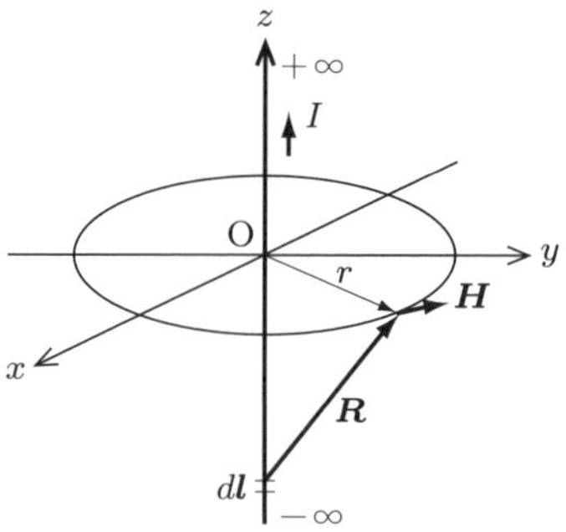

図 **8.5**　例題 8.1 の無限長直線電流による磁界

解　答　円柱座標を用います．まず，式 (8.1) のビオ－サバールの法則を用いて微小磁界 d$\boldsymbol{H}$ を求めます．図 8.5 から，ベクトル $\boldsymbol{R}$ などは

$$\boldsymbol{R} = r\boldsymbol{a}_r + z\boldsymbol{a}_z, \quad R = |\boldsymbol{R}| = \sqrt{r^2 + z^2}, \quad \boldsymbol{a}_R = \frac{r\boldsymbol{a}_r + z\boldsymbol{a}_z}{\sqrt{r^2 + z^2}}$$

となりますから，これらを式 (8.1) に代入して

$$\mathrm{d}\boldsymbol{H} = \frac{I\mathrm{d}z\boldsymbol{a}_z \times (r\boldsymbol{a}_r + z\boldsymbol{a}_z)}{4\pi(r^2 + z^2)^{3/2}} = \frac{I\mathrm{d}z\, r(\boldsymbol{a}_z \times \boldsymbol{a}_r) + I\mathrm{d}z\, z(\boldsymbol{a}_z \times \boldsymbol{a}_z)}{4\pi(r^2 + z^2)^{3/2}}$$
$$= \frac{I\mathrm{d}z\, r}{4\pi(r^2 + z^2)^{3/2}}\boldsymbol{a}_\phi$$

となります．したがって，求める $\boldsymbol{H}$ は，式 (8.3) で示したように，閉じた電流全体を積分することにより求められ，つぎのようになります．

$$\boldsymbol{H} = \int_{-\infty}^{\infty} \frac{I\,r}{4\pi(r^2 + z^2)^{3/2}}\mathrm{d}z\,\boldsymbol{a}_\phi = \frac{I\,r}{4\pi}\int_{-\infty}^{\infty} \frac{1}{(r^2 + z^2)^{3/2}}\mathrm{d}z\,\boldsymbol{a}_\phi$$

　ここで，以下の変数変換を行います．

$$\cos\theta = \frac{r}{\sqrt{r^2 + z^2}}, \quad \tan\theta = \frac{z}{r}, \quad \mathrm{d}z = r\frac{1}{\cos^2\theta}\mathrm{d}\theta$$

積分範囲は z：$-\infty \to \infty$ のとき θ：$-\pi/2 \to \pi/2$ となるので，求める $\boldsymbol{H}$ は

$$\boldsymbol{H} = \frac{I\,r}{4\pi}\int_{-\pi/2}^{\pi/2} \frac{1}{r^3}\cdot\frac{r^3}{(\sqrt{r^2 + z^2})^3}\cdot r\frac{1}{\cos^2\theta}\mathrm{d}\theta\,\boldsymbol{a}_\phi$$
$$= \frac{I\,r}{4\pi}\int_{-\pi/2}^{\pi/2} \frac{1}{r^3}\cos^3\theta\cdot r\frac{1}{\cos^2\theta}\mathrm{d}\theta\,\boldsymbol{a}_\phi$$
$$= \frac{I\,r}{4\pi r^2}\int_{-\pi/2}^{\pi/2} \cos\theta\,\mathrm{d}\theta\,\boldsymbol{a}_\phi = \frac{I}{4\pi r}\Big[\sin\theta\Big]_{-\pi/2}^{\pi/2}\boldsymbol{a}_\phi$$
$$= \frac{I}{2\pi r}\boldsymbol{a}_\phi$$

となります．

8.3　アンペアの法則

アンペアの周回積分の法則（または，単にアンペアの法則とよばれる）は，

> ある閉じた積分路沿いの磁界 $\boldsymbol{H}$ の成分を積分した値は，その積分路内に含まれる電流 I に等しい

というものです．これを式で表すと

$$\oint \boldsymbol{H} \cdot d\boldsymbol{l} = I \tag{8.4}$$

となります．この法則は電流 I を求めるというよりも，既知の電流 I から磁界 $\boldsymbol{H}$ を決定するのによく使われます．このことは，4.4 節のガウスの法則が，既知の電荷 Q から電束密度 $\boldsymbol{D}$ を決定するのに使われるのと似ています．アンペアの周回積分の法則を適用するには，ガウスの法則のガウス面の条件と同じように，以下のような適用条件があります．

① 閉じた積分路の各点において，$\boldsymbol{H}$ は積分路に平行か，または垂直である

② $\boldsymbol{H}$ が積分路に平行なとき，H の値は積分路に沿って一定である

例題 8.2　例題 **8.1** と同じ問題を，アンペアの周回積分の法則を用いて解きなさい．

解　答　円周の各点で，$\boldsymbol{H}$ は円周に平行で大きさが一定ですから，適用条件を満足しています．したがって

$$\oint \boldsymbol{H} \cdot \mathrm{d}\boldsymbol{l} = H \oint \mathrm{d}l = H(2\pi r) = I$$

となりますから，ただちに

$$H = \frac{I}{2\pi r} \quad \text{および} \quad \boldsymbol{H} = \frac{I}{2\pi r}\boldsymbol{a}_\phi$$

と求められます．

ガウスの法則の場合と同様に，アンペアの周回積分の法則の左辺は積分の形になっていますが，実際には積分は行わずに円周の長さをかけるだけになります．ビオ－サバールの法則の場合に比べ，上記のように，実質の計算は 1 行ですむことになります．

つぎに，直線状電流や円状電流のほかに，コイルによる磁界についても考えてみましょう．図 8.6 に示すように，円筒状に導線を密に巻いたものを**ソレノイドコイル** (solenoidal coil) あるいは単に**ソレノイド**とよびます．巻数 N のコイルに電流 I を図の方向に流したとき，コイル内には磁界 H が図の方向に発生します．ここで，ソレノイドの長さ L を十分に長い（無限）ものと考え，ソレノイド内外の磁界を求めてみ

ましょう．そこで，内外の磁界を計算するために，図 8.7 に図 8.6 の断面図を示します．ソレノイド内部の磁界 H_{in} は，アンペアの右ねじの法則より，図のように右から左に向かう平行線になります．外部磁界 H_{out} は逆に，左から右に向かう平行線になります．

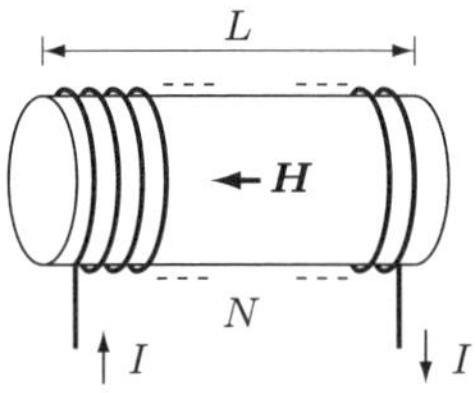

図 **8.6**　ソレノイドコイル

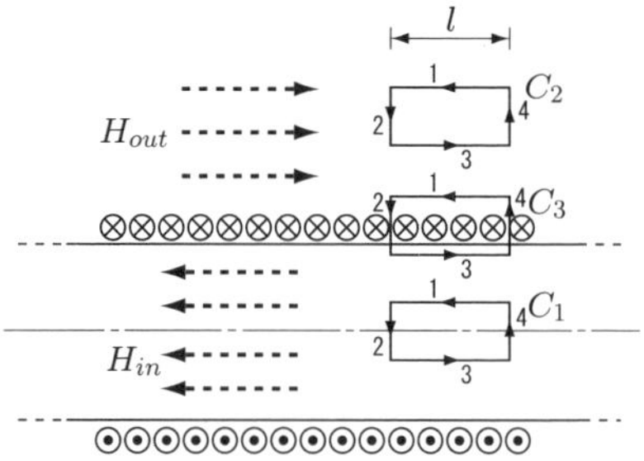

図 **8.7**　ソレノイドの断面

アンペアの周回積分を行う閉路 C_1, C_2, C_3 を図のようにとります．まず，閉路 C_1 において，各辺を $1 \to 2 \to 3 \to 4$ の順番で積分します（周回積分に関しては，2.3.3 項の説明も参考にしてください）．このとき，各辺上での磁界の強さをそれぞれ H_1, H_2, H_3, H_4 とします．辺 2，4 では積分路が磁界と垂直ですから，$\boldsymbol{H} \cdot \mathrm{d}\boldsymbol{l} = 0$ となります．また，積分路 C_1 内を通る電流はありませんから，アンペアの周回積分は

$$\oint_{C_1} \boldsymbol{H} \cdot \mathrm{d}\boldsymbol{l} = H_1 l - H_3 l = 0 \tag{8.5}$$

となり，$H_1 = H_3$ であることがわかります．したがって，ソレノイド内部の磁界の強さは

$$H_{in} = H_1 = H_3 \tag{8.6}$$

となり，これはソレノイドの内部において，磁界の強さが場所によらず一様であることを示しています．

つぎに，積分路 C_2 においても C_1 の場合と同様に，辺 2,4 では積分路と磁界が垂直なので，$\boldsymbol{H} \cdot \mathrm{d}\boldsymbol{l} = 0$ です．また，C_2 内を通る電流はありませんから，式 (8.6) と同様に

$$H_{out} = H_1 = H_3 \tag{8.7}$$

となり，外部においても磁界の強さは一定あることがわかります．

最後に，積分路 C_3 においてアンペアの周回積分を適用しますが，辺 1 での磁界の強さは H_{out} で，辺 3 での磁界の強さは H_{in} であることを考慮すると

$$\oint_{C_3} \boldsymbol{H} \cdot \mathrm{d}\boldsymbol{l} = H_{out}l + H_{in}l = NI \tag{8.8}$$

となります．よって，式 (8.8) より

$$H_{out} + H_{in} = \frac{N}{l}I = nI \tag{8.9}$$

が得られます．上式の n は単位長さ当たりの巻数です．

ここで，ソレノイドによる磁束は，ソレノイド内部から出て，外部を通って閉じていますから，その本数は内部も外部も等しくなければなりません．式 (8.9) が示すように，$H_{out} + H_{in}$ は nI であり，有限の値になっています．しかし，ソレノイド外部の空間は無限の広さをもっています．そのため，その密度は無限に小さくなりますから

$$H_{out} = 0 \tag{8.10}$$

が成り立ちます．したがって，磁界はソレノイド内部にのみ存在することになり，その結果，式 (8.9) から

$$H_{in} = nI \qquad \therefore H = nI \ [\mathrm{A/m}] \tag{8.11}$$

のように，無限に長いソレノイドによる磁界が求められます．

つぎに，図 8.8 に**環状ソレノイド** (troidal coil) を示します．環状ソレノイドの内部が真空あるいは空気であるものを空心環状ソレノイドとよびます．環状ソレノイドの平均半径を図のように r [m] とすると，ソレノイドの長さは $2\pi r$ [m] であり，この長さを l [m] とします．また，コイルの巻数を N とします．コイルに電流 I を図の方向に流したとき，コイル内に磁界 H が図のように時計回りの方向に発生します．環状ソレノイドの対称性から，ソレノイドの内部では磁界が均一であり，その方向は図の閉路 C に平行となっています．そして，閉路 C を積分路としてアンペアの周回積分の法則を適用すると

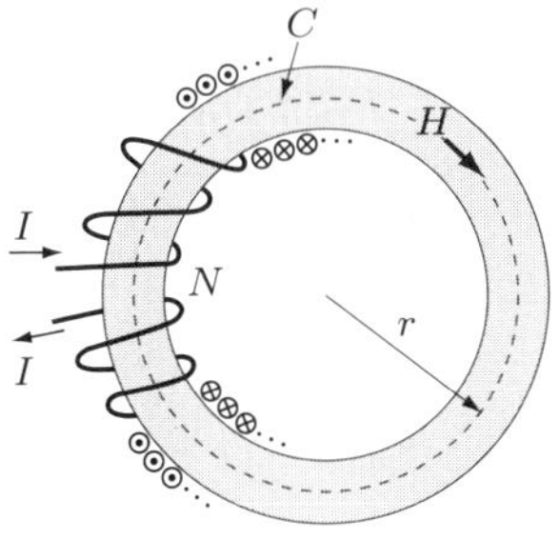

図 **8.8**　環状ソレノイド

$$\oint_C \boldsymbol{H} \cdot \mathrm{d}\boldsymbol{l} = H \oint_C \mathrm{d}l = H \int_0^{2\pi r} \mathrm{d}l = H\,2\pi r = NI \text{ [A]} \tag{8.12}$$

となりますから，

$$H = \frac{NI}{2\pi r} = \frac{NI}{l} \text{ [A/m]} \tag{8.13}$$

と求められます．

ここで，環状ソレノイドの単位長さ当たりの巻数を n とすると

$$n = \frac{N}{2\pi r} \tag{8.14}$$

となりますから，これを用いると，磁界 H は

$$H = nI \text{ [A/m]} \tag{8.15}$$

のように書き換えられ，環状ソレノイドの磁界が求められます．

8.4　電流密度と磁界の関係　(☞ 2.3.3 項)

これまでは電流による磁気現象について説明してきましたが，ここでは，電流密度と磁界の関係について考えましょう．まず，回転の定義式（☞ 2.3.3 項）x 成分の式 (2.56)

$$(\mathrm{rot}\,\boldsymbol{A})_x = \lim_{\Delta y, \Delta z \to 0} \frac{1}{\Delta y \Delta z} \left(\oint_C \boldsymbol{A} \cdot \mathrm{d}\boldsymbol{l} \right)_x$$

を磁界 $\boldsymbol{H}$ に対して適用すると，アンペアの周回積分の法則の式 (8.4) より，

$$(\mathrm{rot}\,\boldsymbol{H})_x = \lim_{\Delta y, \Delta z \to 0} \frac{1}{\Delta y \Delta z} \left(\oint_C \boldsymbol{H} \cdot \mathrm{d}\boldsymbol{l} \right)_x = \lim_{\Delta y, \Delta z \to 0} \frac{I_x}{\Delta y \Delta z} = \frac{\mathrm{d}I_x}{\mathrm{d}s} = J_x \tag{8.16}$$

と表されます．上式の $J_x = \mathrm{d}I_x/\mathrm{d}s$ は，x 方向の電流密度になります．y, z 成分についても同様な結果が得られますから，

$$\mathrm{rot}\,\boldsymbol{H} = \boldsymbol{J} \quad \text{または} \quad \nabla \times \boldsymbol{H} = \boldsymbol{J} \tag{8.17}$$

の関係が成り立ちます．この式は，静磁界におけるマクスウェルの方程式の一つとなります．

例題 8.3　半径 $a = 1\,[\mathrm{cm}]$ の円柱導体内部の磁界が

$$\boldsymbol{H} = (6 \times 10^4)\left(\frac{r}{2} - \frac{r^2}{3 \times 10^{-2}}\right)\boldsymbol{a}_\phi\ [\mathrm{A/m}]$$

で与えられている．このときの導体中の全電流を求めなさい．

解　答　全電流を求める方法には，つぎの 2 通りが考えられます．

(1) $\boldsymbol{J} = \mathrm{rot}\,\boldsymbol{H}$ から電流密度を求め，それを積分して全電流を求める方法

(2) アンペアの周回積分の法則を用いて，全電流を直接求める方法

ここでは，その両方で全電流を求めてみます．

(1) まず，円柱座標における磁界 $\boldsymbol{H}$ の回転は，式 (2.76) より

$$\mathrm{rot}\boldsymbol{H} = \left(\frac{1}{r}\frac{\partial H_z}{\partial \phi} - \frac{\partial H_\phi}{\partial z}\right)\boldsymbol{a}_r + \left(\frac{\partial H_r}{\partial z} - \frac{\partial H_z}{\partial r}\right)\boldsymbol{a}_\phi + \frac{1}{r}\left\{\frac{\partial(rH_\phi)}{\partial r} - \frac{\partial H_r}{\partial \phi}\right\}\boldsymbol{a}_z$$

となりますが，問題の $\boldsymbol{H}$ は ϕ 成分のみで，かつ H_ϕ は z の関数ではないことから，

$$\boldsymbol{J} = \mathrm{rot}\boldsymbol{H} = \frac{1}{r}\frac{\partial(rH_\phi)}{\partial r}\boldsymbol{a}_z = \frac{6 \times 10^4}{r}\frac{\partial}{\partial r}\left(\frac{r^2}{2} - \frac{r^3}{3 \times 10^{-2}}\right)\boldsymbol{a}_z$$

$$= \frac{6 \times 10^4}{r}\left(\frac{2r}{2} - \frac{3r^2}{3 \times 10^{-2}}\right)\boldsymbol{a}_z = (6 \times 10^4)(1 - 10^2 r)\boldsymbol{a}_z$$

と電流密度 $\boldsymbol{J}$ が求められます．半径は $a = 10^{-2}\,[\mathrm{m}]$ なので，全電流 I は式 (6.5) より，

$$I = \int_S \boldsymbol{J} \cdot \mathrm{d}\boldsymbol{s} = \int_0^{2\pi}\int_0^{10^{-2}} (6 \times 10^4)(1 - 10^2 r)\boldsymbol{a}_z \cdot r\mathrm{d}r\mathrm{d}\phi\,\boldsymbol{a}_z$$

$$= (6 \times 10^4)\int_0^{2\pi}\mathrm{d}\phi\int_0^{10^{-2}}(r - 10^2 r^2)\mathrm{d}r = (6 \times 10^4)\Big[\phi\Big]_0^{2\pi}\left[\frac{r^2}{2} - 10^2\frac{r^3}{3}\right]_0^{10^{-2}}$$

$$= (6 \times 10^4) \cdot 2\pi\left(\frac{10^{-4}}{2} - 10^2\frac{10^{-6}}{3}\right) = 6 \times 10^4 \times 2\pi \times 10^{-4} \times \frac{1}{6} = 6.28\ [\mathrm{A}]$$

と求められます．

(2) $\boldsymbol{H}$ の方向は ϕ 方向であり，その値は r に対して一定ですから，アンペアの周回積分の法則を用いて

$$I = \oint \boldsymbol{H} \cdot \mathrm{d}\boldsymbol{l} = H\oint \mathrm{d}l = (6 \times 10^4)\left(\frac{r}{2} - \frac{r^2}{3 \times 10^{-2}}\right)(2\pi r)$$

となります．ここで，$r = a = 10^{-2}\,[\mathrm{m}]$ なので，

$$I = (6 \times 10^4)\left(\frac{10^{-2}}{2} - \frac{10^{-4}}{3 \times 10^{-2}}\right)(2\pi \times 10^{-2}) = 6 \times \frac{1}{6} \times 2\pi = 6.28\ [\mathrm{A}]$$

となり，(1) の解法に比べて簡単に求めることができます．

8.5　磁束密度

ガウスの法則からわかるように，電界 $\boldsymbol{E}$ は電荷に依存していました．同様に，磁界 $\boldsymbol{H}$ も電流（運動する電荷）に依存しますが，式 (8.1) や式 (8.4) からもわかるように媒質には依存しません．しかし，電束密度 $\boldsymbol{D}$ と電界 $\boldsymbol{E}$ には $\boldsymbol{D} = \varepsilon \boldsymbol{E}$ の関係があったのと同様に，

$$\boldsymbol{B} = \mu \boldsymbol{H} \tag{8.18}$$

を考え，これを**磁束密度**とよびます．磁束密度 $\boldsymbol{B}$ の単位は [T]（テスラ）で，1[T] = 1[N/(A·m)] です．また，$\mu = \mu_0 \mu_r$ であり，μ は媒質の**透磁率**，μ_0 は**真空の透磁率**で，その値は $4\pi \times 10^{-7}$[H/m] です．この単位 [H] は**ヘンリー**とよばれます．μ_r は**比透磁率**で，一部の強磁性体を除くと，1 に近い値をとります．**強磁性体**については，11.4 節で説明します．

つぎに，電束密度 $\boldsymbol{D}$ を面積で積分した値が電束 Ψ であるのと同様に，磁束密度 $\boldsymbol{B}$ を面積で積分した値を**磁束** Φ と定義します．すなわち，磁束 Φ は次式で定義されます．

$$\Phi = \int_S \boldsymbol{B} \cdot \mathrm{d}\boldsymbol{s} \tag{8.19}$$

したがって，この場合も電束 Ψ と同様に，磁束 Φ の値はスカラ量になります．この磁束の単位は [Wb]（ウェーバー）です．なお，磁気に関する単位には，以下のような関係があります．

$$1\,[\mathrm{T}] = 1\,[\mathrm{Wb/m^2}], \quad 1\,[\mathrm{H}] = 1\,[\mathrm{Wb/A}] \tag{8.20}$$

例題 8.4　図 8.9 に示すように，真空中で 10.0 [A] の電流が z 軸に沿って $+z$ 方向に流れています．このとき，図の $\phi = \pi/4$，$2 < r < 5$ [m]，$0 < z < 3$ [m] の平面を貫く磁束を求めなさい．

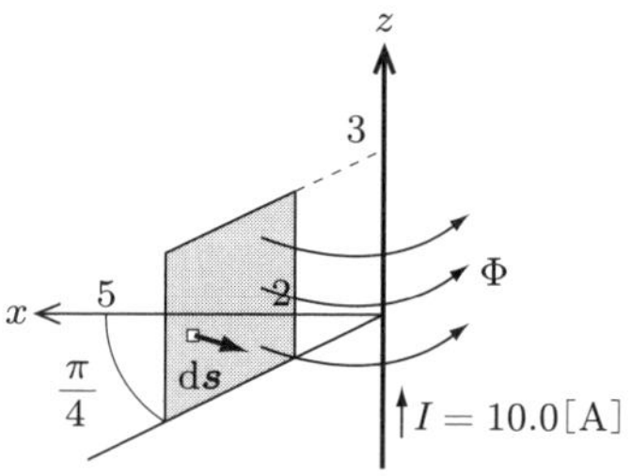

図 **8.9**　例題 8.4 の直線状電流

解　答　ここでは，円柱座標を用いて考えます（☞ 2.4.2 項）．直線状電流による磁界なので，**例題 8.1** や**例題 8.2** の結果を用います．媒質が真空なので，式 (8.18) より

$$\boldsymbol{B} = \mu_0 \boldsymbol{H} = \frac{\mu_0 I}{2\pi r} \boldsymbol{a}_\phi$$

となります．そして，円柱座標の図の微分面素は，$\mathrm{d}\boldsymbol{s} = \mathrm{d}r\mathrm{d}z\,\boldsymbol{a}_\phi$ ですから，$\mathrm{d}\phi$ が含まれてないことからもわかるように

$$\Phi = \int_0^3 \int_2^5 \frac{\mu_0 I}{2\pi r}\boldsymbol{a}_\phi \cdot \mathrm{d}r\mathrm{d}z\,\boldsymbol{a}_\phi = \frac{\mu_0 I}{2\pi}\int_0^3 \mathrm{d}z \int_2^5 \frac{1}{r}\,\mathrm{d}r$$
$$= \frac{4\pi \times 10^{-7} \times 10}{2\pi} \cdot 3 \cdot \Big[\ln|r|\Big]_2^5 = 5.5 \times 10^{-6} = 5.5\ [\mu\mathrm{Wb}]$$

となります．

ここで，磁力線は，始点も終点ももたない閉曲線であることに注意する必要があります．これは，電気力線あるいは電束が，正電荷から始まり負電荷に終わるのと対照的です．したがって，ある閉曲面から出ている磁力線は，すべてその閉曲面に入っています．つまり，電束密度 $\boldsymbol{D}$ の発散が，式 (4.11) のように $\mathrm{div}\boldsymbol{D} = \rho$ となったのとは異なり，磁束密度 $\boldsymbol{B}$ には湧き出しや吸い込みもありませんから，その発散は

$$\mathrm{div}\boldsymbol{B} = \nabla \cdot \boldsymbol{B} = 0 \tag{8.21}$$

となります．この式は，電束密度 $\boldsymbol{D}$ に関するガウスの法則に対して，磁束密度 $\boldsymbol{B}$ に関するガウスの法則とよばれ，マクスウェルの方程式の一つとなっています．また，積分の形で表すと

$$\oint_S \boldsymbol{B} \cdot \mathrm{d}\boldsymbol{s} = 0 \tag{8.22}$$

となります．

8.6　磁界のベクトルポテンシャル　（☞ 2.5 節）

前節で述べたように，磁束密度の発散はゼロであることがわかりました．つまり，$\mathrm{div}\boldsymbol{B} = 0$ が常に成り立ちます．ここで，任意のベクトル $\boldsymbol{F}$ に対して，2.5 節のベクトル解析の公式 (2.97) が常に成り立ちます．

$$\mathrm{div}\,\mathrm{rot}\,\boldsymbol{F} = 0 \tag{8.23}$$

ここで，$\mathrm{div}\boldsymbol{B} = 0$ となることから，$\boldsymbol{B} = \boldsymbol{0}$ でない場合は，何らかのベクトル界の回転によって，磁束密度 $\boldsymbol{B}$ が形成されていると考えることができます．この何らかのベクトル界のことをベクトルポテンシャル $\boldsymbol{A}$ とよび，

$$\mathrm{rot}\,\boldsymbol{A} = \nabla \times \boldsymbol{A} = \boldsymbol{B} \tag{8.24}$$

と定義します．上式から，ベクトルポテンシャル $\boldsymbol{A}$ を用いて，$\boldsymbol{B}$ や $\boldsymbol{H}$ を計算することができます．

コラム

ベクトルポテンシャルは，磁界や磁束などと同じように，実在する物理量の一つです．1959年に発表されたアハラノフ－ボーム効果（AB効果）で存在が指摘されていましたが，それを検証する実験を行うのはきわめて困難でした．しかしその後，1986年に日立製作所の外村彰らがAB効果の実験的検証に成功し，約100年にわたる論争に終止符が打たれ，ベクトルポテンシャルは実在する物理量であることが明らかになりました．電流は，ベクトルポテンシャルを介在として磁界を発生していることになります．

ここで，いままでの話を少し整理しておきましょう．電気現象と磁気現象の間には密接な関係があり，さらにそれぞれ似ている部分があります．そこで，電気と磁気における重要な諸量や式を比較してみると，表8.1のようになります．

この表のように，それぞれ似ている部分もありますが，異なる部分もあります．その理由は，磁気現象ではN極，S極とが正電荷，負電荷のように別々に存在することができないためです．

表 8.1　電気と磁気における諸量と式の比較

電気	磁気
電界 $\boldsymbol{E}$	磁界 $\boldsymbol{H}$
電束 Ψ	磁束 Φ
電束密度 $\boldsymbol{D}$	磁束密度 $\boldsymbol{B}$
電位 V	ベクトルポテンシャル $\boldsymbol{A}$
$\mathrm{div}\boldsymbol{D} = \rho$	$\mathrm{div}\boldsymbol{B} = 0$
$\boldsymbol{D} = \varepsilon \boldsymbol{E}$	$\boldsymbol{B} = \mu \boldsymbol{H}$
$\mathrm{rot}\,\boldsymbol{E} = \boldsymbol{0}$ (静電界)	$\mathrm{rot}\boldsymbol{H} = \boldsymbol{J}$
$\boldsymbol{E} = -\mathrm{grad}\,V$	$\boldsymbol{B} = \mathrm{rot}\,\boldsymbol{A}$

8.7　ストークスの定理　(☞ 2.5節)

任意のベクトル $\boldsymbol{F}$ において

$$\oint \boldsymbol{F} \cdot \mathrm{d}\boldsymbol{l} = \int_S (\mathrm{rot}\boldsymbol{F}) \cdot \mathrm{d}\boldsymbol{s} \tag{8.25}$$

の関係が常にが成り立ちます．この関係式は**ストークスの定理**とよばれています．もし，ベクトル $\boldsymbol{F}$ が前述のベクトルポテンシャル $\boldsymbol{A}$ であるとすると，この定理により

$$\oint \boldsymbol{A} \cdot \mathrm{d}\boldsymbol{l} = \int_S (\mathrm{rot}\boldsymbol{A}) \cdot \mathrm{d}\boldsymbol{s} = \int_S \boldsymbol{B} \cdot \mathrm{d}\boldsymbol{s} = \Phi \tag{8.26}$$

となり，ベクトルポテンシャル $\boldsymbol{A}$ から磁束 Φ を計算することができます．

演習問題

▶ **8.1**　図 8.10(a) に示すように，半径 a [m] の円状電流 I_1 によって円の中心点につくられる磁界を $\boldsymbol{H}_1$ とする．また，図 (b) に示すように，無限に長い直線状電流 I_2 によって，電流から距離 a [m] の点につくられる磁界を $\boldsymbol{H}_2$ とする．このとき，$H_1 = H_2$ となる I_1 と I_2 の条件を求めなさい．

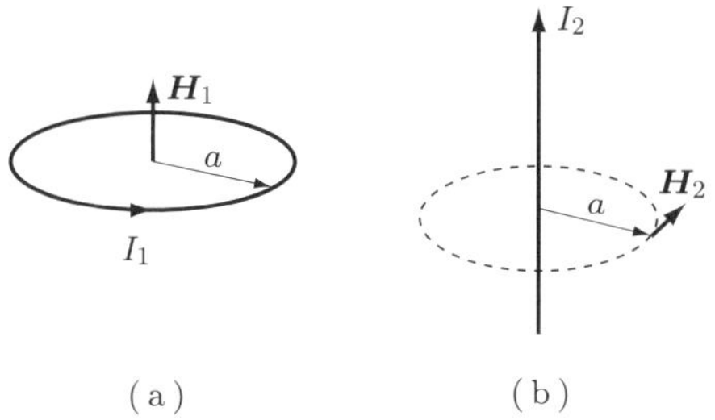

図 8.10　問題 8.1 の円状電流と無限長直線電流

▶ **8.2**　半径 a の円柱導体内において，ベクトルポテンシャル $\boldsymbol{A}$ が

$$\boldsymbol{A} = -\frac{\mu_0 I r^2}{4\pi a^2}\boldsymbol{a}_z$$

であるとき，磁界 $\boldsymbol{H}$ を求めなさい．ただし，導体の透磁率は真空の透磁率と等しいと考える．

▶ **8.3**　一辺が L [m] の正方形導体に電流 I [A] が流れている．正方形の中心における磁界 $\boldsymbol{H}$ を求めなさい．

▶ **8.4**　一対のループ電流（半径 $r = 3$ m，$I = 20$ A）が中心軸を共有しつつ，10 m 離れた平行な平面上に位置している．中心軸上，中央での $\boldsymbol{H}$ を求めなさい．

▶ **8.5**　円柱座標系のある領域において，電流密度 $\boldsymbol{J} = 10^5(\cos^2 2r)\,\boldsymbol{a}_z$ がある．この電流密度によってつくられる $\boldsymbol{H}$ を求め，さらに $\boldsymbol{H}$ の回転を $\boldsymbol{J}$ と比較しなさい．

第9章

磁界中の力とトルク

第3章で説明したように，電界中の電荷には力がはたらきます．磁界中におかれた電荷にも，運動する場合には力がはたらきます．本章では，電動機（モータ）の原理である磁界中を運動する電荷にはたらく力について説明します．また，日常的にもよく耳にするトルクが，ベクトル量としてどのように表されるのかについても解説します．

9.1 運動する電荷にはたらく磁力

磁界中に置かれた導体に電流が流れているときに導体に力がはたらくことは，フレミングの左手の法則などですでに知っていると思います．電流は電荷の流れですから，運動する荷電粒子（電荷）に力がはたらき，その結果，導体に力がはたらくことになります．この力は，荷電粒子の移動速度を $\boldsymbol{U}$ とすると，ベクトル積（外積）を用いて

$$\boldsymbol{F} = Q\boldsymbol{U} \times \boldsymbol{B} \tag{9.1}$$

のように表されます．たとえば，図9.1のように，磁束密度が一様な $\boldsymbol{B} = B_y\boldsymbol{a}_y$ の磁界中で荷電粒子 Q の速度が $\boldsymbol{U} = U_x\boldsymbol{a}_x$ である場合，この粒子にはたらく力は

$$\boldsymbol{F} = Q\boldsymbol{U} \times \boldsymbol{B} = QU_x\boldsymbol{a}_x \times B_y\boldsymbol{a}_y = QU_xB_y(\boldsymbol{a}_x \times \boldsymbol{a}_y) = QU_xB_y\boldsymbol{a}_z \tag{9.2}$$

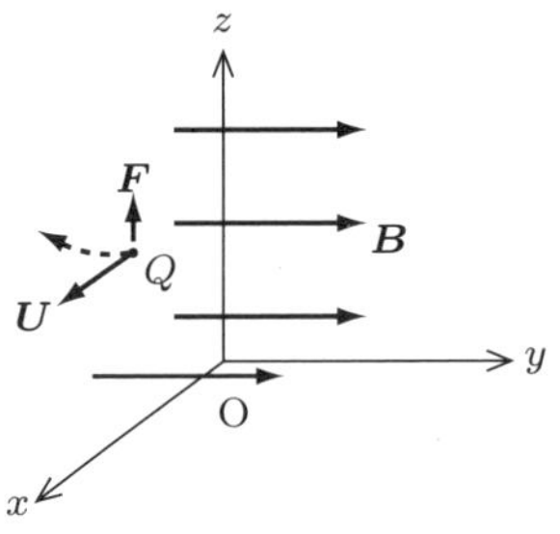

図 9.1　磁界中の荷電粒子の運動

となりますから，粒子の進行方向に垂直な力がはたらきます．その後も粒子の進行方向に垂直な力がはたらき続けますから，図の破線のように方向が変化していき，粒子は等速円運動することになります．すなわち，粒子にはたらく力は円の中心に向かう力であり，力学の分野では「遠心力」と逆の力で，「向心力」とよばれる力です．

ここで，ニュートンの第2法則 $\boldsymbol{F} = m\boldsymbol{\alpha}$ を用いて，円運動の半径を求めましょう．そのため，まずは等速円運動の場合の加速度を求めることにします．粒子が半径 r [m] の円周上を速さ U [m/s] で運動しているとき，粒子が円周を1周するのに要する時間を T [s] とすると，円周の長さは $2\pi r$ [m] ですから，

$$U = \frac{2\pi r}{T} \text{ [m/s]} \tag{9.3}$$

となります．この T を**周期**とよびます．また，**角速度**（単位時間当たりに回転する角度）を ω [rad/s] とすると

$$\omega = \frac{2\pi}{T} \text{ [rad/s]} \tag{9.4}$$

となり，式 (9.3) と式 (9.4) より

$$U = r\omega \text{ [m/s]} \tag{9.5}$$

が成り立ちます．したがって，等速円運動する粒子の加速度の大きさ α は，

$$\alpha = \omega U = r\omega^2 = \frac{U^2}{r} \text{ [m/s}^2\text{]} \tag{9.6}$$

となります．そして，力の大きさは $F = |Q|UB$ ですから，ニュートンの第2法則の式は

$$F = |Q|UB = m\frac{U^2}{r} \tag{9.7}$$

と書き表され，この式より，円運動の半径 r は

$$r = \frac{mU}{|Q|B} \text{ [m]} \tag{9.8}$$

と求められます．この場合，速さ U は一定ですから，運動エネルギーも一定となっていることに注意してください．6.1節で述べたように，電界から受ける力では速さが変化しますから，運動エネルギーも変化するのと対照的です．

9.2 電界と磁界の組合せ

つぎに，任意の領域において，電界と磁界の両方が存在する場合について考えてみましょう．電界中で電荷 Q が電界 $\boldsymbol{E}$ から受ける力は $\boldsymbol{F} = Q\boldsymbol{E}$ でしたから，この電荷が速度 $\boldsymbol{U}$ で移動する場合は，前節の式 (9.1) の力も同時に受けることになり，

$$\boldsymbol{F} = Q\boldsymbol{E} + Q\boldsymbol{U} \times \boldsymbol{B} = Q(\boldsymbol{E} + \boldsymbol{U} \times \boldsymbol{B}) \tag{9.9}$$

となります．この力は**ローレンツ力** (Lorentz force) とよばれ，運動する粒子の軌道を決定することになります．

例題 9.1　ある領域に磁束密度 $\boldsymbol{B} = 5.0 \times 10^{-4}\boldsymbol{a}_z$ [T] と電界 $\boldsymbol{E} = 5.0\boldsymbol{a}_z$ [V/m] の両方が存在している．このとき，1 個の陽子を初速度 $\boldsymbol{U}_0 = 2.5 \times 10^5\boldsymbol{a}_x$ [m/s] で原点に入射する．このとき，0.195 [ms] 後の陽子の位置を求めなさい．ただし，陽子の電荷量を $Q_p = 1.6 \times 10^{-19}$ [C]，質量を $m_p = 1.67 \times 10^{-27}$ [kg] とする．

解　答　入射時に陽子にはたらく力 $\boldsymbol{F}_0$ は，

$$\boldsymbol{F}_0 = Q_p(\boldsymbol{E} + \boldsymbol{U}_0 \times \boldsymbol{B}) = Q_pE\boldsymbol{a}_z - Q_pU_0B\boldsymbol{a}_y$$

となります．この力の z 成分，すなわち電界成分（第 1 項）は一定であり，陽子に z 方向の一定の加速度を与えることになりますから，加速度を α とすると，t 時間後の z の位置は

$$z = \frac{1}{2}\alpha t^2 = \frac{1}{2}\left(\frac{Q_pE}{m_p}\right)t^2 = \frac{1}{2} \cdot \frac{(1.6 \times 10^{-19})(5.0)}{1.67 \times 10^{-27}}t^2 = 2.4 \times 10^8\,t^2 \text{ [m]}$$

で求めることができます．

つぎに，第 2 項（磁界成分）の $-Q_pU_0B\boldsymbol{a}_y$ は，z 軸に垂直な円運動を与え，その半径 r および周期 T は，式 (9.8) および式 (9.3) より，

$$r = \frac{mU}{|Q|B} = \frac{m_pU_0}{Q_pB} = \frac{(1.67 \times 10^{-27})(2.5 \times 10^5)}{(1.6 \times 10^{-19})(5 \times 10^{-4})} = 5.2 \text{ [m]}$$

$$T = \frac{2\pi r}{U} = \frac{2\pi m_p}{Q_pB} = \frac{2\pi(1.67 \times 10^{-27})}{(1.6 \times 10^{-19})(5 \times 10^{-4})} = 0.13 \times 10^{-3} \text{ [s]}$$

となります．1 周期とは 1 回転に要する時間ですから，時間 t [s] で回転する回転数を n とすると

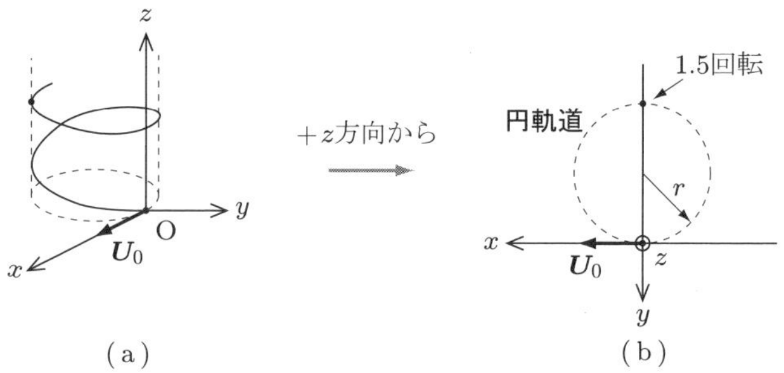

図 9.2　電界と磁界中の荷電粒子の運動

$$n = \frac{t}{T} = \frac{1}{0.13 \times 10^{-3}} t = 7.69 \times 10^3 t \ [回転]$$

となります．これらの式に $t = 0.195\,[\mathrm{ms}]$ を代入すると，$z = 9.1\,[\mathrm{m}]$，$n = 1.5\,[回転]$ の結果が得られます．

以上の結果から，陽子の軌道は図 9.2(a) のように螺旋状になります．また，$n = 1.5\,[回転]$ ですから，$+z$ 方向から見た図 (b) に示した位置が $t = 0.195\,[\mathrm{ms}]$ 後の陽子の位置となります．したがって，$x = 0\,[\mathrm{m}]$，$y = -10.4\,[\mathrm{m}]$，$z = 9.1\,[\mathrm{m}]$ となります．

9.3　電流要素にはたらく磁力

磁界中の導体に電流が流れた場合に，導体にはたらく力について考えてみましょう．6.1 節で述べたように，電流の定義は $I = \mathrm{d}Q/\mathrm{d}t$ でした．$\mathrm{d}Q$ を用いて，式 (9.1) より，力は

$$\mathrm{d}\boldsymbol{F} = \mathrm{d}Q(\boldsymbol{U} \times \boldsymbol{B}) = (I\,\mathrm{d}t)(\boldsymbol{U} \times \boldsymbol{B}) = I(\mathrm{d}\boldsymbol{l} \times \boldsymbol{B}) \tag{9.10}$$

と書くことができます．ここで，$\mathrm{d}\boldsymbol{l} = \boldsymbol{U}\mathrm{d}t$ は，電流 I の方向の長さの微分要素になります．導体が長さ L の直線状で，それに沿って磁界が一定であれば，力の微分要素は積分できますから

$$\boldsymbol{F} = \int \mathrm{d}\boldsymbol{F} = \int I(\mathrm{d}\boldsymbol{l} \times \boldsymbol{B}) = I(\int \mathrm{d}\boldsymbol{l} \times \boldsymbol{B}) = I(\boldsymbol{L} \times \boldsymbol{B})$$

となります．ただし，$\boldsymbol{L}$ は長さ L の導体のベクトル表記です．したがって，力 $\boldsymbol{F}$ は

$$\boldsymbol{F} = I\,(\boldsymbol{L} \times \boldsymbol{B})\ [\mathrm{N}] \tag{9.11}$$

と書き表すことができます．

9.4　仕事と仕事率

前述のように，磁界中の導体に電流が流れた場合，導体に力がはたらきました．この力の方向と逆向きで大きさが等しい $\boldsymbol{F}_c$ がはたらくと，導体は静止して平衡状態になります．このときの仕事はゼロですが，導体が運動すれば，外力 $\boldsymbol{F}_c$ はこの系に対して仕事をしたことになり，その仕事は

$$W = \int \boldsymbol{F}_c \cdot \mathrm{d}\boldsymbol{l} \tag{9.12}$$

で計算できます．

また，仕事率 $P\,[\mathrm{W}]$ は単位時間になされる仕事ですから，

$$P = \frac{W}{t} \text{ [W]} \tag{9.13}$$

で求められます．

例題 9.2　図 9.3 の導体を，図示された方向に 0.02 秒で 1 回転させるのに必要な仕事と仕事率を求めなさい．ただし，磁束密度は $\boldsymbol{B} = 2.5 \times 10^{-3} \boldsymbol{a}_r$ [T] で，導体に流れる電流は $I = 45$ [A] とする．

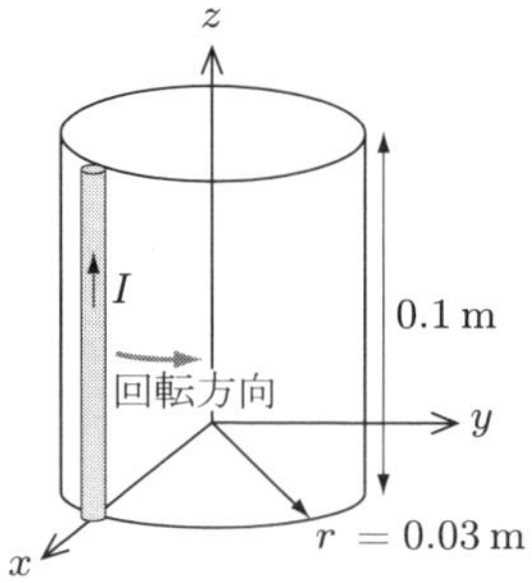

図 9.3　例題 9.2 の図

解　答　式 (9.11) から，

$$\boldsymbol{F} = I\,(\boldsymbol{L} \times \boldsymbol{B}) = 45\{0.1\boldsymbol{a}_z \times (2.5 \times 10^{-3})\boldsymbol{a}_r\} = 1.13 \times 10^{-2} \boldsymbol{a}_\phi \text{ [N]}$$

ですから，$\boldsymbol{F}_c = -1.13 \times 10^{-2} \boldsymbol{a}_\phi$ [N] となります．したがって，式 (9.12) から，仕事 W は

$$W = \int \boldsymbol{F}_c \cdot \mathrm{d}\boldsymbol{l} = \int_0^{2\pi} (-1.13 \times 10^{-2})\boldsymbol{a}_\phi \cdot r\mathrm{d}\phi\, \boldsymbol{a}_\phi = -2.13 \times 10^{-3} \text{ [J]}$$

となりますから，仕事率 P は，式 (9.13) より

$$P = \frac{W}{t} = \frac{-2.13 \times 10^{-3}}{0.02} = -0.107 \text{ [W]}$$

と求まります．

9.5　トルク

トルク (torque) はベクトル量であり，力 $\boldsymbol{F}$ と，力が加わった点から支点までの距離 $\boldsymbol{r}$ のベクトル積（外積）で，次式のように定義されます．

$$\boldsymbol{T} = \boldsymbol{r} \times \boldsymbol{F} \tag{9.14}$$

ここで，$\boldsymbol{r}$ はトルクを求める支点から力の作用点までの位置ベクトルであり，これらの関係を図示すると，図 9.4 のようになります．

図において，トルク $\boldsymbol{T}$ は，いままでの力 $\boldsymbol{F}$ とは異なり，$\boldsymbol{T}$ 方向に物体を移動させる力ではありません．原点と点 P を剛体棒で繋ぐと，加えられた力 $\boldsymbol{F}$ は原点を支点とし

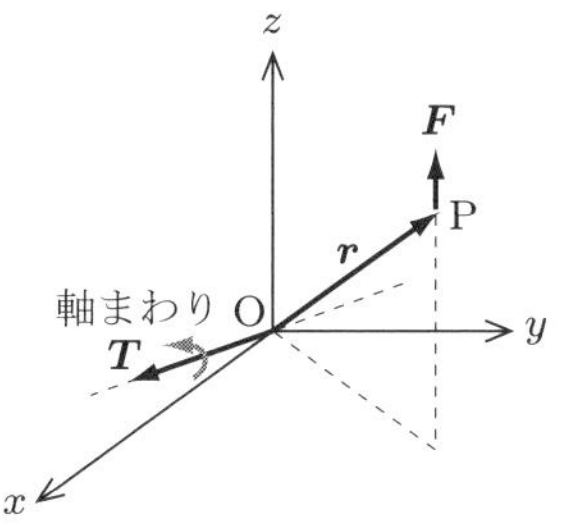

図 **9.4** トルク $\boldsymbol{T}$，てこの腕 $\boldsymbol{r}$，力 $\boldsymbol{F}$ の関係

て，点 P を軸のまわりに動かすことになります．つまり，図のように軸まわりの回転力を与えるのがトルクになります．このことから，トルクは**力のモーメント** (moment of force) ともよばれています．したがって，図のベクトル $\boldsymbol{T}$ は回転軸の方向（右ねじの方向）を表しています．

9.6 平面コイルの磁気モーメント

x-y 平面上でコイルの中心が原点にあり，x, y 方向にそれぞれ w, l の長さの 1 回巻きの長方形コイルを図 9.5 に示します．図のように，一様な磁束密度 $\boldsymbol{B}$ が $+x$ 方向であるとき，コイルにはたらく力は長さ l の辺のみとなります．コイルの左側の電流要素では

$$\boldsymbol{F} = I(l\boldsymbol{a}_y \times B\boldsymbol{a}_x) = BIl(-\boldsymbol{a}_z) \tag{9.15}$$

となり，右側の電流要素では

$$\boldsymbol{F} = I\{l(-\boldsymbol{a}_y) \times B\boldsymbol{a}_x\} = BIl\boldsymbol{a}_z \tag{9.16}$$

となります．また，9.5 節で定義した $\boldsymbol{r}$ は左側の電流要素に対しては $\boldsymbol{r} = -(w/2)\boldsymbol{a}_x$ であり，右側の電流要素に対しては $\boldsymbol{r} = (w/2)\boldsymbol{a}_x$ ですから，トルク $\boldsymbol{T}$ は

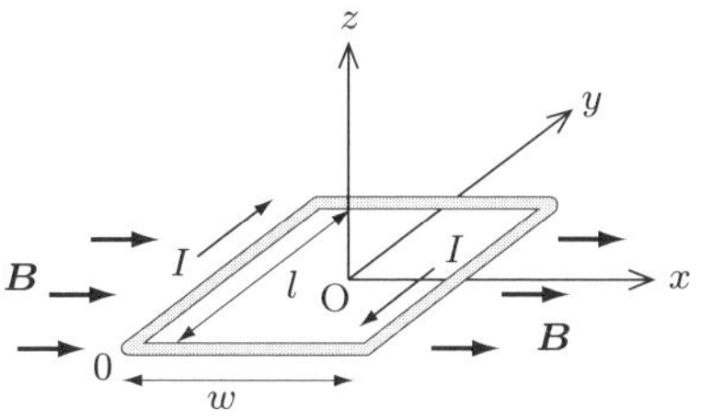

図 **9.5** 平面コイルの磁気モーメント

$$T = -\frac{w}{2}\boldsymbol{a}_x \times BIl(-\boldsymbol{a}_z) + \frac{w}{2}\boldsymbol{a}_x \times BIl\boldsymbol{a}_z = BIlw(-\boldsymbol{a}_y) = BIA(-\boldsymbol{a}_y) \tag{9.17}$$

となります．この式 (9.17) の最後の $A = lw$ は，長方形コイルの面積です．

ここでは長方形のコイルを考えましたが，このトルクの表式 (9.17) は，コイルの形状には無関係で面積のみに依存することを表しています．この IA をベクトルとして右ねじの方向を考え，磁気モーメント $\boldsymbol{m}$ と定義すると

$$\boldsymbol{m} = IA(-\boldsymbol{a}_z) \tag{9.18}$$

となります．この磁気モーメントを使うと，式 (9.17) のトルクを

$$\boldsymbol{T} = \boldsymbol{m} \times \boldsymbol{B} \tag{9.19}$$

と表すことができます．

また，9.1 節で説明したように，磁界中で運動する荷電粒子は円軌道を描くことになります．そこで，図 9.6 に示すような面積 A の円電流を考えます．速度 U（角速度 ω）で円運動する電荷 Q は，電流 $I = (\omega/2\pi)Q$ を発生することになります．したがって，図に示したように，円電流の磁気モーメント $\boldsymbol{m}$ は，右ねじの方向で

$$\boldsymbol{m} = \frac{\omega}{2\pi}QA\,\boldsymbol{a}_n \tag{9.20}$$

となります．この磁気モーメントの概念は荷電粒子の円運動を理解するのに不可欠です．最終的に磁気モーメント $\boldsymbol{m}$ は，$\boldsymbol{B}$ と平行になり，そのときのトルクはゼロとなります．$\boldsymbol{m}$ と $\boldsymbol{B}$ が同方向ならば，コイルを広げるような力がはたらき，逆方向であれば，コイルを縮めることになります．

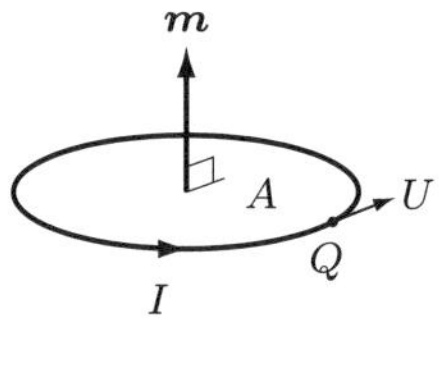

図 9.6　円電流の磁気モーメント

演習問題

▶ **9.1**　磁束密度 $B = 30$ [μT] の中で陽子が直径 1 [cm] の周回運動をするとき，接線方向の速度を求めなさい．

▶ **9.2**　磁界中で陽子の円運動の周期が 2.35 [μs] であるとき，磁束密度 $\boldsymbol{B}$ の大きさを求めなさい．

▶ **9.3**　z 軸上の長さ 2 [m] の導体内に 5.0 [A] の電流が $\boldsymbol{a}_z$ 方向に流れている．磁束密度が $\boldsymbol{B} = 2.0\,\boldsymbol{a}_x + 6.0\,\boldsymbol{a}_y$ [T] であるとき，導体にはたらく力を求めなさい．

▶ **9.4**　長さ 4 [m] の導体が，中心を原点として y 軸に沿って置かれている．この導体内に，10 [A] の電流が $\boldsymbol{a}_y$ 方向に流れている．磁束密度が $\boldsymbol{B} = 0.05\,\boldsymbol{a}_x$ [T] であるとき，導体を一定速度で $z = 0$ から $z = 2$ まで平行移動させ，さらに $x = 0$ から $x = 2$ まで平行移動させるのに必要な仕事を求めなさい．

▶ **9.5**　図 9.7 に示すように，磁束密度 $\boldsymbol{B} = B\boldsymbol{a}_z$ 内に，y 軸に沿って長さ l，幅 w の長方形ループ電流がある．このコイルを x 軸に沿って一定速度で動かすための仕事を求めなさい．

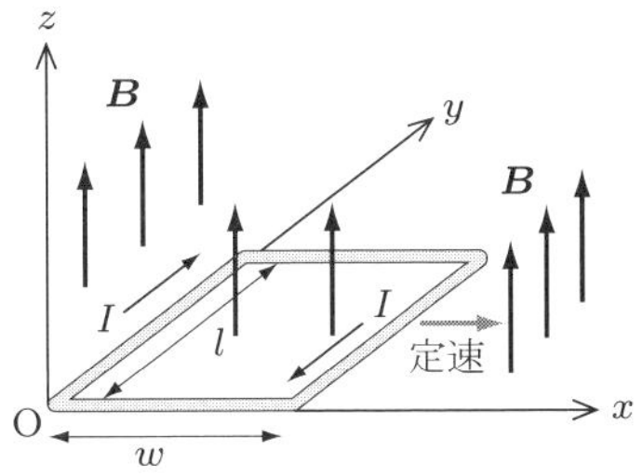

図 9.7　問題 9.5 の図

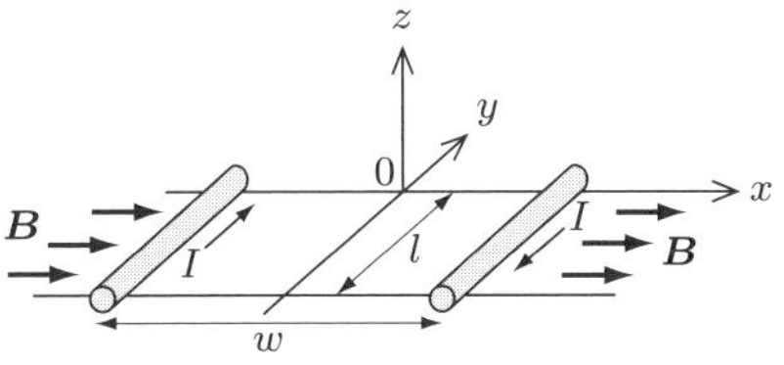

図 9.8　問題 9.6 の図

▶ **9.6**　図 9.8 のように，一様な磁束密度の中で長さ l の 2 本の導体が距離 w を隔てて平行に位置しており，それぞれ図の向きに電流 I が流れている．このとき，y 軸のまわりに作用するトルクを求めなさい．

▶ **9.7**　図 9.9 のように，長さ 4 [m] の二つの導体が z 軸を中心とする半径 2 [m] の円筒上にある．それぞれの導体に 10 [A] の電流が図のように流れ，$\phi = 0$ における磁束密度が $\boldsymbol{B} = 0.5\boldsymbol{a}_x$ [T] で，$\phi = \pi$ における磁束密度が $\boldsymbol{B} = -0.5\boldsymbol{a}_x$ [T] となっている．このときの合力と，z 軸まわりのトルクを求めなさい．

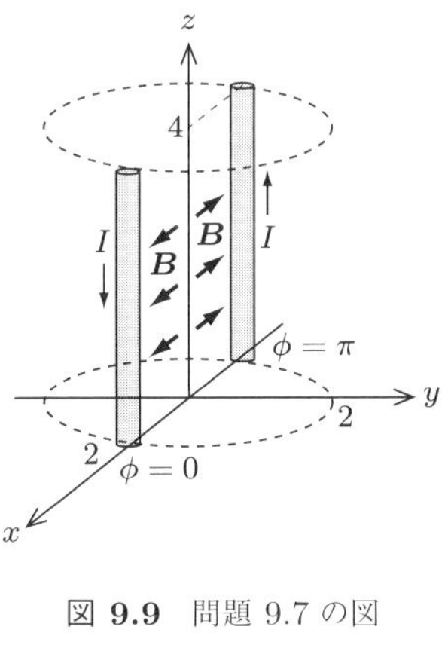

図 9.9　問題 9.7 の図

▶ **9.8**　長さ 0.25 m の導体が y 軸上にあり，25 [A] の電流が $\boldsymbol{a}_y$ 方向に流れている．この導体を一様な磁束密度 $\boldsymbol{B} = 0.06\,\boldsymbol{a}_z$ [T] の中を 3.0 秒かけて一定速度で $x = 5.0$ [m] まで平行移動するのに必要な仕事率を求めなさい．

▶ **9.9**　$B = 4 \times 10^{-2}$ [T] の磁界中での電子の円軌道の半径が 0.35 [m] で，最大トルクが 7.85×10^{-26} [N·m] であるとき，電子の角速度を求めなさい．

第10章

電磁誘導

本章では，発電機や変圧器（トランス）の原理である電磁誘導作用について説明します．これは，コイルに鎖交する磁束の時間的変化により，コイルに電圧が誘起される現象です．ただし，コイルと磁束の関係は相対的であり，一定の磁束中をコイルが移動（発電機），あるいはコイルに鎖交する磁束が時間的に変化（変圧器）することにより，電圧が誘起されます．また，第 12 章で説明する真空や空気中を伝播する電磁波にも深く関係する，変位電流についてもここで説明します．

10.1　ファラデーの法則とレンツの法則

8.1 節で述べたように，エルステッドが電流による磁気作用を発見しました．その後，**時間的に変化**する磁場によってコイルに電流が生じることを**ファラデー**が発見しました．これは，図 10.1 に示すように，永久磁石をコイルから遠ざけたり近づけたりすることにより，コイルにそれぞれ逆方向の電流が流れるというものです．この現象を電磁誘導といい，流れる電流を誘導電流，電流を流すために発生した電圧を誘起電圧とよびます．また，**レンツ**は，

電磁誘導によってコイルに流れる電流の方向は，そのコイルと鎖交する磁束数の変化を妨げる方向になる

ことを明らかにし，これは**レンツの法則**とよばれています．そして，**ノイマン**が電磁誘導作用によってコイルに誘起される電圧 e の大きさを定量的に明らかにし，それは次式となります．

$$e = -\frac{\mathrm{d}\Phi}{\mathrm{d}t} \text{ [V]} \tag{10.1}$$

この式は，**ファラデー－ノイマンの法則**あるいは単に**ファラデーの法則**とよばれています．また，右辺の負符号は，レンツの法則「磁束数の変化を妨げる方向に等しい」ことを表しています．さらに，コイルの巻数が n の場合には，一つのコイルの n 倍にな

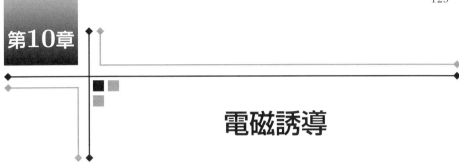

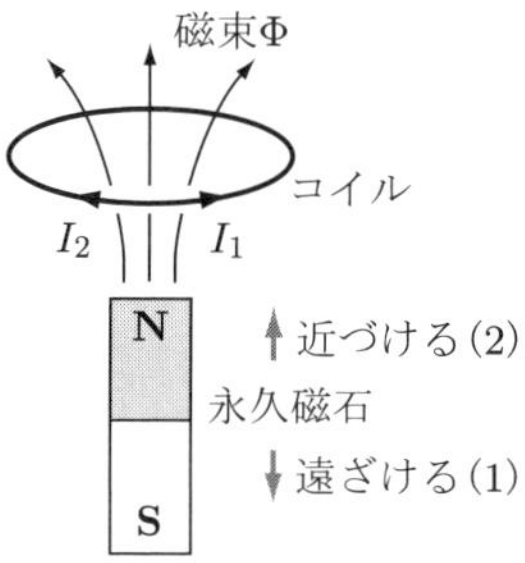

図 **10.1**　電磁誘導作用

りますから，

$$e = -n\frac{\mathrm{d}\Phi}{\mathrm{d}t} = -\frac{\mathrm{d}\psi}{\mathrm{d}t}\ [\mathrm{V}] \tag{10.2}$$

となります．ただし

$$\psi = n\Phi\ [\mathrm{Wb}] \tag{10.3}$$

です．

ファラデーの法則は，11章で説明するインダクタンスとも密接な関係がありますが，この磁束の時間的変化で電圧が誘起される現象は，**変圧器**の原理となっています．このことから，式(10.1)や式(10.2)で与えられる起電力を**変圧起電力**とよぶこともあります．

つぎに，5.4節で述べた電圧の定義式(5.8)をコイルの誘起電圧 e に適用すると，コイルの長さにわたって周回積分を行って

$$e = \oint \boldsymbol{E}\cdot \mathrm{d}\boldsymbol{l}\ [\mathrm{V}] \tag{10.4}$$

となります．式(10.1)と式(10.4)より

$$\oint \boldsymbol{E}\cdot \mathrm{d}\boldsymbol{l} = -\frac{\mathrm{d}\Phi}{\mathrm{d}t}\ [\mathrm{V}] \tag{10.5}$$

が成り立ちます．さらに，式(8.19)から

$$\Phi = \int_S \boldsymbol{B}\cdot \mathrm{d}\boldsymbol{s}\ [\mathrm{Wb}] \tag{10.6}$$

ですから，式(10.5)に代入すると

$$\oint \boldsymbol{E}\cdot \mathrm{d}\boldsymbol{l} = \int_S \left(-\frac{\partial \boldsymbol{B}}{\partial t}\right)\cdot \mathrm{d}\boldsymbol{s}\ [\mathrm{V}] \tag{10.7}$$

となります．この式は，**ファラデーの法則の積分形**とよばれており，第12章で説明するマクスウェルの方程式の一つとなっています．

ここで，ストークスの定理の式 (8.25) を式 (10.7) 左辺の電界 $\boldsymbol{E}$ に適用すると

$$\oint \boldsymbol{E}\cdot \mathrm{d}\boldsymbol{l} = \int_S (\mathrm{rot}\boldsymbol{E})\cdot \mathrm{d}\boldsymbol{s}\ [\mathrm{V}] \tag{10.8}$$

となりますから，式 (10.7) と式 (10.8) から

$$\mathrm{rot}\boldsymbol{E} = -\frac{\partial \boldsymbol{B}}{\partial t}\ [\mathrm{m/s^2}] \tag{10.9}$$

となります．この式は，**ファラデーの法則の微分形**とよばれています．

10.2 静磁界中を運動する導体 (☞ 2.2.2 項)

9.1 節で述べたように，電荷が移動しているときに磁界から受ける力は，式 (9.1) の $\boldsymbol{F} = Q\boldsymbol{U}\times\boldsymbol{B}$ でした．そして，3.2 節で説明したように，電荷が電界から受ける力は $\boldsymbol{F} = Q\boldsymbol{E}$ でしたが，この力は磁界の場合とは異なり，電荷の移動とは無関係に常にはたらいている力です．ここで，単位電荷当たりにはたらく力として，**見かけの電界** $\boldsymbol{E}_m$ を

$$\boldsymbol{E}_m = \frac{\boldsymbol{F}}{Q} = \boldsymbol{U}\times\boldsymbol{B} \tag{10.10}$$

のように定義すると，式 (9.1) は

$$\boldsymbol{F} = Q\boldsymbol{U}\times\boldsymbol{B} = Q\boldsymbol{E}_m \tag{10.11}$$

と書けます．したがって，図 10.2 のように，磁束密度 $\boldsymbol{B}$ 中を導体が移動しているとき，見かけの電界 $\boldsymbol{E}_m$ によって導体の両端に電位差が生じていると考えることができます．導体の両端 a,b の間の電位差 V_{ab} は，端 b を基準にすると

$$V_{\mathrm{ab}} = \int_{\mathrm{b}}^{\mathrm{a}} \boldsymbol{E}_m\cdot \mathrm{d}\boldsymbol{l} = \int_{\mathrm{b}}^{\mathrm{a}} (\boldsymbol{U}\times\boldsymbol{B})\cdot \mathrm{d}\boldsymbol{l}\ [\mathrm{V}] \tag{10.12}$$

となります．もし，速度 $\boldsymbol{U}$ と磁束密度 $\boldsymbol{B}$ が垂直であり，導体も両者に垂直な場合，導体の長さを l とすると，電圧 V は

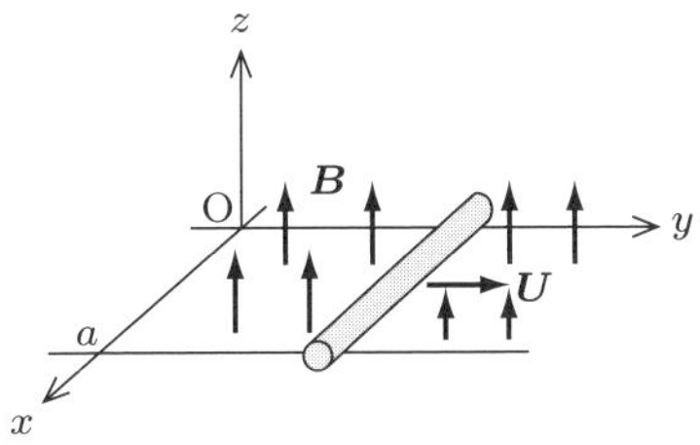

図 **10.2** 例題 10.1 の図

$$V = UBl \text{ [V]} \tag{10.13}$$

で求められます．また，閉じたループの場合は，ループ全体を積分路として

$$V = \oint (\boldsymbol{U} \times \boldsymbol{B}) \cdot \mathrm{d}\boldsymbol{l} \text{ [V]} \tag{10.14}$$

となります．

例題 10.1　図 10.2 のように，y 軸上と y 軸に平行な 2 本のレール上に，長さ a の導体が x 軸に平行に，y 方向に速度 $\boldsymbol{U} = U\,\boldsymbol{a}_y$ で移動している．磁束密度が $\boldsymbol{B} = B\,\boldsymbol{a}_z$ であるとき，導体に誘起される電圧 V を求めなさい．

解　答　まず，見かけの電界 $\boldsymbol{E}_m$ を求めます．

$$\boldsymbol{E}_m = \boldsymbol{U} \times \boldsymbol{B} = U\,\boldsymbol{a}_y \times B\,\boldsymbol{a}_z = UB\,\boldsymbol{a}_x$$

つぎに，式 (10.12) より

$$V = \int_0^a \boldsymbol{E}_m \cdot \mathrm{d}\boldsymbol{l} = \int_0^a UB\,\boldsymbol{a}_x \cdot \mathrm{d}x\,\boldsymbol{a}_x = UB\int_0^a \mathrm{d}x = UBa$$

と誘起電圧が求められ，これはレンツの法則から，$x = 0$ の電位をゼロとしたときの $x = a$ の電位です．

この例題のように，移動する導体が磁束を切ることによって誘起される電圧は，**速度起電力**とよばれています．この速度起電力は，発電機の原理となっています．

ここで，**フレミングの右手の法則**は，右手の親指，人差し指，中指をそれぞれが直角になるように広げて**運動**，**磁界**，**誘起電圧**の方向をそれぞれ示すというものでした．したがって，この**例題 10.1** で求めた結果は，フレミングの右手の法則の中指が示す誘起電圧の方向と一致していることが確認できます．

例題 10.2　図 10.3 のように，1 辺が l [m] の正方形コイルが x 軸のまわりを角速度 ω [rad/s] で回転している．磁束密度が $\boldsymbol{B} = B\,\boldsymbol{a}_z$ であるとき，コイルに誘起される電圧 V を求めなさい．

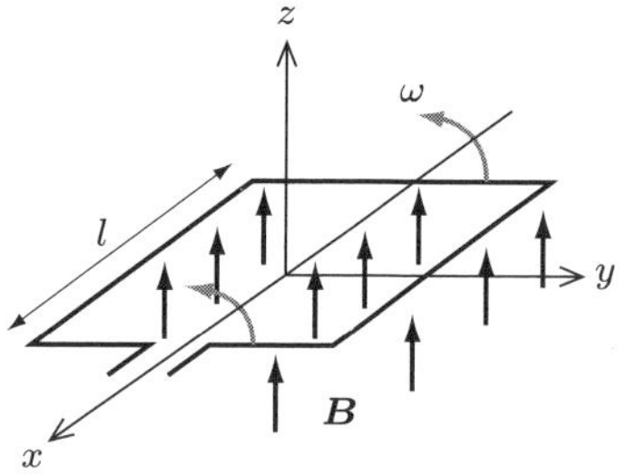

図 10.3　例題 10.2 の図

解 答 まずはじめに，速度起電力の考え方により，誘起される電圧を求めてみます．図 10.4 に，コイルを $+x$ 軸方向から見た図を示します．角速度 ω は単位時間当たりに回転する角度のことですから，図中の角度 α は

$$\alpha = \omega t \ [\mathrm{rad}]$$

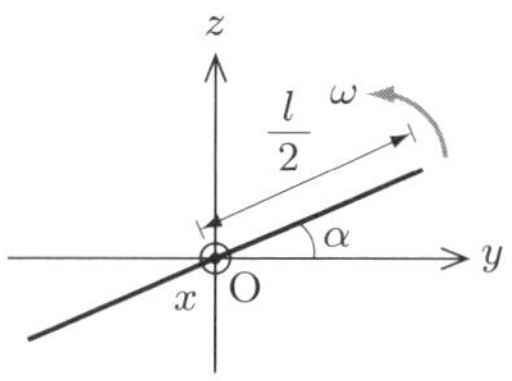

図 **10.4** $+x$ 軸方向から見たコイル

であり，原点から x 軸に平行な辺までの距離は，$r = l/2\,[\mathrm{m}]$ となります．このことから，x 軸に平行な二辺の速度の y 成分 U_y は

$$U_y = r\omega \sin\alpha = \frac{l\omega}{2}\sin\omega t \ [\mathrm{m/s}]$$

となり，式 (10.13) より，誘起電圧は $V = U_y Bl$ ですから，二辺を合わせると

$$V = 2U_y Bl = Bl^2\omega\sin\omega t \ [\mathrm{V}]$$

と求められます．

別解

別の方法として，変圧起電力（☞ p.130）の考え方から誘起する電圧を求めてみます．初期状態として，コイルが x-y 平面上にあるものとします．図 10.4 より，コイルの x-y 平面上への射影像の面積 A は時間とともに変化し，

$$A = l^2\cos\omega t \ [\mathrm{m}^2]$$

となります．この射影像の面積と磁束密度の積が鎖交磁束となりますから

$$\psi = BA = Bl^2\cos\omega t \ [\mathrm{Wb}]$$

となります．よって，誘起電圧は，式 (10.2) より

$$V = -\frac{\mathrm{d}\psi}{\mathrm{d}t} = -Bl^2\frac{\mathrm{d}}{\mathrm{d}t}(\cos\omega t) = Bl^2\omega\sin\omega t \ [\mathrm{V}]$$

となり，速度起電力から求めた結果と一致しています．

以上の例題から明らかなように，静磁界中でコイルを回転させた場合，コイルに誘起される電圧は正弦波状に変化する交流電圧で，その角周波数は ω となります．これが発電機の原理です．したがって，家庭のコンセントの 100 V の交流電圧は，正弦波状に変化する電圧になっています．

10.3　時間変化する電磁界

電流が磁界をつくることは，8.2 節のビオ－サバールの法則で，また，時間変化する磁界が電圧を発生させることは，10.1 節のファラデーの法則で学びました．この電磁誘導作用（変圧起電力）を利用した電気機器に変圧器があります．変圧器では，図 10.5 に示すように，1 次側 (primary) コイル N_1 に交流電源を接続します．

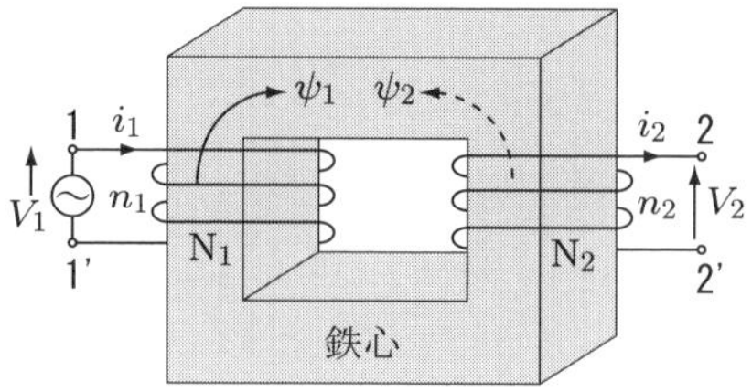

図 10.5　変圧器の原理

交流ですから，1 次側コイルに流れる電流 i_1 は時間的に変化します．したがって，この電流によりつくられる磁束 ψ_1 もまた，時間的に変化することになります．この磁束が 2 次側 (secondary) コイル N_2 と鎖交することにより，2 次側コイルに電圧 V_2 が誘起されます．このとき，レンツの法則から，2 次側のコイルに流れる電流がつくる磁束 ψ_2 は ψ_1 を打ち消すようになりますから，2 次側に誘起される電圧の向きは，図の端子 1-1′ と端子 2-2′ とで同じになります．また，効率よく 2 次側コイルに磁束を鎖交させるために，磁束の通り道となる強磁性体の鉄心があります（☞ 11.4 節）．そして，式 (10.2) から，コイルの電圧 V_1，V_2 とコイルの巻数 n_1，n_2 の間には

$$V_1 : V_2 = n_1 : n_2 \tag{10.15}$$

の関係があります．

ここで，鉄心内を通る磁束は時間的に変化しています．鉄心断面の磁束が図 10.6(a) の ⊗ 方向で時間的に増加しているとき，鉄心は金属ですから，図 (a) のように，⊗ のまわりに同心円状に電流が流れることになります．この電流は**渦電流** (eddy current) とよばれ，6.2 節で説明したように，ジュール熱を発生させて変圧器の効率を低下させる原因になり，これは**渦電流損**とよばれます．この渦電流損を低減させるため，一般には図 (b) のように，絶縁体を挟んで薄い強磁性体の板を積層した鉄心を用いています．そうすると，図に示すように，同心円状に流れていた渦電流のうち外側の電流（破線）は絶縁体により流れなくなり，渦電流損を減らすことができます．

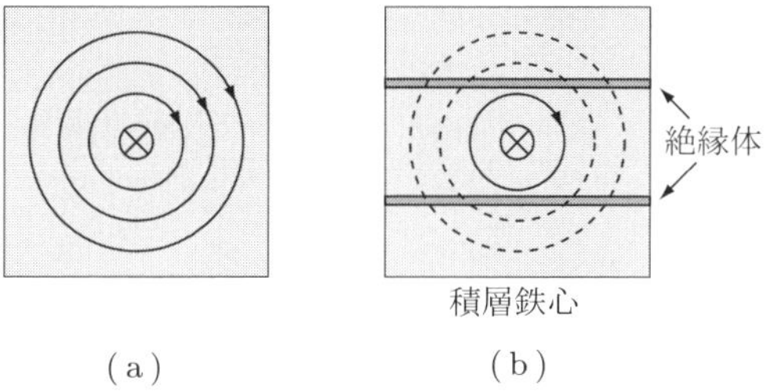

図 **10.6**　鉄心内部の磁束と渦電流

10.4　変位電流（電束電流）（☞ 2.5 節）

8.4 節で説明したように，静磁界の任意の点で，伝導電流の密度と磁界の間には，式 (8.17) の $\mathrm{rot}\,\boldsymbol{H} = \boldsymbol{J}_c$ が成り立っていました．ただし，ここでは，伝導電流 (conduction current) であることを示すために，電流密度 $\boldsymbol{J}$ に添字 c をつけています．しかし，時間変化する界において $\mathrm{rot}\,\boldsymbol{H} = \boldsymbol{J}_c$ が成り立つとすれば，ベクトル解析の公式 (2.97) から $\mathrm{div}\,\boldsymbol{J}_c = \mathrm{div}\,\mathrm{rot}\,\boldsymbol{H} = 0$ となってしまい，6.3 節で求められた式 (6.29) の電流連続の式である

$$\mathrm{div}\boldsymbol{J}_c = -\frac{\partial \rho}{\partial t}$$

と矛盾してしまいます．

そこで，電荷 Q が移動する場合の電束密度を考えてみましょう．図 10.7 において電荷 Q が静止している場合は，面積 $\mathrm{d}s$ の面 A を通過する電束は変化しませんから，電束密度 $\boldsymbol{D}$ は一定です．しかし，電荷 Q が図のように面 A に近づくように移動した場合は，面 A の電束は増加し，電束密度 $\boldsymbol{D}$ は時間とともに増えることになります．このことから，逆に，固定された面の電束密度が時間とともに変化する際には，電流（電荷の移動）が流れていると解釈することができます．マクスウェルは，前述の矛盾を

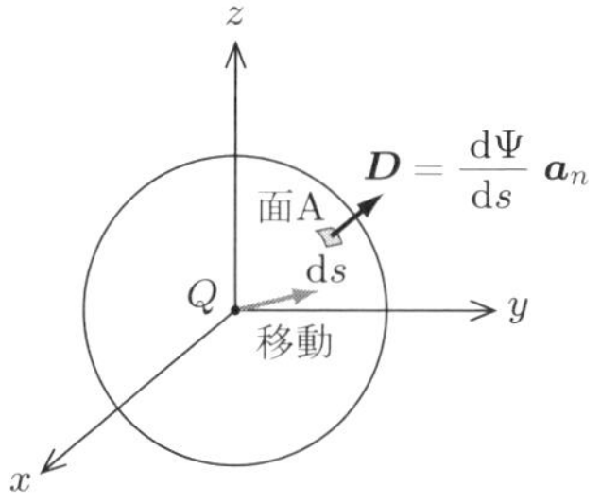

図 **10.7**　電荷の移動と電束密度

解決するために**変位電流**または**電束電流** (displacement current) とよばれる

$$\boldsymbol{J}_d = \frac{\partial \boldsymbol{D}}{\partial t} \tag{10.16}$$

を考え，

$$\mathrm{rot}\,\boldsymbol{H} = \boldsymbol{J}_c + \boldsymbol{J}_d = \boldsymbol{J}_c + \frac{\partial \boldsymbol{D}}{\partial t} \tag{10.17}$$

の式を提唱しました．この式 (10.17) は式 (8.4) と式 (6.5)，あるいは式 (8.17) で示されたアンペアの法則を拡張したものであり，マクスウェルの方程式の一つになっています．

この式 (10.17) の両辺の div をとると，式 (2.97) より

$$\begin{aligned} \mathrm{div\ rot}\,\boldsymbol{H} &= \mathrm{div}\,\boldsymbol{J}_c + \mathrm{div}\,\frac{\partial \boldsymbol{D}}{\partial t} \\ &= \mathrm{div}\,\boldsymbol{J}_c + \frac{\partial}{\partial t}(\mathrm{div}\,\boldsymbol{D}) \quad (\because \text{時間微分と空間微分を交換}) \\ &= -\frac{\partial \rho}{\partial t} + \frac{\partial \rho}{\partial t} \quad (\because \mathrm{div}\,\boldsymbol{D} = \rho,\ \text{式 (4.11)}) \\ &= 0 \end{aligned} \tag{10.18}$$

となるので，電流が時間的に変化する場合でも矛盾が生じなくなります．

コンデンサ内部の誘電体は絶縁物であり，導体のような自由電荷は存在しません．図 10.8 に示すように，交流回路におけるコンデンサ内部には，この変位電流 $\boldsymbol{J}_d$ が流れると考えることによって，電流の連続性は保たれることになります．

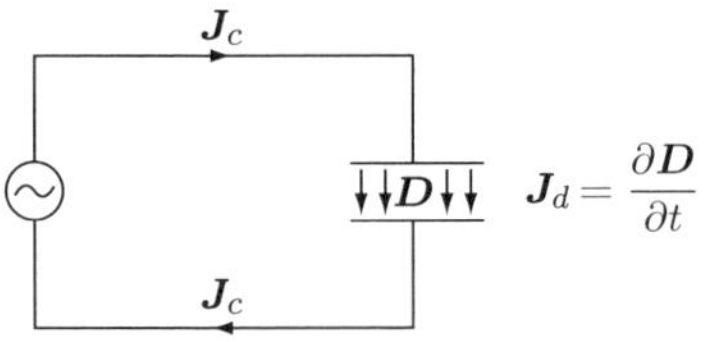

図 10.8　伝導電流 $\boldsymbol{J}_c$ と変位電流 $\boldsymbol{J}_d$

以上のように，$\boldsymbol{J}_d$ は自由電荷が存在しない界における電流であり，式 (10.17) において $\boldsymbol{J}_c = \boldsymbol{0}$ とした式は，そのような場合の磁界 $\boldsymbol{H}$ と $\boldsymbol{D}$ との関係を示しています．すなわち，変位電流は真空や空気中を伝播する電磁波の存在に関わる，基本的な考え方となる重要な量です．また，式 (10.17) の面積分をとると

$$\int_S \mathrm{rot}\,\boldsymbol{H} \cdot \mathrm{d}\boldsymbol{s} = \int_S \left(\boldsymbol{J}_c + \frac{\partial \boldsymbol{D}}{\partial t}\right) \cdot \mathrm{d}\boldsymbol{s} \tag{10.19}$$

となります．ここで，左辺にストークスの定理（☞ 2.5 節，8.7 節）を適用すると

$$\oint \boldsymbol{H} \cdot \mathrm{d}\boldsymbol{l} = \int_S \left(\boldsymbol{J}_c + \frac{\partial \boldsymbol{D}}{\partial t} \right) \cdot \mathrm{d}\boldsymbol{s} \tag{10.20}$$

となり，式 (10.17) の微分形に対する積分形の式が得られます．

また，物質によっては良導体でもなければ誘電体でもないものが存在します．このような物質では，その内部で伝導電流と変位電流の両方が流れる場合があります．

演習問題

▶ **10.1**　図 10.9 のように，磁束密度 $\boldsymbol{B} = 0.35\boldsymbol{a}_z$ [T] の磁界中で，幅 0.5 [m] の平行に置かれた 2 本の金属レール上を，垂直に置かれた二つの導体がたがいに速度 $\boldsymbol{U}_1 = 12.5(-\boldsymbol{a}_y)$ [m/s]，$\boldsymbol{U}_2 = 8.0\boldsymbol{a}_y$ [m/s] で遠ざかっています．電圧計の示す値を求めなさい．

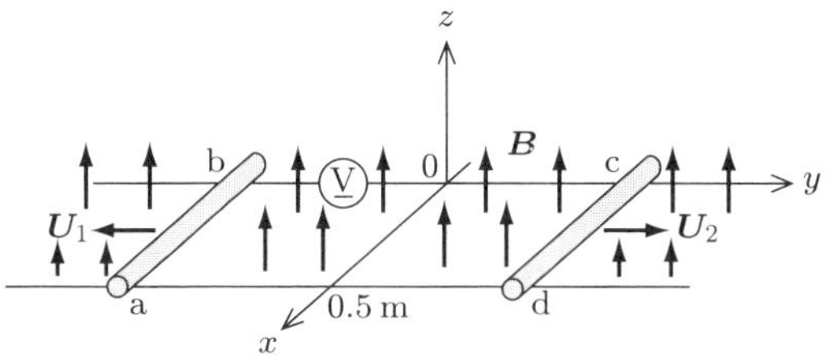

図 **10.9**　問題 10.1 の図

▶ **10.2**　半径 5 [cm]，巻数 400 の円形コイルを地球磁界の中で毎秒 50 回の速さで回転させたとき，その端子間に実効値 35 [mV] の交流電圧が得られた．このとき，地球磁界の磁束密度を求めなさい．

▶ **10.3**　湿った土の伝導度が $\sigma = 5 \times 10^{-4}$ [S/m] で，比誘電率は $\varepsilon_r = 3$ であった．このとき，伝導電流密度 J_c と変位電流密度 J_d を求めなさい．ただし，電界は $E = 6\sin(3 \times 10^7)t$ [V/m] とする．

第11章 インダクタンスと磁気回路

コイルを交流回路の素子として用いた場合，抵抗と同じように電流の流れを妨げるはたらきをします．その値はインピーダンスとして表されますが，本章では，このインピーダンスの値を求める際の元となるインダクタンスについて説明します．また，磁束の通り道として磁性材料が用いられます．つぎに，電気回路に対応する磁気回路について解説しますが，磁性材料には非線形性があるため，電気回路とは異なる計算方法が必要になります．最後に，コンデンサの場合と同様に，コイルに蓄えられるエネルギーについても説明します．

11.1 インダクタンス

電流が磁界をつくりだすことは, 8.1 節で説明しました (図 8.2 参照)．いま, 図 11.1 に示すように，コイルに電流 I [A] が流れたとき，コイルに鎖交する磁束を $\psi = n\Phi$ [Wb] とします．真空中では，この鎖交磁束 ψ の大きさは，流れる電流 I に比例します．すなわち，任意の比例定数を L と表記すると

$$\psi = LI \text{ [Wb]} \tag{11.1}$$

と書き表すことができます．この比例定数 L は，自身の電流がつくる磁束と鎖交するという意味で，**自己インダクタンス**あるいは**自己誘導係数**とよばれており，単位は

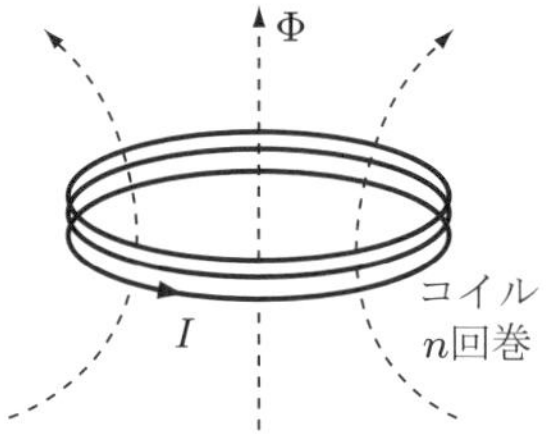

図 **11.1** コイルの電流による磁束

$L=\psi/I$ から [Wb/A] ですが，これを**ヘンリー** [H] と定義します．もし，ここで流れる電流 I が時間とともに変化する（時間の関数）電流 i であっても，式 (11.1) は成り立ちますから

$$\psi = L\,i \text{ [Wb]} \tag{11.2}$$

$$L = \frac{\psi}{i} \text{ [H]} \tag{11.3}$$

となります．この式をファラデー–ノイマンの法則の式 (10.2) に代入すると，誘起電圧は

$$e = -\frac{\mathrm{d}\psi}{\mathrm{d}t} = -L\frac{\mathrm{d}i}{\mathrm{d}t} \text{ [V]} \tag{11.4}$$

となります．また，この式から，コイルの自己インダクタンスが 1 [H] であるとは，

> **コイルに流れる電流が 1 秒間に 1 [A] の割合で変化するとき，コイルに誘起される電圧が 1 [V] になる**

ということができます．

この自己インダクタンスの効果は，10.1 節で説明した電磁誘導作用としてレンツの法則に従うように作用しますから，コイルの電流が急に増加すると，電流と反対方向の誘起電圧が発生し，電流の増加を妨げることになります．逆に，電流が減少する場合は，その減少を妨げるように誘起電圧が発生します．いずれの場合も，電流の変化を妨げるはたらきをします．つまり，この作用は，力学におけるニュートンの第 1 法則の慣性のはたらきと同じように考えられます．

例題 11.1　断面積 S [m^2] で空心の無限長ソレノイドの単位長さ当たりの自己インダクタンスを求めなさい．

解　答　流れる電流を I と仮定したとき，磁界 H は，式 (8.11) から

$$H = nI \text{ [A/m]}$$

となります．そして，磁束密度は，式 (8.18) の $B=\mu_0 H$ の関係から

$$B = \mu_0 nI \text{ [T]}$$

となります．この磁束密度はソレノイド内部において一様ですから，ソレノイドの断面 S と交わる磁束 Φ は断面積を掛けることにより，

$$\Phi = BS = \mu_0 nIS \text{ [Wb]}$$

となります．そして，単位長さ当たりの磁束鎖交数 ψ は

$$\psi = n\Phi = \mu_0 n^2 IS \text{ [Wb]}$$

となりますから，単位長さ当たりの自己インダクタンス L は，式 (11.1) から

$$L = \frac{\psi}{I} = \mu_0 n^2 S \text{ [H]}$$

と求められます．

ここで，**例題 11.1** で示したように，無限長ソレノイドの単位長さ当たりの自己インダクタンスは $L = \mu_0 n^2 S$ で求められました．単位長さ当たりの自己インダクタンスですから，長さが l [m]（有限長）の場合の自己インダクタンス L_l は，$L_l = \mu_0 n^2 Sl$ で求められると考えられます．しかし，有限長の場合はコイル両端において磁束の漏れがあり，一様な磁束とはならないため，実際には

$$L_l = K\mu_0 n^2 Sl \text{ [H]} \tag{11.5}$$

の式でインダクタンスの値が与えられます．上式の K は**長岡係数**とよばれる値で，図 11.2 に示すように，ソレノイドの直径 D と長さ l の比によって決まる値です．

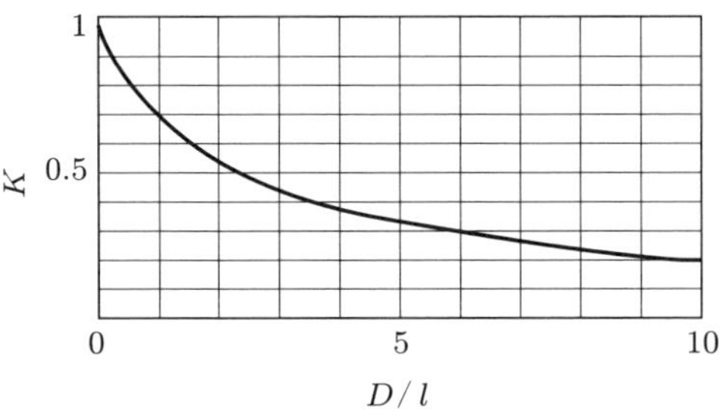

図 **11.2**　長岡係数

11.2　内部インダクタンス　(☞ 2.1.5 項，2.4 節)

磁束は導体の外部だけでなく，導体内部にも存在します．この内部磁束によるインダクタンスを**内部インダクタンス**とよびます．ここで，具体的な内部インダクタンスの値を求めてみましょう．なお，導体外部の磁束によるものを外部インダクタンスといいますが，一般には単にインダクタンスとよんでいます．

図 11.3 に，円形断面をもつ半径 a，長さ l の導体を示します．また，導体内には一様な電流が流れており，その全電流を I と仮定します．仮定から，半径 a に対する任意の半径 r 上の電流の比率は r/a となります．したがって，8.3 節のアンペアの法則から

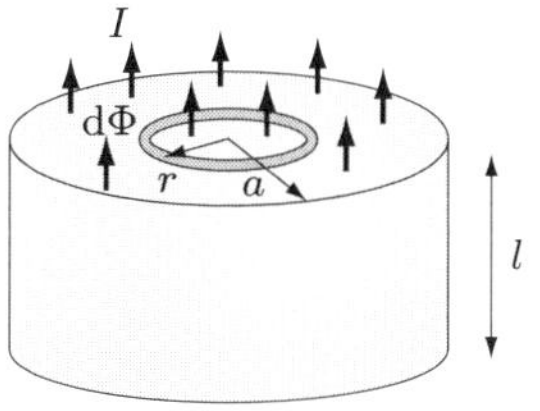

図 **11.3** 導体内部の磁束

$$\boldsymbol{H} = \frac{I}{2\pi a} \cdot \frac{r}{a}\,\boldsymbol{a}_\phi = \frac{Ir}{2\pi a^2}\,\boldsymbol{a}_\phi \tag{11.6}$$

となり，$\boldsymbol{B} = \mu_0 \boldsymbol{H}$ より，磁束密度の値は

$$\boldsymbol{B} = \frac{\mu_0 I r}{2\pi a^2}\,\boldsymbol{a}_\phi \tag{11.7}$$

となります．ここで，半径 r の微小領域に存在する磁束 $\mathrm{d}\Phi$ と鎖交する電流の割合は面積比 $\pi r^2/\pi a^2$ となりますから，この割合を重み関数として，全鎖交磁束 ψ は

$$\begin{aligned}\psi = n\Phi &= \int \left(\frac{\pi r^2}{\pi a^2}\right) \mathrm{d}\Phi = \int_0^a \left(\frac{\pi r^2}{\pi a^2}\right)\left(\frac{\mu_0 I r}{2\pi a^2}\right) l\,\mathrm{d}r = \frac{\mu_0 I l}{2\pi a^4}\int_0^a r^3 \mathrm{d}r \\ &= \frac{\mu_0 I l}{2\pi a^4}\left[\frac{r^4}{4}\right]_0^a = \frac{\mu_0 I l}{8\pi}\ [\mathrm{Wb}]\end{aligned} \tag{11.8}$$

と求められます．そして，式 (11.1) より $L = \psi/I$ ですから，単位長さ当たりのインダクタンスは

$$\frac{L}{l} = \frac{\psi/I}{l} = \frac{\mu_0}{8\pi} = 5 \times 10^{-8}\ [\mathrm{H/m}] \tag{11.9}$$

となります．式 (11.9) より，内部インダクタンスは導体の半径に依存しない値であり，かつ 10^{-8} のオーダーの小さな値であることがわかります．

全インダクタンスは，外部インダクタンスと内部インダクタンスの和として定義されています．上記のように，内部インダクタンスは小さな値なので通常は無視できますが，もし，外部インダクタンスの値が 5×10^{-8}[H/m] 程度の場合には，内部インダクタンスを無視することができなくなります．

11.3 相互インダクタンス

図 11.4 に，二つのコイルが近接して置かれている場合を示します．コイル 1 に流れる交流電流 i_1 により，磁束 Φ_1 が発生します．この磁束は，コイル 1 のみに鎖交する磁束 Φ_{11} およびコイル 1 とコイル 2 の両方に鎖交する磁束 Φ_{12} に分けられます．したがって，この時間的に変化する磁束 Φ_{12} によって，コイル 2 には電圧 e_2 が誘起され

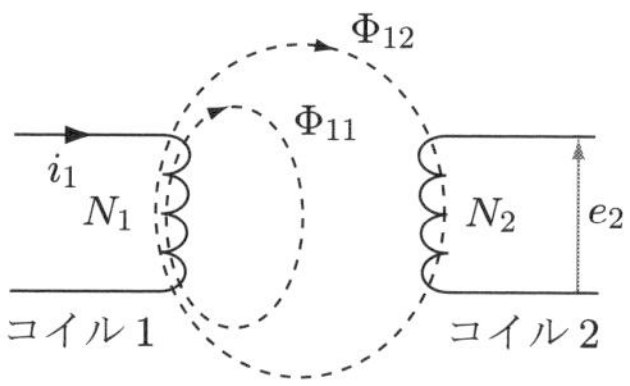

図 **11.4**　相互インダクタンス

ます．11.1 節で説明した自己インダクタンスの「自己」とは，「コイル自身の電流がつくる磁束と鎖交する」という意味でした．自己インダクタンスが $L = 1\,[\mathrm{H}]$ とは，前述したように，

コイルに流れる電流が 1 秒間に 1 [A] の割合で変化するとき，コイルに誘起される電圧が 1 [V] になる

と定義されます．これと同様に考えれば，図 11.4 の場合は，

コイル 1 に流れる電流が 1 秒間に 1 [A] の割合で変化するとき，コイル 2 に誘起される電圧が 1 [V] となる

となります．二つのコイルの相互作用ですから，このインダクタンスを**相互インダクタンス** (mutual inductance) M とよびます．さらに，図の場合は，コイル 1 によってコイル 2 に誘起される電圧ですから，M_{12} と表記することにします．式 (11.2) の L を M と読み替えると，$\psi_{12} = N_2\Phi_{12} = M_{12}i_1$ となりますから，

$$e_2 = -\frac{\mathrm{d}\psi_{12}}{\mathrm{d}t} = -M_{12}\frac{\mathrm{d}i_1}{\mathrm{d}t}\ [\mathrm{V}] \tag{11.10}$$

となり，

$$M_{12} = \frac{N_2\Phi_{12}}{i_1}\ [\mathrm{H}] \tag{11.11}$$

と表せます．また，コイル 1 とコイル 2 の役割を逆にして，コイル 2 に流れる交流電流 i_2 により発生する磁束を Φ_2，コイル 2 のみに鎖交する磁束を Φ_{22}，およびコイル 2 とコイル 1 の双方に鎖交する磁束 Φ_{21} とすると

$$e_1 = -\frac{\mathrm{d}\psi_{21}}{\mathrm{d}t} = -M_{21}\frac{\mathrm{d}i_2}{\mathrm{d}t}\ [\mathrm{V}] \tag{11.12}$$

$$M_{21} = \frac{N_1\Phi_{21}}{i_2}\ [\mathrm{H}] \tag{11.13}$$

となります．また，一般に $M_{12} = M_{21}$ となります．

ここで，自己インダクタンスと相互インダクタンスの関係について考えてみます．自己インダクタンスの定義式 (11.3) から $L = \psi/i = N\Phi/i$ ですから，図 11.4 のコイ

ル1とコイル2のそれぞれの自己インダクタンスは

$$L_1 = \frac{N_1 \Phi_{11}}{i_1} \quad \text{および} \quad L_2 = \frac{N_2 \Phi_{22}}{i_2} \tag{11.14}$$

です．もし，ここでコイルによる磁束が他方のコイルにすべて鎖交している場合は，$\Phi_1 = \Phi_{11} = \Phi_{12}$ および $\Phi_2 = \Phi_{22} = \Phi_{21}$ となりますから，式 (11.11) と式 (11.13) は，それぞれ

$$M_{12} = \frac{N_2 \Phi_1}{i_1} \quad \text{および} \quad M_{21} = \frac{N_1 \Phi_2}{i_2}$$

となり，また，式 (11.14) もそれぞれ

$$L_1 = \frac{N_1 \Phi_1}{i_1} \quad \text{および} \quad L_2 = \frac{N_2 \Phi_2}{i_2}$$

となります．したがって，両方の相互インダクタンスの積は

$$M_{12}\, M_{21} = M^2 = \frac{N_1 N_2 \Phi_1 \Phi_2}{i_1 i_2} = L_1\, L_2 \tag{11.15}$$

となり，

$$M = \pm\sqrt{L_1\, L_2} \tag{11.16}$$

となります．ただし，この式は両方のコイルが磁気的に完全に結合した場合（一方のコイルによる磁束が他方のコイルにすべて鎖交している場合）であって，一般には次式で表されます．

$$M = \pm k\sqrt{L_1\, L_2} \tag{11.17}$$

上式の k は**結合係数**とよばれ，0〜1 の値をもち，二つのコイルの形状，大きさ，相対位置などによって決まります．

例題 11.2　巻数 $N_1 = 1000$，半径 $r_1 = 1\,[\mathrm{cm}]$，長さ $l_1 = 50\,[\mathrm{cm}]$ の第1のソレノイドコイルが，$N_2 = 2000$，$r_2 = 2\,[\mathrm{cm}]$，$l_2 = 50\,[\mathrm{cm}]$ の第2のコイルに同心的に位置している．真空を仮定して，相互インダクタンスを求めなさい．

解　答　小断面をもつ場合は，第1のコイルの H は，内部では一定で外部ではゼロと仮定できます．このソレノイドコイルの電流を I_1 とすると

$$H = \left(\frac{1000}{0.5}\right) I_1 \ [\mathrm{A/m}]$$

となります．真空を仮定しているので，磁束密度 B は

$$B = \mu_0 H = 2000\, \mu_0\, I_1 \ [\mathrm{Wb/m^2}]$$

であり，磁束 Φ は，磁束密度に断面積を掛けて

$$\Phi = BA = (2000\,\mu_0 I_1)(\pi \times 10^{-4})\ [\mathrm{Wb}]$$

となります．前述したように，第 1 のコイルの外側での H と B はゼロですから，上式の磁束 Φ は，すべて外側の第 2 のコイルと鎖交しています．したがって，相互インダクタンスは，式 (11.11) より

$$M_{12} = \frac{N_2 \Phi}{I_1} = (2000)(4\pi \times 10^{-7})(2000)(\pi \times 10^{-4}) = 1.58\ [\mathrm{mH}]$$

となります．

つぎに，複数のコイルを接続する場合について考えましょう．このとき，その合成インダクタンスの値は，抵抗の場合と同様にして計算することができます．すなわち，自己インダクタンスの値が L_1 と L_2 の二つのコイルを直列に接続した場合の合成自己インダクタンス L の値は

$$L = L_1 + L_2\ [\mathrm{H}] \tag{11.18}$$

となり，並列に接続した場合は

$$L = \frac{L_1 L_2}{L_1 + L_2}\ [\mathrm{H}] \tag{11.19}$$

となります．

これに対し，二つのコイルの間に相互インダクタンスがある場合の合成インダクタンスは，もう少し複雑になります．相互インダクタンスがある二つのコイルを直列に接続したものを図 11.5(a)，(b) に示します．図 (a) と図 (b) では，コイル 2 の巻き方が逆になっている点に注意してください．どちらの場合でも，端子 1 からコイル 1 に流れ込む電流を i とします．二つのコイルを直列に接続していますから，コイル 2 に流れる電流も i となります．このとき，コイル 1 がつくる磁束 ψ_1 の方向は，図 (a) および図 (b) ともに同じです．しかし，コイル 2 がつくる磁束 ψ_2 の方向は，図 (a) では ψ_1 と同方向，図 (b) では逆方向となります．したがって，コイル 1 に誘起される電圧

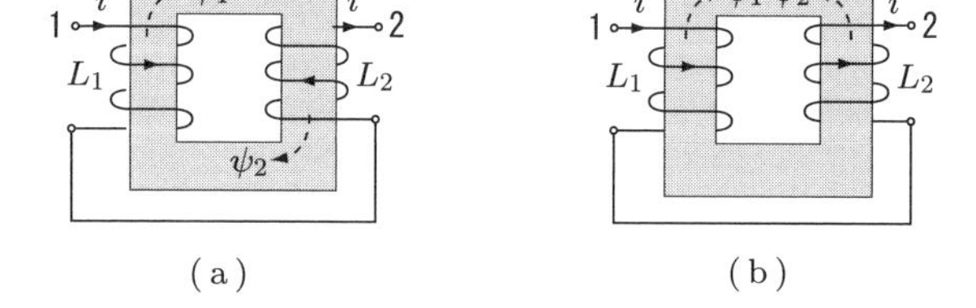

図 11.5　相互インダクタンスのあるコイルの接続

e_1 は，図 (a) では自己インダクタンスによる式 (11.4) の電圧と相互インダクタンスによる式 (11.12) の電圧の和として

$$e_1 = \left(-L_1 \frac{\mathrm{d}i}{\mathrm{d}t}\right) + \left(-M \frac{\mathrm{d}i}{\mathrm{d}t}\right) = -(L_1 + M)\frac{\mathrm{d}i}{\mathrm{d}t} \text{ [V]} \tag{11.20}$$

となります．同様に，コイル 2 に誘起される電圧 e_2 は

$$e_2 = -(L_2 + M)\frac{\mathrm{d}i}{\mathrm{d}t} \text{ [V]} \tag{11.21}$$

となりますから，端子 1 から端子 2 までの電圧 e は

$$e = e_1 + e_2 = -(L_1 + L_2 + 2M)\frac{\mathrm{d}i}{\mathrm{d}t} \text{ [V]} \tag{11.22}$$

となり，図 (a) の場合の合成自己インダクタンス L は

$$L = L_1 + L_2 + 2M \text{ [H]} \tag{11.23}$$

となります．これに対し，図 (b) の場合は ψ_2 の方向が逆ですから，相互インダクタンス M の符号は負となり，

$$e_1 = -(L_1 - M)\frac{\mathrm{d}i}{\mathrm{d}t} \text{ [V]} \quad \text{および} \quad e_2 = -(L_2 - M)\frac{\mathrm{d}i}{\mathrm{d}t} \text{ [V]} \tag{11.24}$$

$$e = e_1 + e_2 = -(L_1 + L_2 - 2M)\frac{\mathrm{d}i}{\mathrm{d}t} \text{ [V]} \tag{11.25}$$

の結果が得られます．この結果から，図 (b) の場合の合成自己インダクタンス L は

$$L = L_1 + L_2 - 2M \text{ [H]} \tag{11.26}$$

となります．

以上のように，自己インダクタンスだけでなく，相互インダクタンスをもつ二つのコイルを直列につなぐ場合は，つなぎ方によって合成自己インダクタンスの値が異なってしまいますから注意が必要です．このことを**コイルの極性**といい，変圧器の接続などで問題になることがあります．

さて，図 11.5 のような図であれば，具体的にコイルの巻き方がわかります．しかし，一般に回路図で示す場合は，具体的な巻き方を示すことができません．そこで，図 11.6 に示すように，図 11.5 に対応させて黒点「●」を用いて極性を表示します．しかし，この極性と相互インダクタンスの関係は，コイルの巻き方，コイルの接続の仕方，コイルに流す電流方向，コイルに発生する電圧の向きなどの要素が絡み合うため，理解することがしばしば困難になります．

これについて，まず，極性の黒点 ● に関しては，以下のいずれかの形で理解すればよいと思います．

① 1 次側の ● に ＋ 電圧をかけると，2 次側の ● に ＋ 電圧が生じる

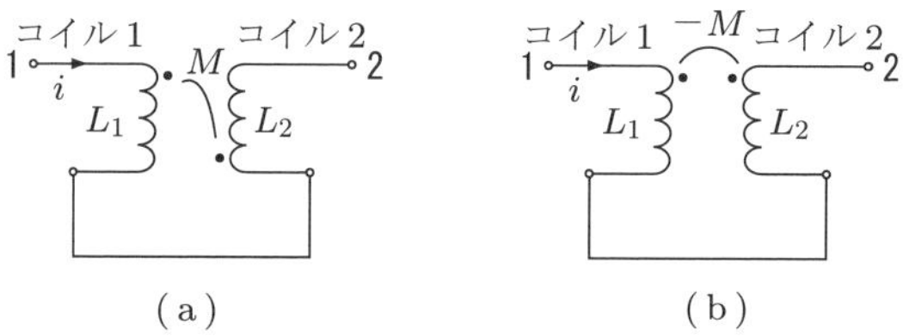

図 11.6　コイルの極性の表示

② ● 側から電流を流したときに生じる磁束の方向が同じになる

③ コイルの巻き始めを表す

本来の意味は，コイルの極性という言葉からも，①が適切なものと考えられますが，前述の②や③のように解釈しても結果は同じです．二つのコイルのどちらかの端に ● が描かれていれば，相互インダクタンスの正負は，以下のように決定できます．

1 次側と 2 次側の ● 側の電流の入出力方向が同じ場合は M が正となり，逆の場合は M が負となる

例題 11.3　二つのコイルを直列に接続するとき，磁束がたがいに打ち消されるようにすると合成自己インダクタンスの値が $L_- = 5$ [mH]，磁束が加わるようにすると $L_+ = 21$ [mH] であった．この場合の相互インダクタンスの値を求めなさい．

解　答　式 (11.23) から，L_+ は

$$L_+ = L_1 + L_2 + 2M = 21 \text{ [mH]}$$

であり，式 (11.26) から，L_- は

$$L_- = L_1 + L_2 - 2M = 5 \text{ [mH]}$$

ですから，両式より，

$$M = \frac{21 - 5}{4} = 4 \text{ [mH]}$$

と求められます．

11.4　磁気回路

電気現象における電気回路と同じように，磁気現象でも磁気回路を考えることができます．ここで，8.3 節で説明した環状ソレノイドの巻線内が強磁性体で満たされた場合を考えてみます．強磁性体内の磁界 H は媒質には無関係ですから，式 (8.13) と同様に

$$H = \frac{NI}{l} \text{ [A/m]} \tag{11.27}$$

となります．ただし，式 (11.27) の l [m] はソレノイドの平均長であり，**磁路長**とよばれます．そして，式 (8.18) より磁束密度は $B = \mu H$ であり，環状ソレノイドの強磁性体の断面積を S とすると，磁束 Φ は

$$\Phi = BS = \mu HS = \frac{NI}{l/\mu S} \text{ [Wb]} \tag{11.28}$$

となります．上式の分子の NI を F，分母の $l/\mu S$ を $\mathcal{R}$ とおくことにします．すると

$$\text{磁気回路：}\Phi = \frac{F}{\mathcal{R}} \iff \text{電気回路：}I = \frac{E}{R} \tag{11.29}$$

の対応関係が得られます．さらに，$\mathcal{R}$ と式 (6.10) の対応は

$$\text{磁気回路：}\mathcal{R} = \frac{l}{\mu S} \iff \text{電気回路：}R = \frac{l}{\sigma S} \tag{11.30}$$

となります．式 (11.29) と式 (11.30) の対応関係から，F は**起磁力** (magnetomotive force)，$\mathcal{R}$ は**磁気抵抗**あるいは**リラクタンス** (reluctance) とよばれています．

以上のことから，電気回路と磁気回路におけるそれぞれの要素の対応関係をまとめると，表 11.1 のようになります．

表 11.1　電気回路と磁気回路の対応関係

電気回路	磁気回路
起電力 E [V]	起磁力 $F = NI$ [A]
電流 I [A]	磁束 Φ [Wb]
抵抗 R [Ω]	磁気抵抗（リラクタンス）$\mathcal{R}$ [A/Wb]
導体（導線）	強磁性体（鉄心）
伝導度（導電率）σ [S/m]	透磁率 μ [H/m]

ここで，電気回路の起電力 E に相当するのが起磁力です．起磁力 $F = NI$ の単位は，現在の SI 単位系では [A] が用いられています*1．ただし，**電流の [A] は基本単位ですが，起磁力の [A] は電流に無次元の巻数を掛けた組立単位**であることに注意してください．したがって，たとえば，巻数が $N = 1000$ のコイルの起磁力が $F = 500$ [A] であっても，実際にコイルに流れる電流は $I = 500/1000 = 0.5$ [A] となります．

つぎに，表 11.1 に示したように，強磁性体は電気回路の電流の通り道である導体に相当します．たとえば，鉄心にコイルを巻いた場合，空心に比べて磁束が増加します．空心の場合よりも磁束が著しく増加するものを**強磁性体**，少し増加するものを**常磁性体**，逆に減少するものを**反磁性体**とよびます．常磁性体では $\mu_r \sim 1$，強磁性体で

*1 以前は，MKSA 単位系でアンペア回数 [AT] が用いられていました．

は $\mu_r \gg 1$ であり，強磁性体では磁束が著しく増加することは式 (11.28) からもわかります．

強磁性体は単に**磁性体**ともよばれ，鉄，ニッケル，コバルトなどが代表的なものです．常磁性体に属するものはクロムやマンガンなどで，反磁性体に属するものは非常に多く，銅，銀，金，鉛，水銀などがあります．

また，磁束が著しく増加する強磁性体とほかの物質の透磁率の比は，$10^2 \sim 10^4$ 程度のオーダーです．これに対し，導体と絶縁体の伝導度の比は，10^{20} のオーダーです．したがって，一般に，導体内を流れる電流が絶縁体である空気中に漏れ出すようなことは起こりません．しかし，磁気回路では，磁束が磁性体（磁心）の外部に漏れることがあります．この点が電気回路との大きな違いです．さらに，電気回路との重要な相違点として，次節で説明する透磁率の非線形性があります．

11.5　*B*-*H* 曲線の非線形性

すでに学んだように，磁束密度 B と磁界 H の関係は $B = \mu H$ であり，$\mu = \mu_0 \mu_r$ の μ_0 は，$4\pi \times 10^{-7}$ [H/m] の値をもつ定数です．一方，比透磁率 μ_r の値は，磁界の強さ H によって変化します．したがって，実際の磁性体の B と H の関係を表す ***B*-*H* 曲線**は複雑な形をもちます．一般に，B-H 曲線は図 11.7 のような曲線を描きます．このような曲線を**磁化曲線**とよびます．図のように，H が小さいところでは，0-a 部分のように B は緩やかに増加します．さらに H を増加させると，a-b 部分のように B が急激に増加していきます．さらに，点 b 付近から b-c 部分のように増加率が次第に減少していき，破線で示した B_s に近づいていきます．このように，B-H 曲線は飽和特性をもちますから，**磁気飽和曲線**とよばれることもあります．また，磁化曲線が連続であることから，これを微分した微分係数を用いて

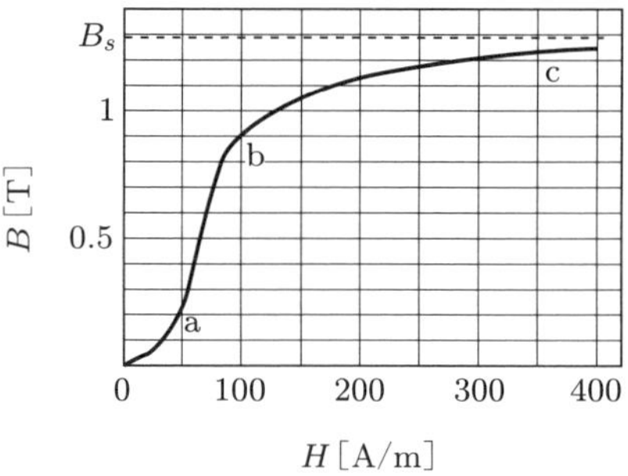

図 **11.7**　B-H 曲線

$$\mu = \frac{\mathrm{d}B}{\mathrm{d}H} \tag{11.31}$$

で定義される μ を**微分透磁率**とよびます．

例題 11.4　ソレノイドに直流電流 I [A] を流したとき，磁心内の磁束密度が $B = 0.3$ [T] であった．磁心がケイ素鋼あるいはフェライトであるとき，それぞれの比透磁率 μ_r を求めなさい．ただし，ケイ素鋼とフェライトの磁化曲線は，図 11.8 に示すものとする．

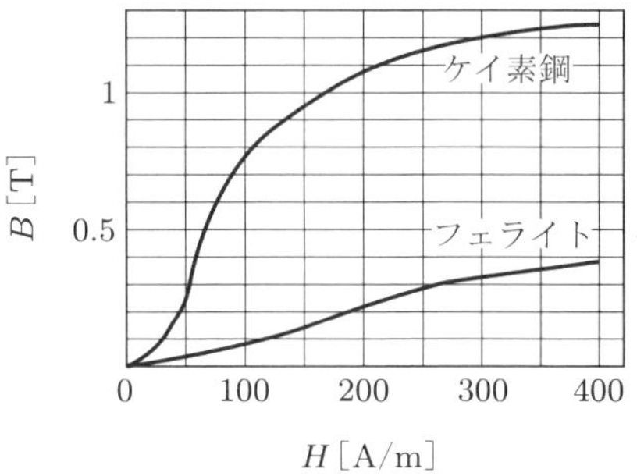

図 11.8　ケイ素鋼とフェライトの B-H 曲線

解　答　$B = \mu H = \mu_0 \mu_r H$ より

$$\mu_r = \frac{B}{\mu_0 H}$$

となりますから，$B = 0.3$ [T] における磁界の強さをグラフから読み取ると，ケイ素鋼では $H = 55$ [A/m]，フェライトでは $H = 260$ [A/m] となります．したがって，

$$\text{ケイ素鋼：} \mu_r = \frac{0.3}{4\pi \times 10^{-7} \times 55} = 4341$$

$$\text{フェライト：} \mu_r = \frac{0.3}{4\pi \times 10^{-7} \times 260} = 918$$

のように求められます．

以上のように，磁性体の比透磁率は非線形性をもちます．したがって，電気抵抗 R とは異なり，式 (11.30) のリラクタンス $\mathcal{R}$ も非線形性をもつことになります．

また，磁性体には非線形の特性だけでなく，**ヒステリシス** (hysteresis) とよばれる特性もあります．図 11.9 に，その**ヒステリシスループ**を示します．最初はまったく磁化されていない磁性体に一定方向の磁界を加え，次第に増加させると，磁束密度の変化は図の O-a となります．この O-a は，前述の図 11.7 と同様のものであり，**初期磁化曲線**とよばれます．

今度は，磁界を H_m から減少させると，もとの O-a の経路を通らずに，a-b となります．ここで，点 b での磁界はゼロですが，磁束密度は B_r となっています．この B_r を**残留磁束密度**とよびます．

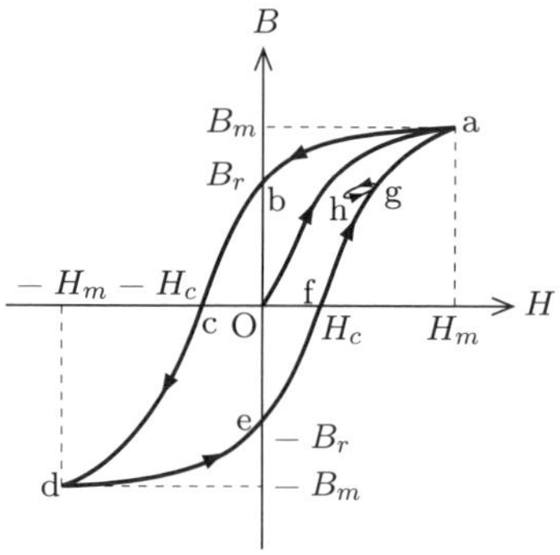

図 11.9　ヒステリシスループ

さらに，磁界を逆方向（負の方向）に増加させると，b-c-d に沿って変化していきます．ここで，磁界が点 c の $-H_c$ のとき磁束密度がゼロとなり，この $-H_c$（あるいは H_c）を**保磁力**とよびます．そして，$-H_m$ での磁束密度は，$-B_m$ の点 d の位置になります．

再び磁界の方向を正方向にして増加させると，d-e-f-a の曲線のように変化し，磁界が H_m になると，ほぼ点 a に戻るように変化します．

このように，磁界の強さを正負の方向に 1 サイクル変化させると，B-H 曲線は一つの閉曲線（ループ）を描きますので，ヒステリシスループとよばれています．また，f-a の途中で磁界 H を少し変化させた場合，B-H 曲線は図の g-h-g のように変化し，これを**マイナーループ**とよびます．

以上のように，磁性体の磁束密度は，ある一定の磁界の強さに対して一義的にその値が決まらず，それ以前の履歴に依存する性質があり，このような現象のことを一般にヒステリシスといいます．

11.6　磁気回路でのアンペアの法則

コイルを N 回巻いた磁性体に電流 I を流すと，起磁力 $F = NI$ [A] が生じます．図 11.10 に示すような，種類が異なる三つの磁性体からなる磁気回路と考えます．磁心の中心を通る磁路についてアンペアの周回積分の法則を適用すると

$$
\begin{aligned}
F = NI &= \oint \boldsymbol{H} \cdot \mathrm{d}\boldsymbol{l} = \int_1 \boldsymbol{H} \cdot \mathrm{d}\boldsymbol{l} + \int_2 \boldsymbol{H} \cdot \mathrm{d}\boldsymbol{l} + \int_3 \boldsymbol{H} \cdot \mathrm{d}\boldsymbol{l} \\
&= H_1 l_1 + H_2 l_2 + H_3 l_3 \qquad (11.32)
\end{aligned}
$$

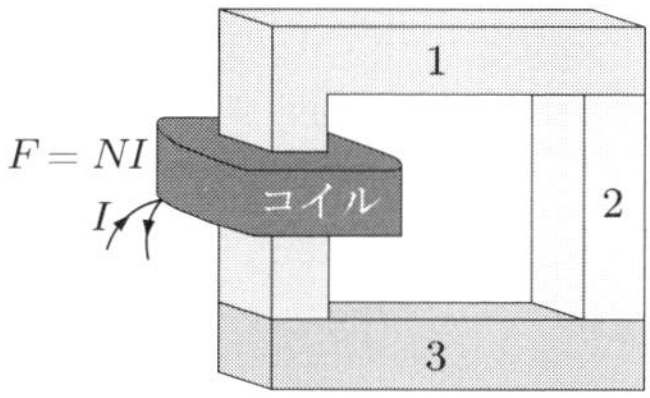

図 11.10　磁気回路でのアンペアの法則

となります．ただし，$l_1 \sim l_3$ はそれぞれの磁性体の平均磁路長です．ここで，電気回路においては，3 個の抵抗が直列に起電力 E の電源に接続されており，電流 I が流れているときは

$$E = R_1 I + R_2 I + R_3 I = V_1 + V_2 + V_3 \tag{11.33}$$

が成り立ちます．この式 (11.33) は，起電力 E がポテンシャル（電位）を上昇させ，それぞれの抵抗での電圧降下がポテンシャルを降下させると考えることができます．したがって，式 (11.32) の場合でも，起磁力 F が磁気ポテンシャルを NI だけ上昇させ，また，磁性体 1,2,3 がそれぞれ磁気ポテンシャルを降下させ，合計で NI の降下となります．このように，式 (11.32) と式 (11.33) の類似性を考慮すると，磁気回路と電気回路は，図 11.11(a)，(b) のように書き表すことができます．

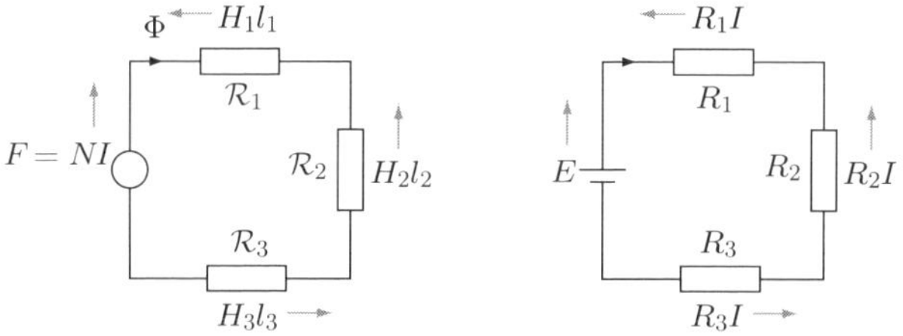

（a）磁気回路　（b）電気回路

図 11.11　磁気回路と電気回路の類似性

図の類似性からも，リラクタンスの表式を式 (11.30) の形にしたことが妥当であることがわかります．まず，磁性体の断面積を S とした場合，電気回路の電圧降下と同様に，

$$NI = H\,l = \frac{Bl}{\mu} = \frac{BSl}{\mu S} = BS\left(\frac{l}{\mu S}\right) = \Phi\mathcal{R} \tag{11.34}$$

となりますから，この式から，リラクタンスの値は

$$\mathcal{R} = \frac{l}{\mu S}\ [\mathrm{H^{-1}}] \qquad (11.35)$$

となり，式 (11.30) と一致します．また，リラクタンスの値が既知の場合は

$$F = NI = \Phi(\mathcal{R}_1 + \mathcal{R}_2 + \mathcal{R}_3) \qquad (11.36)$$

のように書くことができますから，電気回路における閉路方程式と同様に，図 (a) の磁気回路に対応した方程式となります．

例題 11.5　図 11.12 の磁気回路は，コの字状のケイ素鋼部 1 と，棒状のフェライト部 2 からできている．ケイ素鋼部の磁束密度が $B_1 = 0.4\,[\mathrm{T}]$ のとき，$N = 150$ 回巻のコイルに流れる電流 I を求めなさい．ただし，ケイ素鋼とフェライトの B-H 曲線は，**例題 11.4** の図 11.8 とする．

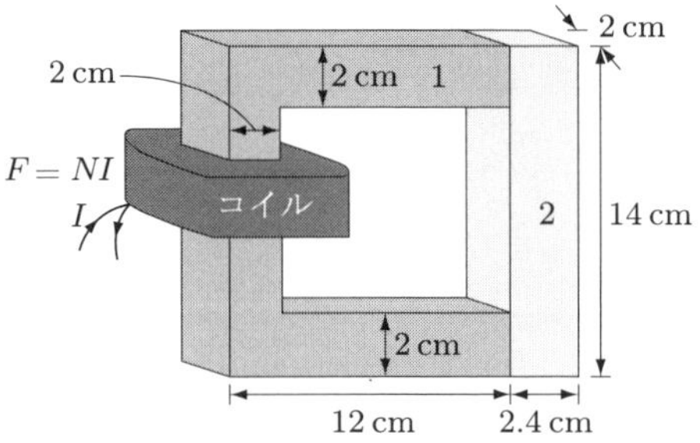

図 11.12　例題 11.5 の磁気回路

解　答　まず，コの字状部と棒状部の平均磁路長 l_1 および l_2 をそれぞれ求めます．

$$l_1 = 2 \times 0.11 + 0.12 = 0.34\ [\mathrm{m}]$$

$$l_2 = 2 \times 0.012 + 0.12 = 0.144\ [\mathrm{m}]$$

つぎに，それぞれの断面積 S_1 および S_2 を求めます．

$$S_1 = 0.02 \times 0.02 = 4 \times 10^{-4}\ [\mathrm{m^2}]$$

$$S_2 = 0.02 \times 0.024 = 4.8 \times 10^{-4}\ [\mathrm{m^2}]$$

図 11.8 のケイ素鋼の B-H 曲線から，$B_1 = 0.4\,[\mathrm{T}]$ のときの磁界の強さは $H_1 = 60\,[\mathrm{A/m}]$ となりますから，磁束 Φ は

$$\Phi = B_1 S_1 = 0.4 \times 4 \times 10^{-4} = 1.6 \times 10^{-4}\ [\mathrm{Wb}]$$

と求められます．磁束 Φ は，コの字状部と棒状部で同じ値ですから，棒状部の磁束密度 B_2 は

$$B_2 = \frac{\Phi}{S_2} = \frac{1.6 \times 10^{-4}}{4.8 \times 10^{-4}} = 0.33\ [\mathrm{T}]$$

となります．よって，図 11.8 のフェライトの B-H 曲線から，$B_2 = 0.33\,[\mathrm{T}]$ のときの磁界の強さは $H_2 = 300\,[\mathrm{A/m}]$ となります．

式 (11.32) より，

$$F = NI = H_1 l_1 + H_2 l_2$$

となりますから

$$I = \frac{H_1 l_1 + H_2 l_2}{N} = \frac{60 \times 0.34 + 300 \times 0.144}{150} = 0.42 \text{ [A]}$$

と電流の値が求められます．

11.7 空隙のある磁気回路

磁気回路では，空隙を設けることがしばしばあります*2．交流を直流に変換する際の平滑回路で使われるチョークコイルなどが，そのよい例です．空隙を設ける理由の一つには，磁化曲線が図 11.7 で示したような飽和特性をもつことがあります．空心コイルのインダクタンスに比べ，コイル内に強磁性体がある場合のインダクタンスは大きな値となります．しかし，飽和状態に近い部分で使用した場合には，磁化曲線の傾きが小さくなっていますから，式 (11.31) から透磁率の値は非常に小さくなり，ほぼ $\mu \approx \mu_0$ となってしまいます．したがって，コイルのインダクタンスの値も，ほぼ空心コイルの値になってしまいます．一方，空隙部分では，式 (11.35) より明らかなように μ が μ_0 となり，リラクタンスが 10^3 倍程度大きくなりますから，NI 降下の大部分が空隙部分によるものとなります．よって，磁心での H の増加を抑え，磁気飽和を防ぐことができます．

ただし，空隙での NI 降下は，磁性体でのそれよりはるかに大きいので，通常は可能な限り空隙の間隔を小さく設計します．また，空隙では磁束が外側に広がるため，空隙において磁束の占める面積は，磁性体の断面積より大きくなります．もし，空隙の間隔 l_a が磁性体の最短部の 1/10 以下であれば，空隙の見かけの面積 S_a は，以下の式で計算できます．

$$S_a = (a + l_a)(b + l_a) \tag{11.37}$$

ただし，式 (11.37) の a, b は，磁性体の断面の縦横の長さです．そして，空隙での全磁束が既知の場合には，H_a と $H_a l_a$ は直接計算することができ，

$$H_a = \frac{1}{\mu_0}\left(\frac{\Phi}{S_a}\right) \quad \text{および} \quad H_a l_a = \frac{l_a \Phi}{\mu_0 S_a} \tag{11.38}$$

となります．

*2 電気回路では導線が離れていると電流は流れませんが，11.4 節で述べたように，磁束は強磁性体の外にも漏れますので，空隙を設けてもかまいません．

例題 11.6　図 11.13 の磁気回路はフェライト製で，平均磁路長 $l_i = 44$ [cm]，正方形断面で，一辺の長さ $a = 2$ [cm] である．空隙の長さは $l_a = 2$ [mm] で，コイルの巻数は $N = 200$ である．空隙での磁束 0.12 [mWb] を得るために必要な電流 I を求めなさい．ただし，フェライトの B-H 曲線は**例題 11.4** の図 11.8 とする．

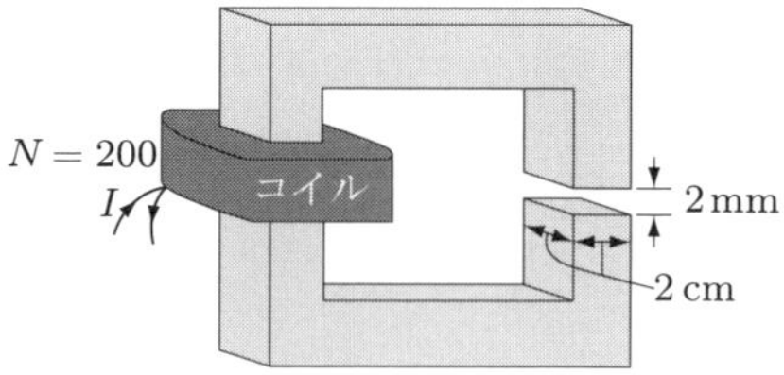

図 11.13　例題 11.6 の空隙のある磁気回路

解　答　空隙での磁束 Φ と磁心での磁束は等しいので，磁心の磁束密度 B_i は

$$B_i = \frac{\Phi}{S_i} = \frac{0.12 \times 10^{-3}}{4 \times 10^{-4}} = 0.3 \text{ [T]}$$

と求められます．図 11.8 から，この磁束密度における磁界の強さは $H_i = 260$ [A/m] となり，磁気ポテンシャルの降下は

$$H_i l_i = 260 \times 0.44 = 114.4 \text{ [A]}$$

となります．ここで，空隙の見かけの面積は，式 (11.37) より

$$S_a = (0.02 + 0.002)^2 = 4.84 \times 10^{-4} \text{ [m}^2\text{]}$$

となりますから，式 (11.38) より，空隙でのポテンシャル降下は

$$H_a l_a = \frac{l_a \Phi}{\mu_0 S_a} = \frac{2 \times 10^{-3} \times 0.12 \times 10^{-3}}{4\pi \times 10^{-7} \times 4.84 \times 10^{-4}} = 394.6 \text{ [A]}$$

となります．よって，$F = NI = H_i l_i + H_a l_a = 509$ [A] となりますから，コイルの電流は

$$I = \frac{F}{N} = \frac{509}{200} = 2.545 \text{ [A]}$$

と求められます．

11.8　コイルに蓄えられるエネルギー

すでに説明したように，自己インダクタンスや相互インダクタンスにより，電流を増加させようとしたときはそれを妨げるように電圧が誘起されます．この誘起電圧に対して，さらに電流を増加させるためには仕事を必要とします．この仕事は，コイルを流れる電流によってつくられる磁界のエネルギーとして蓄えられることになり，このエネルギーのことを**電磁エネルギー**とよびます．

自己インダクタンス L をもつコイルに電流 i が流れたときの誘起電圧 e は，式 (11.4) で示したように

$$e = -L\frac{\mathrm{d}i}{\mathrm{d}t} \ [\mathrm{V}]$$

でしたが，この誘起電圧に対して，電荷 $\mathrm{d}q\,[\mathrm{C}]$ を運ぶのに必要な仕事 $\mathrm{d}W_M$ は

$$\mathrm{d}W_M = -e\,\mathrm{d}q = L\frac{\mathrm{d}i}{\mathrm{d}t}\mathrm{d}q = L\frac{\mathrm{d}q}{\mathrm{d}t}\mathrm{d}i \ [\mathrm{J}] \tag{11.39}$$

となります．ここで

$$\frac{\mathrm{d}q}{\mathrm{d}t} = i \ [\mathrm{A}] \tag{11.40}$$

ですから

$$\mathrm{d}W_M = Li\,\mathrm{d}i \ [\mathrm{J}] \tag{11.41}$$

となり，この式はコイルに電流が流れているとき，電流を $\mathrm{d}i$ だけ増加させるのに必要な仕事を表しています．したがって，自己インダクタンス L をもつコイルに流れる電流を 0 から i まで増加させるために必要な仕事 W_M は

$$W_M = \int \mathrm{d}W_M = \int_0^i Li\,\mathrm{d}i = \frac{1}{2}Li^2 \ [\mathrm{J}] \tag{11.42}$$

となります．これは，コイルの周辺の磁界中に蓄えられる電磁エネルギーとなっています．この関係は，静電容量 $C\,[\mathrm{F}]$ のコンデンサに電圧 V が加えられたとき，式 (7.30) で示したように，

$$W_E = \frac{1}{2}CV^2 \ [\mathrm{J}] \tag{11.43}$$

のエネルギーがコンデンサに蓄えられるのと似ています．

しかし，コンデンサの場合は印加電圧 V を取り去っても電荷 $Q\,[\mathrm{C}]$ が蓄えられていますから，式 (11.43) に相当するエネルギーは，そのままコンデンサに蓄えられることになります．これに対し，コイルの場合は電流 i が流れている間だけ式 (11.42) のエネルギーをもっており，電流がゼロとなると，そのエネルギーもゼロとなってしまう点が異なります．

電気回路の受動素子として抵抗，コイル，コンデンサの三つがあります．抵抗に電流が流れると 6.2 節で説明したようにジュール熱が発生し，電気エネルギーが熱エネルギーとなり消費されます．しかし，コイルやコンデンサは，これまでに説明したように，エネルギーを蓄えることができる素子です．このため，結果的に負の電力（素子から電源に送られる電力）が発生し，電圧と電流の位相がずれるという現象が起こります．

演習問題

▶ **11.1**　無限長ソレノイドの単位長さ当たりの巻数が $n = 500$ で，流れる電流が $I = 5\,[\mathrm{A}]$ であるとき，生じる磁束の値が $\Phi = 6 \times 10^{-2}\,[\mathrm{Wb}]$ であった．単位長さ当たりの自己インダクタンスを求めなさい．

▶ **11.2**　空隙のある磁気回路において，磁心の断面積が $S_i = 2 \times 10^{-3}\,[\mathrm{m}^2]$，磁路長が $l_i = 2\,[\mathrm{m}]$，空隙の長さが $l_a = 3 \times 10^{-3}\,[\mathrm{m}]$，磁心の比透磁率が $\mu_r = 10^3$ である．$N = 200$ 回巻のコイルに電流 $I = 5\,[\mathrm{A}]$ を流したとき，以下の問いに答えなさい．ただし，磁心は正方形であるとする．

(1) 起磁力 F を求めなさい．

(2) 全リラクタンス $\mathcal{R}$ を求めなさい．

(3) 磁心内の磁束 Φ を求めなさい．

(4) 空隙での磁束密度 B_a を求めなさい．

(5) 磁心内の磁界の強さ H_i を求めなさい．

(6) 空隙での磁界の強さ H_a を求めなさい．

第12章 マクスウェルの方程式

本章では，電磁界理論の基本法則であるマクスウェルの方程式から電磁波（電波）がどのように媒質中を伝播するかを説明します．その際，波動が数学的にどのような式の形で表されるのかを解説した後，電磁波の伝播に関して正弦波関数を用いて電界 $\boldsymbol{E}$ と磁界 $\boldsymbol{H}$ が時間変化することにより空間中を伝わっていくことを示します．

12.1 マクスウェルの方程式

電磁界理論の基本法則といわれるマクスウェルの方程式を構成する四つの式は，これまでに別々の章で導かれてきました．具体的には，4.4 節の電束密度に関するガウスの法則の式 (4.11)，8.5 節の磁束密度に関するガウスの法則の式 (8.21)，10.1 節のファラデーの法則の式 (10.9)，10.4 節のアンペアの法則の式 (10.17) の四つの方程式から成ります．これらを表 12.1 に示します．

ここで，式 (10.17) と式 (10.20) の微分形，積分形は，10.4 節で説明したように，ストークスの定理を適用することにより等価であることが示されました．また，式 (10.9) と式 (10.7) の場合も，10.1 節で説明したように，ストークスの定理を適用することに

表 12.1 マクスウェルの方程式の一般形

	微分形	積分形
アンペアの法則	$\mathrm{rot}\boldsymbol{H} = \boldsymbol{J}_c + \dfrac{\partial \boldsymbol{D}}{\partial t}$ 式 (10.17)	$\oint \boldsymbol{H} \cdot \mathrm{d}\boldsymbol{l} = \int_S \left(\boldsymbol{J}_c + \dfrac{\partial \boldsymbol{D}}{\partial t}\right) \cdot \mathrm{d}\boldsymbol{s}$ 式 (10.20)
ファラデーの法則	$\mathrm{rot}\boldsymbol{E} = -\dfrac{\partial \boldsymbol{B}}{\partial t}$ 式 (10.9)	$\oint \boldsymbol{E} \cdot \mathrm{d}\boldsymbol{l} = \int_S \left(-\dfrac{\partial \boldsymbol{B}}{\partial t}\right) \cdot \mathrm{d}\boldsymbol{s}$ 式 (10.7)
ガウスの法則 ($\boldsymbol{D}$)	$\mathrm{div}\boldsymbol{D} = \rho$ 式 (4.11)	$\oint_S \boldsymbol{D} \cdot \mathrm{d}\boldsymbol{s} = \int_V \rho \, \mathrm{d}v$ 式 (4.6)
ガウスの法則 ($\boldsymbol{B}$)	$\mathrm{div}\boldsymbol{B} = 0$ 式 (8.21)	$\oint_S \boldsymbol{B} \cdot \mathrm{d}\boldsymbol{s} = 0$ 式 (8.22)

より等価であることがわかります．つぎに，式 (4.11) と式 (4.6) は，4.4 節で説明したように，ガウスの発散定理を適用することにより等価であることがわかります．最後の磁束密度に関するガウスの法則の式も，ガウスの発散定理を適用することにより等価であることがわかります．積分形は基礎的な物理法則を明示している点で有用といえます．

ところで，静的な（時間変化しない）$\boldsymbol{E}$ と $\boldsymbol{H}$ は独立に存在することができます．たとえば，電荷 Q [C] が蓄えられたコンデンサ内には電界 $\boldsymbol{E}$ が存在しますが，磁界 $\boldsymbol{H}$ が存在する必要はありません．同じように，一定電流 I の流れる導体は，電界 $\boldsymbol{E}$ なしで磁界 $\boldsymbol{H}$ をもつことができます．しかし，マクスウェルの方程式のアンペアの法則とファラデーの法則の二つの式から，時間変化する $\boldsymbol{E}$ と $\boldsymbol{H}$ は独立に存在できないことがわかります．

まず，アンペアの法則の式を用いて考えると，真空中で，もし $\boldsymbol{E}$ が時間の関数であるならば，$\boldsymbol{D} = \varepsilon_0 \boldsymbol{E}$ から電束密度 $\boldsymbol{D}$ も時間の関数となり，$\partial \boldsymbol{D}/\partial t$ はゼロになりません．その結果，$\mathrm{rot}\,\boldsymbol{H}$ もゼロではなくなり，$\boldsymbol{H}$ が存在することになります．同様に，ファラデーの法則の式から，$\boldsymbol{H}$ が時間的に変化するときは，必ず $\boldsymbol{E}$ が存在することが示されます．次節では，以上のように時間変化する電磁界の相互関係を求めます．

12.2　波動方程式（☞ 2.5 節）

電界と磁界の相互関係（波動方程式）をマクスウェルの方程式をもとに考えます．ここで，空間（媒質）を以下のように仮定します．

ε, μ が一様で $\sigma = 0$（真空あるいは絶縁体），$\rho = 0$（空間に電荷がない）の媒質でのマクスウェルの方程式は，以下のように記述されます．

まず，アンペアの法則の式は，

$$\mathrm{rot}\boldsymbol{H} = \boldsymbol{J}_c + \frac{\partial \boldsymbol{D}}{\partial t} \Longrightarrow \frac{1}{\mu}\mathrm{rot}\boldsymbol{B} = \varepsilon \frac{\partial \boldsymbol{E}}{\partial t}$$

$$(\because\ \boldsymbol{J}_c = \sigma \boldsymbol{E} = \boldsymbol{0},\ \boldsymbol{D} = \varepsilon \boldsymbol{E},\ \boldsymbol{B} = \mu \boldsymbol{H}) \tag{12.1}$$

$$\therefore\ \mathrm{rot}\boldsymbol{B} = \varepsilon\mu \frac{\partial \boldsymbol{E}}{\partial t} \tag{12.2}$$

のように記述できます．つぎに，ファラデーの法則は，媒質の仮定によって変化する部分はありませんから

$$\mathrm{rot}\boldsymbol{E} = -\frac{\partial \boldsymbol{B}}{\partial t} \tag{12.3}$$

のままとなります．電束密度に関するガウスの法則の式は，

$$\mathrm{div}\boldsymbol{D} = \rho \Longrightarrow \mathrm{div}(\varepsilon \boldsymbol{E}) = 0 \quad (\because\ \rho = 0,\ \boldsymbol{D} = \varepsilon \boldsymbol{E})$$

$$\therefore\ \mathrm{div}\boldsymbol{E} = 0 \tag{12.4}$$

となります．そして，磁束密度に関するガウスの法則の式は，媒質の仮定によって変化しませんから，

$$\mathrm{div}\boldsymbol{B} = 0 \tag{12.5}$$

のままです．以上の式 (12.2)～(12.5) を用いて波動方程式を導出しましょう．

まず，式 (12.3) の両辺の rot をとると

$$\mathrm{rot\,rot}\,\boldsymbol{E} = \mathrm{rot}\left(-\frac{\partial \boldsymbol{B}}{\partial t}\right) \tag{12.6}$$

となり，式 (12.6) の時間微分と空間微分の演算は交換できますから

$$\mathrm{rot\,rot}\,\boldsymbol{E} = -\frac{\partial}{\partial t}\,\mathrm{rot}\,\boldsymbol{B} \tag{12.7}$$

となります．この式に式 (12.2) を代入すると

$$\mathrm{rot\,rot}\,\boldsymbol{E} = -\frac{\partial}{\partial t}\varepsilon\mu\frac{\partial \boldsymbol{E}}{\partial t} = -\varepsilon\mu\frac{\partial^2 \boldsymbol{E}}{\partial t^2} \tag{12.8}$$

となります．ここで，rot rot $\boldsymbol{E}$ に対して，ベクトル解析の公式である式 (2.103) を適用すると

$$\mathrm{rot\,rot}\,\boldsymbol{E} = \mathrm{grad\,div}\,\boldsymbol{E} - \nabla^2\,\boldsymbol{E} \tag{12.9}$$

となりますが，ここで式 (12.4) の $\mathrm{div}\,\boldsymbol{E} = 0$ より，式 (12.9) は

$$\mathrm{rot\,rot}\,\boldsymbol{E} = -\nabla^2\,\boldsymbol{E} \tag{12.10}$$

となります．その結果，式 (12.8) と式 (12.10) より

$$\nabla^2\,\boldsymbol{E} = \varepsilon\mu\frac{\partial^2 \boldsymbol{E}}{\partial t^2} \tag{12.11}$$

が得られます．この式は左辺が 2 乗，右辺が 2 階微分となっていますから，その係数についても 2 乗の形にすると

$$\nabla^2\,\boldsymbol{E} = \frac{1}{c^2}\,\frac{\partial^2 \boldsymbol{E}}{\partial t^2} \quad \left(\text{ただし，} c = \frac{1}{\sqrt{\varepsilon\mu}}\right) \tag{12.12}$$

となり，電界 $\boldsymbol{E}$ に関する微分方程式が得られます．一般に，式 (12.12) の形の方程式の解は媒質中を伝わる波を表すため，この式 (12.12) を波動方程式といいます．

さらに，式 (12.2) の両辺の rot をとることにより，電界と同様にして磁束密度 $\boldsymbol{B}$ に関する波動方程式も式 (12.12) と同様の形で得られます．そして，$\boldsymbol{B} = \mu\boldsymbol{H}$ より

$$\nabla^2 \boldsymbol{H} = \frac{1}{c^2}\frac{\partial^2 \boldsymbol{H}}{\partial t^2} \quad \left(ただし，c = \frac{1}{\sqrt{\varepsilon\mu}}\right) \tag{12.13}$$

の磁界 $\boldsymbol{H}$ に関する波動方程式が得られます．式 (12.12) および式 (12.13) は，$\boldsymbol{E}$，$\boldsymbol{H}$ が速度 c で媒質中を伝わる波を表しており，とくに，真空中であれば

$$c_0 = \frac{1}{\sqrt{\varepsilon_0\mu_0}} = 2.998 \times 10^8\ [\mathrm{m/s}] \tag{12.14}$$

となって，真空中の光速に一致した値となります．

詳しくは後述しますが，このように電界と磁界の相互作用によって媒質中を伝わる波を電磁波とよびます．

12.3　電磁波

前節で求めた波動方程式によって，電磁波がどのように媒質中を伝わるかを考えてみましょう．

12.3.1　波動を表す式

まず，ここでは，波動を表現する一般式について考えてみたいと思いますが，その前に，具体的な関数の形が与えられているほうがわかりやすいと思いますので，図 12.1 に $y = x^2$ と $y = (x-15)^2$ のグラフを示します．

この両方の図を比較することにより，$y = (x-15)^2$ のグラフは，$y = x^2$ のグラフをそのままの形で右（$+x$ 方向）に 15 だけ移動した形になっていることがわかります．

つぎに，図 12.2 に，任意の関数（波形）$u = f(z)$ の最大値が時刻 $t = 0$ で $z = 0$ の位置にあり，速度 v で $+z$ 軸方向に移動し，時刻 $t = t_1$ で $z = z_1$ に移動した様子を示します．図 12.1 と同様に，時刻 t_1 の波形は $u = f(z - z_1) = f(z - vt_1)$ ですから，$+z$ 方向に進む波を表す一般式は，$u = f(z - vt)$ となることがわかります．逆に，$-z$ 方向に進む波を表す一般式は，$u = f(z + vt)$ となることもわかります．

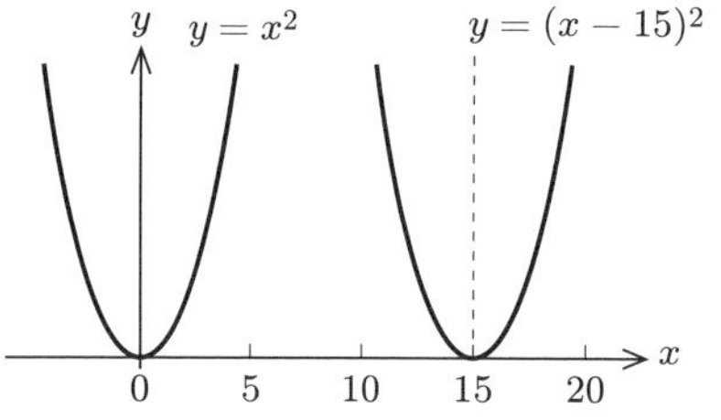

図 **12.1**　$y = x^2$ と $y = (x-15)^2$ の比較

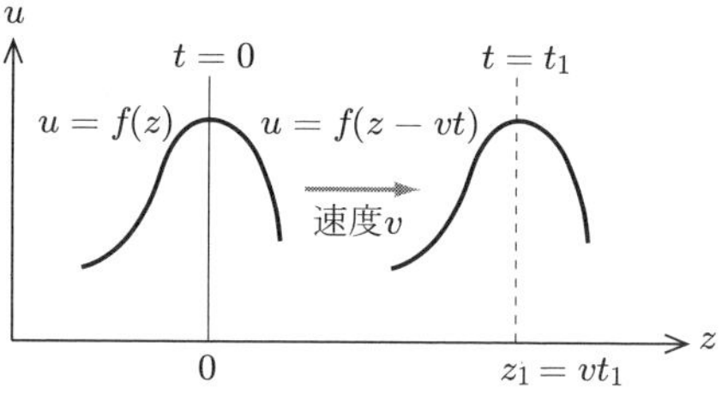

図 **12.2**　移動する波

12.3.2 波動方程式の一般解

ここでは，式 (12.12) や式 (12.13) で示された波動方程式の解を求めてみましょう．そこで，z, t を二つの独立変数とする任意のスカラ関数 $u(z,t)$ を考え，

$$\frac{\partial^2 u}{\partial z^2} = \frac{1}{v^2}\frac{\partial^2 u}{\partial t^2} \quad \rightarrow \quad v^2\frac{\partial^2 u}{\partial z^2} - \frac{\partial^2 u}{\partial t^2} = 0 \tag{12.15}$$

の波動方程式を考えます．

ここで，α, β を $\alpha = z - vt$, $\beta = z + vt$ とおき，z, t について解くと

$$z = \frac{1}{2}(\alpha + \beta), \quad t = \frac{1}{2v}(\beta - \alpha) \tag{12.16}$$

となります．さらに後のために，z, t を α および β で偏微分すると

$$\frac{\partial z}{\partial \alpha} = \frac{\partial}{\partial \alpha}\left(\frac{\alpha}{2} + \frac{\beta}{2}\right) = \frac{1}{2}, \qquad \frac{\partial t}{\partial \alpha} = \frac{\partial}{\partial \alpha}\left(\frac{\beta}{2v} - \frac{\alpha}{2v}\right) = -\frac{1}{2v} \tag{12.17}$$

$$\frac{\partial z}{\partial \beta} = \frac{\partial}{\partial \beta}\left(\frac{\alpha}{2} + \frac{\beta}{2}\right) = \frac{1}{2}, \qquad \frac{\partial t}{\partial \beta} = \frac{\partial}{\partial \beta}\left(\frac{\beta}{2v} - \frac{\alpha}{2v}\right) = \frac{1}{2v} \tag{12.18}$$

となります．そして，u が z と t の関数であることから

$$\frac{\partial u}{\partial \beta} = \frac{\partial u}{\partial z}\cdot\frac{\partial z}{\partial \beta} + \frac{\partial u}{\partial t}\cdot\frac{\partial t}{\partial \beta} \tag{12.19}$$

$$= \frac{1}{2}\frac{\partial u}{\partial z} + \frac{1}{2v}\frac{\partial u}{\partial t} \quad (\because \text{式 } (12.18)) \tag{12.20}$$

となります．つぎに，関数 $u(z,t)$ を α と β で偏微分すると

$$\begin{aligned}
\frac{\partial^2 u}{\partial \alpha \partial \beta} &= \frac{\partial}{\partial \alpha}\left(\frac{\partial u}{\partial \beta}\right) = \frac{\partial}{\partial \alpha}\left(\frac{\partial u}{\partial z}\cdot\frac{\partial z}{\partial \beta}\right) + \frac{\partial}{\partial \alpha}\left(\frac{\partial u}{\partial t}\cdot\frac{\partial t}{\partial \beta}\right) \quad (\because \text{式 } (12.19)) \\
&= \frac{\partial z}{\partial \alpha}\cdot\frac{\partial}{\partial z}\left(\frac{\partial u}{\partial \beta}\right) + \frac{\partial t}{\partial \alpha}\cdot\frac{\partial}{\partial t}\left(\frac{\partial u}{\partial \beta}\right) \\
&= \frac{1}{2}\cdot\frac{\partial}{\partial z}\left(\frac{\partial u}{\partial \beta}\right) - \frac{1}{2v}\cdot\frac{\partial}{\partial t}\left(\frac{\partial u}{\partial \beta}\right) \quad (\because \text{式 } (12.17)) \\
&= \frac{1}{2}\cdot\frac{\partial}{\partial z}\left(\frac{1}{2}\frac{\partial u}{\partial z} + \frac{1}{2v}\frac{\partial u}{\partial t}\right) - \frac{1}{2v}\cdot\frac{\partial}{\partial t}\left(\frac{1}{2}\frac{\partial u}{\partial z} + \frac{1}{2v}\frac{\partial u}{\partial t}\right) \quad (\because \text{式 } (12.20)) \\
&= \frac{1}{4}\frac{\partial^2 u}{\partial z^2} + \frac{1}{4v}\frac{\partial^2 u}{\partial z \partial t} - \frac{1}{4v}\frac{\partial^2 u}{\partial z \partial t} - \frac{1}{4v^2}\frac{\partial^2 u}{\partial t^2} \\
&= \frac{1}{4}\frac{\partial^2 u}{\partial z^2} - \frac{1}{4v^2}\frac{\partial^2 u}{\partial t^2} \\
&= \frac{1}{4v^2}\left(v^2\frac{\partial^2 u}{\partial z^2} - \frac{\partial^2 u}{\partial t^2}\right) = 0 \quad (\because \text{式 } (12.15))
\end{aligned} \tag{12.21}$$

のように求められます．したがって

$$\frac{\partial^2 u}{\partial \alpha \partial \beta} = 0 \tag{12.22}$$

であることがわかりました．この微分方程式を解くと，任意の微分可能な関数を f と g として

$$u = f(\alpha) + g(\beta) \tag{12.23}$$

となりますから，変数 α と β を元に戻せば

$$u = f(z - vt) + g(z + vt) \tag{12.24}$$

と波動方程式の一般解が求められます．この解は，**ダランベールの解**とよばれています．12.3.1 項で説明したように，式 (12.24) の右辺第 1 項は $+z$ 方向へ，第 2 項は $-z$ 方向へ移動する波を表していることがわかります．

■ 12.3.3　電磁波の伝播

電磁波とよばれる波は，**横波**になります．この横波とはどのようなものであるかを説明するために，6.3 節で導体中の電荷が一瞬にして拡散する現象の説明に用いた，野球場などでよく見かけるウェーブを例にとります．椅子に座っている観客が順番に立ったり，座ったりすることにより，波が伝播するように見えます．観客が波を伝える媒質になっています．そして，波の進行方向に対して客の上下運動は垂直になっています．このことから，波の進行方向に対して媒質の動きは横方向ですから，横波とよばれています．

これに対して，1 列に並んだ観客が立ったままで，左右に一歩だけ動くとします．一人ずつが順番に動いたとすれば，客と客の間隔の粗密が波のように伝わっていきます．これも波動の一種であり，波の進行方向と客（媒質）の動きが平行ですから，**縦波**とよばれます．具体的には，音波は媒質の粗密が伝わる縦波になっています．

では，話を電磁波に戻しましょう．まず，波動方程式の解 $f(z - vt)$ は任意の関数ですから，具体的な関数 f として，もっともよく用いられる正弦波関数を考え，

$$f(z - vt) = A\sin k(z - vt) = A\sin(kz - kvt) = A\sin(kz - \omega t) \tag{12.25}$$

とします．またここで，上式の変形にも用いた，波動によく使用される変数を列挙しておきます．

$$\lambda = \frac{2\pi}{k} \quad (\lambda：波長，k：波数)$$

$$T = \frac{\lambda}{v} = \frac{2\pi}{kv} = \frac{2\pi}{\omega} \quad (T：周期，\omega：角周波数)$$

$$f = \frac{1}{T} \quad (f：周波数), \quad \omega = 2\pi f$$

つぎに，電界 $\boldsymbol{E}$ が，式 (12.25) のような形で

$$\boldsymbol{E} = E_m \sin(kz - \omega t)\,\boldsymbol{a}_x \tag{12.26}$$

と与えられたときの磁界 $\boldsymbol{H}$ を計算してみます．マクスウェルの方程式の一つであるファラデーの法則の式 (10.9)，$\mathrm{rot}\boldsymbol{E} = -\partial \boldsymbol{B}/\partial t$ より

$$\begin{vmatrix} \boldsymbol{a}_x & \boldsymbol{a}_y & \boldsymbol{a}_z \\ \dfrac{\partial}{\partial x} & \dfrac{\partial}{\partial y} & \dfrac{\partial}{\partial z} \\ E_m \sin(kz - \omega t) & 0 & 0 \end{vmatrix} = -\frac{\partial \boldsymbol{B}}{\partial t} \tag{12.27}$$

となりますから，

$$\begin{aligned} -\frac{\partial \boldsymbol{B}}{\partial t} &= \frac{\partial}{\partial z}\{E_m \sin(kz - \omega t)\}\,\boldsymbol{a}_y - \frac{\partial}{\partial y}\{E_m \sin(kz - \omega t)\}\,\boldsymbol{a}_z \\ &= kE_m \cos(kz - \omega t)\,\boldsymbol{a}_y \end{aligned} \tag{12.28}$$

と求められます．そして，式 (12.28) を t で積分すると

$$\boldsymbol{B} = \frac{k}{\omega} E_m \sin(kz - \omega t)\,\boldsymbol{a}_y \tag{12.29}$$

となり，磁束密度 $\boldsymbol{B}$ が求められます．ただし，積分定数は無視しました．さらに，$\boldsymbol{B} = \mu \boldsymbol{H}$ の関係から

$$\boldsymbol{H} = \frac{k}{\mu\omega} E_m \sin(kz - \omega t)\,\boldsymbol{a}_y \tag{12.30}$$

と磁界 $\boldsymbol{H}$ が求められます．

以上の結果から，$t = 0$ における式 (12.26) と式 (12.30) の関係を図示すると，図 12.3 のようになります．この図から明らかなように，電界 $\boldsymbol{E}$ と磁界 $\boldsymbol{H}$ は直交し，$+z$ 方向に速度 $v(= k/\omega)$ で伝わる波となっており，$\boldsymbol{E} \times \boldsymbol{H} = \boldsymbol{v}$ の右手系をなしています．

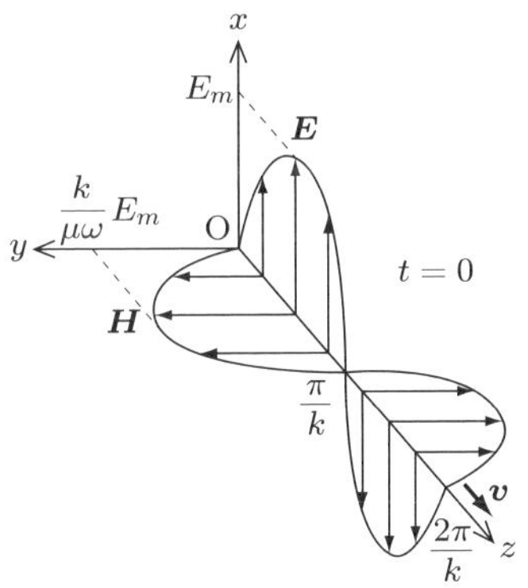

図 **12.3**　電磁波の伝播

演習問題

▶ **12.1**　真空中で $\boldsymbol{E} = E_m \sin(\omega t - \beta z)\boldsymbol{a}_y$ のとき，電束密度 $\boldsymbol{D}$，磁束密度 $\boldsymbol{B}$，磁界 $\boldsymbol{H}$ を求め，さらに伝播速度 c を求めなさい．

演習問題解答

第 2 章

▶ 2.1

(1) ベクトルの終点から始点の座標の値を引きます．

$$\boldsymbol{A} = (3+2)\boldsymbol{a}_x + (4-4)\boldsymbol{a}_y + (3-1)\boldsymbol{a}_z = 5\boldsymbol{a}_x + 2\boldsymbol{a}_z$$

(2) ベクトル $\boldsymbol{A}$ の大きさは $A = |\boldsymbol{A}| = \sqrt{5^2+2^2} = \sqrt{29}$ ですから，単位ベクトル $\boldsymbol{a}$ はつぎのようになります．

$$\boldsymbol{a} = \frac{\boldsymbol{A}}{A} = \frac{5\boldsymbol{a}_x + 2\boldsymbol{a}_z}{\sqrt{29}}$$

▶ 2.2

ベクトルの終点から始点の座標の値を引いて，これをベクトル $\boldsymbol{A}$ とすると，

$$\boldsymbol{A} = (6+6)\boldsymbol{a}_x + (3-3)\boldsymbol{a}_y + (-2+7)\boldsymbol{a}_z = 12\boldsymbol{a}_x + 5\boldsymbol{a}_z$$

となります．つぎに，ベクトル $\boldsymbol{A}$ の大きさは，$A = |\boldsymbol{A}| = \sqrt{12^2+5^2} = \sqrt{169} = 13$ となり，単位ベクトル $\boldsymbol{a}$ はつぎのようになります．

$$\boldsymbol{a} = \frac{\boldsymbol{A}}{A} = \frac{12\boldsymbol{a}_x + 5\boldsymbol{a}_z}{13}$$

▶ 2.3

解図 2.1 の点 P$(12, 16, z)$ から原点に向かうベクトル $\boldsymbol{A}$ の式は，$\boldsymbol{A} = -12\boldsymbol{a}_x - 16\boldsymbol{a}_y - z\boldsymbol{a}_z$ となり，ベクトル $\boldsymbol{A}$ の大きさは，$A = |\boldsymbol{A}| = \sqrt{12^2+16^2+z^2} = \sqrt{400+z^2}$ となります．したがって，単位ベクトル $\boldsymbol{a}$ はつぎのようになります．

$$\boldsymbol{a} = \frac{\boldsymbol{A}}{A} = \frac{-12\boldsymbol{a}_x - 16\boldsymbol{a}_y - z\boldsymbol{a}_z}{\sqrt{400+z^2}}$$

▶ 2.4

原点から $z = 6$ の平面上の任意の 1 点に向かうベクトル $\boldsymbol{A}$ は，解図 2.2 のようになります．このベクトル $\boldsymbol{A}$ の式は $\boldsymbol{A} = x\boldsymbol{a}_x + y\boldsymbol{a}_y + 6\boldsymbol{a}_z$ となり，ベクトル $\boldsymbol{A}$ の大きさは，

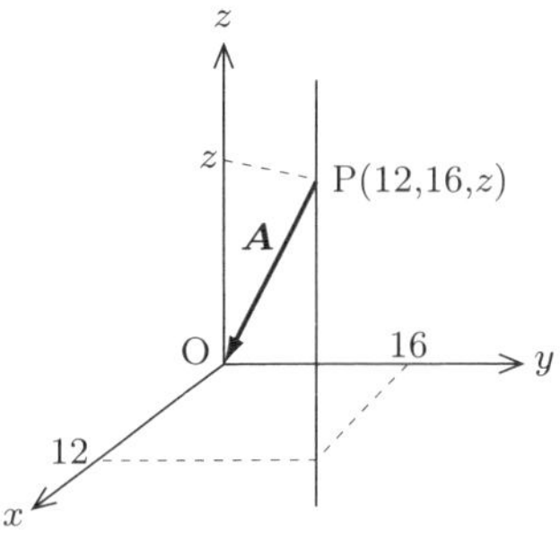

解図 **2.1** 演習問題 2.3 のベクトル $\boldsymbol{A}$

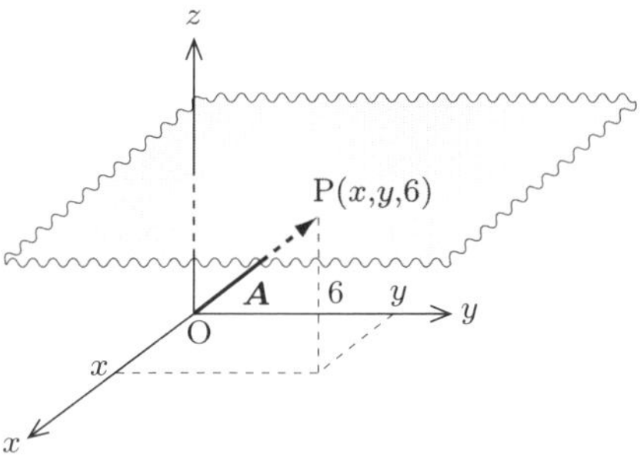

解図 **2.2** 演習問題 2.4 のベクトル $\boldsymbol{A}$

$A=|\boldsymbol{A}|=\sqrt{x^2+y^2+36}$ となります．したがって，単位ベクトル $\boldsymbol{a}$ はつぎのようになります．

$$\boldsymbol{a}=\frac{\boldsymbol{A}}{A}=\frac{x\boldsymbol{a}_x+y\boldsymbol{a}_y+6\boldsymbol{a}_z}{\sqrt{x^2+y^2+36}}$$

▶ **2.5**

(1) $$\boldsymbol{A}+\boldsymbol{B}+\boldsymbol{C}=(3-3+1)\boldsymbol{a}_x+(-2+2+1)\boldsymbol{a}_y+(3-4-1)\boldsymbol{a}_z$$
$$=\boldsymbol{a}_x+\boldsymbol{a}_y-2\,\boldsymbol{a}_z$$

(2) $$3\,\boldsymbol{A}+2\,\boldsymbol{B}+\boldsymbol{C}=(9-6+1)\boldsymbol{a}_x+(-6+4+1)\boldsymbol{a}_y+(9-8-1)\boldsymbol{a}_z$$
$$=4\,\boldsymbol{a}_x-\boldsymbol{a}_y$$

(3) $$|\boldsymbol{A}-\boldsymbol{B}+\boldsymbol{C}|=|(3+3+1)\boldsymbol{a}_x+(-2-2+1)\boldsymbol{a}_y+(3+4-1)\boldsymbol{a}_z|$$
$$=|7\,\boldsymbol{a}_x-3\,\boldsymbol{a}_y+6\,\boldsymbol{a}_z|=\sqrt{7^2+3^2+6^2}=\sqrt{94}$$

(4) スカラ積なので，各 x,y,z 成分ごとの積を求めます．

$$\boldsymbol{A}\cdot\boldsymbol{B}=-9-4-12=-25$$

(5) まず，$\boldsymbol{A}+\boldsymbol{B}+\boldsymbol{C}$ を求めますが，問 (1) の結果より $\boldsymbol{A}+\boldsymbol{B}+\boldsymbol{C}=\boldsymbol{a}_x+\boldsymbol{a}_y-2\,\boldsymbol{a}_z$ であり，その絶対値は，$|\boldsymbol{A}+\boldsymbol{B}+\boldsymbol{C}|=\sqrt{1^2+1^2+2^2}=\sqrt{6}$ となります．したがって，単位ベクトル $\boldsymbol{a}$ はつぎのようになります．

$$\boldsymbol{a}=\frac{\boldsymbol{A}+\boldsymbol{B}+\boldsymbol{C}}{|\boldsymbol{A}+\boldsymbol{B}+\boldsymbol{C}|}=\frac{1}{\sqrt{6}}(\boldsymbol{a}_x+\boldsymbol{a}_y-2\,\boldsymbol{a}_z)$$

▶ **2.6**

(1) $\boldsymbol{A}\cdot\boldsymbol{B}=(3\cdot 2)+(3\cdot 2)+(0\cdot 2\sqrt{2})=6+6+0=12$

(2) まず，$A=|\boldsymbol{A}|=\sqrt{9+9}=3\sqrt{2}$，$B=|\boldsymbol{B}|=\sqrt{4+4+8}=4$ となります．そして，$\boldsymbol{A}\cdot\boldsymbol{B}=AB\cos\theta$ より，つぎのようになります．

$$\cos\theta=\frac{12}{3\sqrt{2}\cdot 4}=\frac{1}{\sqrt{2}},\quad \therefore\ \theta=\frac{\pi}{4}\ [\mathrm{rad}]\quad \text{または}\quad 45^\circ$$

(3)
$$\boldsymbol{A}\times\boldsymbol{B}=\begin{vmatrix}\boldsymbol{a}_x & \boldsymbol{a}_y & \boldsymbol{a}_z\\ 3 & 3 & 0\\ 2 & 2 & 2\sqrt{2}\end{vmatrix}=(6\sqrt{2}-0)\boldsymbol{a}_x+(0-6\sqrt{2})\boldsymbol{a}_y+(6-6)\boldsymbol{a}_z$$
$$=6\sqrt{2}\boldsymbol{a}_x-6\sqrt{2}\boldsymbol{a}_y$$

(4)
$$|\boldsymbol{A}\times\boldsymbol{B}|=|6\sqrt{2}\boldsymbol{a}_x-6\sqrt{2}\boldsymbol{a}_y|=\sqrt{(6\sqrt{2})^2+(6\sqrt{2})^2}=\sqrt{144}=12$$

(5) まず，$\boldsymbol{A}+\boldsymbol{B}=5\boldsymbol{a}_x+5\boldsymbol{a}_y+2\sqrt{2}\boldsymbol{a}_z$，$\boldsymbol{A}-\boldsymbol{B}=\boldsymbol{a}_x+\boldsymbol{a}_y-2\sqrt{2}\boldsymbol{a}_z$ となります．したがって，つぎのようになります．

$$(\boldsymbol{A}+\boldsymbol{B})\cdot(\boldsymbol{A}-\boldsymbol{B})=(5\boldsymbol{a}_x+5\boldsymbol{a}_y+2\sqrt{2}\boldsymbol{a}_z)\cdot(\boldsymbol{a}_x+\boldsymbol{a}_y-2\sqrt{2}\boldsymbol{a}_z)$$
$$=(5\times 1)+(5\times 1)+\{2\sqrt{2}\times(-2\sqrt{2})\}=5+5-8=2$$

(6) 問 (5) と同様に，$\boldsymbol{A}+\boldsymbol{B}=5\boldsymbol{a}_x+5\boldsymbol{a}_y+2\sqrt{2}\boldsymbol{a}_z$，$\boldsymbol{A}-\boldsymbol{B}=\boldsymbol{a}_x+\boldsymbol{a}_y-2\sqrt{2}\boldsymbol{a}_z$ となります．したがって，つぎのようになります．

$$(\boldsymbol{A}+\boldsymbol{B})\times(\boldsymbol{A}-\boldsymbol{B})=\begin{vmatrix}\boldsymbol{a}_x & \boldsymbol{a}_y & \boldsymbol{a}_z\\ 5 & 5 & 2\sqrt{2}\\ 1 & 1 & -2\sqrt{2}\end{vmatrix}$$
$$=(-10\sqrt{2}-2\sqrt{2})\boldsymbol{a}_x+(2\sqrt{2}+10\sqrt{2})\boldsymbol{a}_y+(5-5)\boldsymbol{a}_z$$
$$=-12\sqrt{2}\boldsymbol{a}_x+12\sqrt{2}\boldsymbol{a}_y$$

(7) まず，$3\,\boldsymbol{A}+\boldsymbol{B}=11\,\boldsymbol{a}_x+11\,\boldsymbol{a}_y+2\sqrt{2}\boldsymbol{a}_z$，$\boldsymbol{A}-3\,\boldsymbol{B}=-3\,\boldsymbol{a}_x-3\,\boldsymbol{a}_y-6\sqrt{2}\boldsymbol{a}_z$ です．したがって，つぎのようになります．

$$(3\,\boldsymbol{A}+\boldsymbol{B})\cdot(\boldsymbol{A}-3\,\boldsymbol{B})=\{11\cdot(-3)\}+\{11\cdot(-3)\}+\{2\sqrt{2}\cdot(-6\sqrt{2})\}$$
$$=-33-33-24=-90$$

▶ 2.7

(1) スカラ積は

$$\boldsymbol{A}\cdot\boldsymbol{B}=\frac{3}{\sqrt{2}}k+\frac{3}{\sqrt{2}}k+0=3\sqrt{2}\,k$$

となります．つぎに，ベクトル $\boldsymbol{A},\boldsymbol{B}$ の大きさは，それぞれ

$$A=|\boldsymbol{A}|=\sqrt{\left(\frac{3}{\sqrt{2}}\right)^2+\left(\frac{3}{\sqrt{2}}\right)^2+(3\sqrt{3})^2}=\sqrt{36}=6$$
$$B=|\boldsymbol{B}|=\sqrt{k^2+k^2+0}=\sqrt{2\,k^2}=\sqrt{2}\,k$$

となりますから，$\boldsymbol{A}\cdot\boldsymbol{B}=AB\cos\theta$ より，つぎのようになります．

$$\cos\theta=\frac{3\sqrt{2}\,k}{6\sqrt{2}\,k}=\frac{1}{2},\quad \therefore\ \theta=\frac{\pi}{3}\ [\mathrm{rad}]\quad \text{または}\quad 60^\circ$$

(2) ベクトル積は

$$\boldsymbol{A}\times\boldsymbol{B}=\begin{vmatrix}\boldsymbol{a}_x & \boldsymbol{a}_y & \boldsymbol{a}_z\\ 3/\sqrt{2} & 3/\sqrt{2} & 3\sqrt{3}\\ k & k & 0\end{vmatrix}$$
$$=(0-k3\sqrt{3})\boldsymbol{a}_x+(k3\sqrt{3}-0)\boldsymbol{a}_y+\left(k\frac{3}{\sqrt{2}}-k\frac{3}{\sqrt{2}}\right)\boldsymbol{a}_z$$
$$=-3\sqrt{3}\,k\boldsymbol{a}_x+3\sqrt{3}\,k\boldsymbol{a}_y$$

となり，このベクトル積の大きさは，

$$|\boldsymbol{A}\times\boldsymbol{B}|=\sqrt{(3\sqrt{3}\,k)^2+(3\sqrt{3}\,k)^2}=\sqrt{54k^2}=3\sqrt{6}\,k$$

となります．また，それぞれのベクトルの大きさは，問 (1) の結果より，

$$A=|\boldsymbol{A}|=6,\quad B=|\boldsymbol{B}|=\sqrt{2}\,k$$

であり，$|\boldsymbol{A}\times\boldsymbol{B}|=AB\sin\theta$ より，つぎのようになります．

$$\sin\theta=\frac{3\sqrt{6}\,k}{6\sqrt{2}\,k}=\frac{\sqrt{3}}{2},\quad \therefore\ \theta=\frac{\pi}{3}\ [\mathrm{rad}]\quad \text{または}\quad 60^\circ$$

▶ **2.8**

たがいに直交した二つのベクトルのスカラ積はゼロとなりますから，スカラ積を計算することにより確かめられます．

$$\boldsymbol{A}\cdot\boldsymbol{B}=(6\boldsymbol{a}_x-3\boldsymbol{a}_y-\boldsymbol{a}_z)\cdot(\boldsymbol{a}_x+4\boldsymbol{a}_y-6\boldsymbol{a}_z)=6-12+6=0$$

▶ **2.9**

(1) $(\boldsymbol{A}+\boldsymbol{B})\cdot(\boldsymbol{A}-\boldsymbol{B})=\boldsymbol{A}^2-\boldsymbol{B}^2$

$$\begin{aligned}\text{左辺}&=\boldsymbol{A}\cdot\boldsymbol{A}-\boldsymbol{A}\cdot\boldsymbol{B}+\boldsymbol{B}\cdot\boldsymbol{A}-\boldsymbol{B}\cdot\boldsymbol{B}\\&=\boldsymbol{A}\cdot\boldsymbol{A}-\boldsymbol{A}\cdot\boldsymbol{B}+\boldsymbol{A}\cdot\boldsymbol{B}-\boldsymbol{B}\cdot\boldsymbol{B}\quad\text{（スカラ積では交換の法則が成り立つ）}\\&=\boldsymbol{A}\cdot\boldsymbol{A}-\boldsymbol{B}\cdot\boldsymbol{B}\\&=\boldsymbol{A}^2-\boldsymbol{B}^2\end{aligned}$$

(2) $(\boldsymbol{A}+\boldsymbol{B})\times(\boldsymbol{A}-\boldsymbol{B})=-2\,(\boldsymbol{A}\times\boldsymbol{B})$

$$\begin{aligned}\text{左辺}&=\boldsymbol{A}\times\boldsymbol{A}-\boldsymbol{A}\times\boldsymbol{B}+\boldsymbol{B}\times\boldsymbol{A}-\boldsymbol{B}\times\boldsymbol{B}\\&=\boldsymbol{0}-\boldsymbol{A}\times\boldsymbol{B}-\boldsymbol{A}\times\boldsymbol{B}-\boldsymbol{0}\quad\text{（同方向のベクトル積はゼロ，交換すると符号が逆）}\\&=-2(\boldsymbol{A}\times\boldsymbol{B})\end{aligned}$$

(3) $\boldsymbol{A}\cdot(\boldsymbol{A}\times\boldsymbol{B})=0$

$$\begin{aligned}\text{左辺}&=\boldsymbol{B}\cdot(\boldsymbol{A}\times\boldsymbol{A})\quad\text{（スカラ三重積での順序の入れ替え）}\\&=\boldsymbol{B}\cdot\boldsymbol{0}\quad\text{（同方向のベクトル積は 0）}\\&=0\end{aligned}$$

(4) $|\boldsymbol{A}\times\boldsymbol{B}|^2=\boldsymbol{A}^2\boldsymbol{B}^2-(\boldsymbol{A}\cdot\boldsymbol{B})^2$

$\boldsymbol{A}$ と $\boldsymbol{B}$ のなす角を θ とすると，つぎのようになります．

$$\begin{aligned}\text{左辺}&=\{|\boldsymbol{A}||\boldsymbol{B}|\sin\theta\}^2\\&=|\boldsymbol{A}|^2|\boldsymbol{B}|^2\sin^2\theta\\&=|\boldsymbol{A}|^2|\boldsymbol{B}|^2(1-\cos^2\theta)\\&=|\boldsymbol{A}|^2|\boldsymbol{B}|^2-|\boldsymbol{A}|^2|\boldsymbol{B}|^2\cos^2\theta\\&=(\boldsymbol{A}\cdot\boldsymbol{A})(\boldsymbol{B}\cdot\boldsymbol{B})-\{|\boldsymbol{A}||\boldsymbol{B}|\cos\theta\}^2\\&=\boldsymbol{A}^2\boldsymbol{B}^2-(\boldsymbol{A}\cdot\boldsymbol{B})^2\end{aligned}$$

(5) $\boldsymbol{A}\times(\boldsymbol{B}\times\boldsymbol{C})+\boldsymbol{B}\times(\boldsymbol{C}\times\boldsymbol{A})+\boldsymbol{C}\times(\boldsymbol{A}\times\boldsymbol{B})=\boldsymbol{0}$

それぞれのベクトル三重積は，

$$\begin{aligned}\boldsymbol{A}\times(\boldsymbol{B}\times\boldsymbol{C})&=(\boldsymbol{A}\cdot\boldsymbol{C})\boldsymbol{B}-(\boldsymbol{A}\cdot\boldsymbol{B})\boldsymbol{C}\\\boldsymbol{B}\times(\boldsymbol{C}\times\boldsymbol{A})&=(\boldsymbol{B}\cdot\boldsymbol{A})\boldsymbol{C}-(\boldsymbol{B}\cdot\boldsymbol{C})\boldsymbol{A}\\\boldsymbol{C}\times(\boldsymbol{A}\times\boldsymbol{B})&=(\boldsymbol{C}\cdot\boldsymbol{B})\boldsymbol{A}-(\boldsymbol{C}\cdot\boldsymbol{A})\boldsymbol{B}\end{aligned}$$

と変形できます．そして，スカラ積では交換の法則が成り立つので，づきのようになります．

$$(\boldsymbol{A}\cdot\boldsymbol{C})\boldsymbol{B}-(\boldsymbol{A}\cdot\boldsymbol{B})\boldsymbol{C}+(\boldsymbol{A}\cdot\boldsymbol{B})\boldsymbol{C}-(\boldsymbol{B}\cdot\boldsymbol{C})\boldsymbol{A}+(\boldsymbol{B}\cdot\boldsymbol{C})\boldsymbol{A}-(\boldsymbol{A}\cdot\boldsymbol{C})\boldsymbol{B}=\boldsymbol{0}$$

▶ 2.10

(1) 勾配の定義式から，つぎのようになります．

$$\begin{aligned}\operatorname{grad} V &= \frac{\partial V}{\partial x}\boldsymbol{a}_x + \frac{\partial V}{\partial y}\boldsymbol{a}_y + \frac{\partial V}{\partial z}\boldsymbol{a}_z \\ &= (2xy^2 + yz + 3z^2)\boldsymbol{a}_x + (2x^2y + xz)\boldsymbol{a}_y + (xy + 6xz)\boldsymbol{a}_z\end{aligned}$$

(2) 問 (1) の結果に $x = 1$，$y = 1$，$z = 1$ を代入すると，

$$\operatorname{grad} V\Big|_{(1,1,1)} = 6\boldsymbol{a}_x + 3\boldsymbol{a}_y + 7\boldsymbol{a}_z$$

となります．このベクトルを $\boldsymbol{A}$ とおき，単位ベクトル $\boldsymbol{a}_k$ とのスカラ積をとれば，ベクトル $\boldsymbol{A}$ の k 方向の成分が求められます．

$$\begin{aligned}\boldsymbol{A}\cdot\boldsymbol{a}_k &= (6\boldsymbol{a}_x + 3\boldsymbol{a}_y + 7\boldsymbol{a}_z)\cdot\left(\frac{1}{\sqrt{3}}\boldsymbol{a}_x + \frac{1}{\sqrt{3}}\boldsymbol{a}_y + \frac{1}{\sqrt{3}}\boldsymbol{a}_z\right) \\ &= \frac{6}{\sqrt{3}} + \frac{3}{\sqrt{3}} + \frac{7}{\sqrt{3}} = \frac{16}{\sqrt{3}}\end{aligned}$$

▶ 2.11

ベクトル $\boldsymbol{A}$ を成分ごとに分けて書き表すと $\boldsymbol{A} = e^{-y}\cos x\,\boldsymbol{a}_x - e^{-y}\cos x\,\boldsymbol{a}_y + e^{-y}\cos x\,\boldsymbol{a}_z$ となり，発散は各成分をその成分で偏微分します．

$$\begin{aligned}\operatorname{div}\boldsymbol{A} &= \frac{\partial}{\partial x}(e^{-y}\cos x) + \frac{\partial}{\partial y}(-e^{-y}\cos x) + \frac{\partial}{\partial z}(e^{-y}\cos x) \\ &= -e^{-y}\sin x + e^{-y}\cos x + 0 = e^{-y}(\cos x - \sin x)\end{aligned}$$

▶ 2.12

ベクトル $\boldsymbol{A}$ は x 成分のみですから，発散は

$$\operatorname{div}\boldsymbol{A} = \frac{\partial}{\partial x}\left(\frac{1}{\sqrt{x^2+y^2}}\right) = \frac{\partial}{\partial x}(x^2+y^2)^{-1/2}$$

となります．ここで，合成関数の微分

$$\frac{\partial y}{\partial x} = \frac{\partial y}{\partial u}\cdot\frac{\partial u}{\partial x}$$

を利用して，$y = u^{-1/2}$，$u = x^2 + y^2$ とおくと，$(y)' = -(1/2)u^{-3/2}$，$(u)' = 2x$ となります．したがって，

$$\frac{\partial}{\partial x}(x^2+y^2)^{-1/2} = -\frac{1}{2}(x^2+y^2)^{-3/2}(2x) = \frac{-x}{(x^2+y^2)\sqrt{x^2+y^2}}$$

となり，$x = 1$，$y = 1$，$z = 0$ を上式に代入すると，つぎのようになります．

$$\operatorname{div}\boldsymbol{A}\Big|_{(1,1,0)} = \frac{-1}{2\sqrt{2}} = -\frac{\sqrt{2}}{4}$$

▶ 2.13

まず，$\operatorname{div}\boldsymbol{A}$ を計算します．

$$\begin{aligned}\operatorname{div}\boldsymbol{A} &= \frac{\partial}{\partial x}(x\sin y) + \frac{\partial}{\partial y}(2x\cos y) + \frac{\partial}{\partial z}(2z^2) \\ &= \sin y - 2x\sin y + 4z = (1-2x)\sin y + 4z\end{aligned}$$

$x=0, y=0, z=1$ を上式に代入すると，つぎのようになります．

$$\operatorname{div}\boldsymbol{A}\Big|_{(0,0,1)} = (1-2\cdot 0)\sin 0 + 4\cdot 1 = 4$$

▶ **2.14**

回転の一般式は，

$$\operatorname{rot}\boldsymbol{A} = \left(\frac{\partial A_z}{\partial y} - \frac{\partial A_y}{\partial z}\right)\boldsymbol{a}_x + \left(\frac{\partial A_x}{\partial z} - \frac{\partial A_z}{\partial x}\right)\boldsymbol{a}_y + \left(\frac{\partial A_y}{\partial x} - \frac{\partial A_x}{\partial y}\right)\boldsymbol{a}_z$$

ですから，つぎのようになります．

$$\begin{aligned}\operatorname{rot}\boldsymbol{A} &= (\cos x\cos y - 0)\boldsymbol{a}_x + (0-(-\sin x)\sin y)\boldsymbol{a}_y + (\cos x\cos y - \cos x\cos y)\boldsymbol{a}_z \\ &= \cos x\cos y\boldsymbol{a}_x + \sin x\sin y\boldsymbol{a}_y\end{aligned}$$

▶ **2.15**

演習問題 2.14 の結果から，つぎのようになります．

$$\begin{aligned}\operatorname{div}(\cos x\cos y\,\boldsymbol{a}_x + \sin x\sin y\,\boldsymbol{a}_y) &= \frac{\partial}{\partial x}(\cos x\cos y) + \frac{\partial}{\partial y}(\sin x\sin y) \\ &= -\sin x\cos y + \sin x\cos y = 0\end{aligned}$$

▶ **2.16**

演習問題 2.14 と同様に，

$$\begin{aligned}\operatorname{rot}\boldsymbol{A} &= (0-0)\boldsymbol{a}_x + (0-0)\boldsymbol{a}_y + (2\cos y - x\cos y)\boldsymbol{a}_z \\ &= (2-x)\cos y\,\boldsymbol{a}_z\end{aligned}$$

となります．点 $(0,0,1)$ における回転は，つぎのようになります．

$$\operatorname{rot}\boldsymbol{A}\Big|_{(0,0,1)} = (2-0)\cos 0\boldsymbol{a}_z = 2\boldsymbol{a}_z$$

▶ **2.17**

球座標表示では角度が用いられているため，直接距離を計算できません．点 P,Q を直角座標の表示に直すと，

球座標：$\mathrm{P}(2, \pi/4, 0)$　→　直角座標：$\mathrm{P}(\sqrt{2}, 0, \sqrt{2})$

球座標：$\mathrm{Q}(2, 3\pi/4, \pi)$　→　直角座標：$\mathrm{Q}(-\sqrt{2}, 0, -\sqrt{2})$

となります．よって，距離 d はつぎのようになります．

$$d = \sqrt{(\sqrt{2}+\sqrt{2})^2 + (0-0)^2 + (\sqrt{2}+\sqrt{2})^2} = 4$$

▶ **2.18**

任意のベクトルを $\boldsymbol{A} = A_x\boldsymbol{a}_x + A_y\boldsymbol{a}_y + A_z\boldsymbol{a}_z$ とします．まず，$\boldsymbol{A}$の回転は

$$\operatorname{rot}\boldsymbol{A} = \left(\frac{\partial A_z}{\partial y} - \frac{\partial A_y}{\partial z}\right)\boldsymbol{a}_x + \left(\frac{\partial A_x}{\partial z} - \frac{\partial A_z}{\partial x}\right)\boldsymbol{a}_y + \left(\frac{\partial A_y}{\partial x} - \frac{\partial A_x}{\partial y}\right)\boldsymbol{a}_z$$

となりますから，この発散は

$$\operatorname{div}\operatorname{rot}\boldsymbol{A} = \frac{\partial}{\partial x}\left(\frac{\partial A_z}{\partial y} - \frac{\partial A_y}{\partial z}\right) + \frac{\partial}{\partial y}\left(\frac{\partial A_x}{\partial z} - \frac{\partial A_z}{\partial x}\right) + \frac{\partial}{\partial z}\left(\frac{\partial A_y}{\partial x} - \frac{\partial A_x}{\partial y}\right)$$

$$= \frac{\partial^2 A_z}{\partial x \partial y} - \frac{\partial^2 A_y}{\partial x \partial z} + \frac{\partial^2 A_x}{\partial y \partial z} - \frac{\partial^2 A_z}{\partial x \partial y} + \frac{\partial^2 A_y}{\partial x \partial z} - \frac{\partial^2 A_x}{\partial y \partial z} = 0$$

となります．この結果から明らかなように，任意のベクトルの回転の発散をとると恒等的にゼロとなることがわかります．

第 3 章

▶ 3.1

各電荷の位置を解図 3.1 に示します．そして，(l, l, l) にある電荷の位置を点 P としておきます．点 P とほかの 7 個の電荷の位置関係が少し複雑になっていますから，問題を以下のように切り分けます．

① 点 P との距離が l である電荷（3 個）
② 点 P との距離が $\sqrt{2}\,l$ である電荷（3 個）
③ 点 P との距離が $\sqrt{3}\,l$ である電荷（1 個）

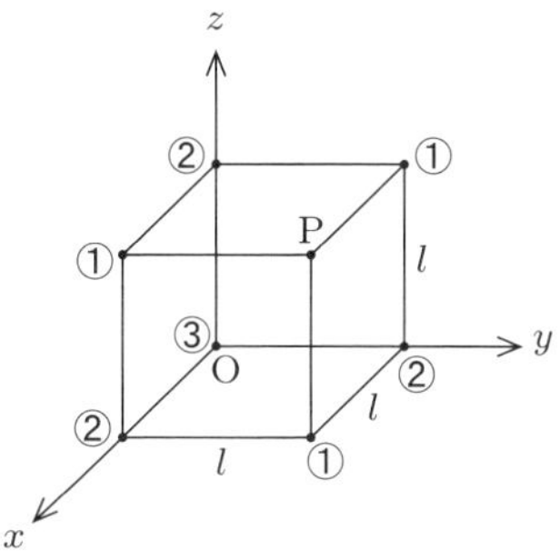

解図 3.1　演習問題 3.1 の点電荷の位置

まず，①について考えます．

二つの電荷間にはたらく力は式 (3.2) で与えられますから，①の 3 個の電荷による力 $\boldsymbol{F}_1$ は

$$\begin{aligned}\boldsymbol{F}_1 &= \frac{Q^2}{4\pi\varepsilon_0 l^2}\boldsymbol{a}_x + \frac{Q^2}{4\pi\varepsilon_0 l^2}\boldsymbol{a}_y + \frac{Q^2}{4\pi\varepsilon_0 l^2}\boldsymbol{a}_z \\ &= \frac{Q^2}{4\pi\varepsilon_0 l^2}(\boldsymbol{a}_x + \boldsymbol{a}_y + \boldsymbol{a}_z) \\ &= \sqrt{3}\cdot\frac{Q^2}{4\pi\varepsilon_0 l^2}\left(\frac{\boldsymbol{a}_x + \boldsymbol{a}_y + \boldsymbol{a}_z}{\sqrt{3}}\right)\end{aligned}$$

となります．

つぎに，②の 3 個の電荷による力 $\boldsymbol{F}_2$ は

$$\begin{aligned}\boldsymbol{F}_2 &= \frac{Q^2}{4\pi\varepsilon_0(\sqrt{2}\,l)^2}\left(\frac{\boldsymbol{a}_x + \boldsymbol{a}_y}{\sqrt{2}}\right) + \frac{Q^2}{4\pi\varepsilon_0(\sqrt{2}\,l)^2}\left(\frac{\boldsymbol{a}_x + \boldsymbol{a}_z}{\sqrt{2}}\right) \\ &\quad + \frac{Q^2}{4\pi\varepsilon_0(\sqrt{2}\,l)^2}\left(\frac{\boldsymbol{a}_y + \boldsymbol{a}_z}{\sqrt{2}}\right) \\ &= \frac{1}{2}\cdot\frac{Q^2}{4\pi\varepsilon_0 l^2}\left(\frac{\boldsymbol{a}_x + \boldsymbol{a}_y}{\sqrt{2}} + \frac{\boldsymbol{a}_x + \boldsymbol{a}_z}{\sqrt{2}} + \frac{\boldsymbol{a}_y + \boldsymbol{a}_z}{\sqrt{2}}\right) \\ &= \sqrt{\frac{3}{2}}\cdot\frac{Q^2}{4\pi\varepsilon_0 l^2}\left(\frac{\boldsymbol{a}_x + \boldsymbol{a}_y + \boldsymbol{a}_z}{\sqrt{3}}\right)\end{aligned}$$

となります．

最後の③の 1 個の電荷による力 $\boldsymbol{F}_3$ は

$$\boldsymbol{F}_3 = \frac{Q^2}{4\pi\varepsilon_0(\sqrt{3}\,l)^2}\left(\frac{\boldsymbol{a}_x + \boldsymbol{a}_y + \boldsymbol{a}_z}{\sqrt{3}}\right) = \frac{1}{3}\cdot\frac{Q^2}{4\pi\varepsilon_0 l^2}\left(\frac{\boldsymbol{a}_x + \boldsymbol{a}_y + \boldsymbol{a}_z}{\sqrt{3}}\right)$$

となります．以上の結果から，点 P の電荷が受ける力 $\boldsymbol{F}$ はつぎのようになります．

$$\boldsymbol{F} = \boldsymbol{F}_1 + \boldsymbol{F}_2 + \boldsymbol{F}_3 = \left(\sqrt{3} + \sqrt{\frac{3}{2}} + \frac{1}{3}\right) \cdot \frac{Q^2}{4\pi\varepsilon_0 l^2} \left(\frac{\boldsymbol{a}_x + \boldsymbol{a}_y + \boldsymbol{a}_z}{\sqrt{3}}\right)$$
$$= 3.29 \frac{Q^2}{4\pi\varepsilon_0 l^2} \left(\frac{\boldsymbol{a}_x + \boldsymbol{a}_y + \boldsymbol{a}_z}{\sqrt{3}}\right) \text{ [N]}$$

▶ 3.2

例題 3.2 の結果から，点 P における電界は，$\boldsymbol{E} = 180\{(3/5)\boldsymbol{a}_y + (4/5)\boldsymbol{a}_z\}$ でした．点 P において $\boldsymbol{E} = \boldsymbol{0}$ となるためには，0.1 [μC] の点電荷によりつくられる電界が，解図 3.2 に示すように $-\boldsymbol{E}$ となればよいことがわかります．

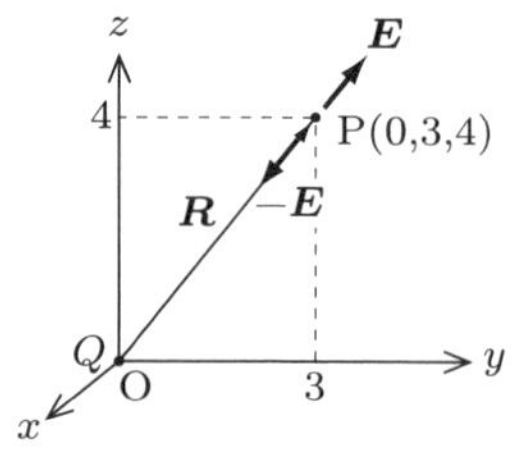

解図 3.2　演習問題 3.2 の $\boldsymbol{E}$ と $-\boldsymbol{E}$ の関係

電界強度は $E = 180$ [V/m] でしたから，

$$E = \frac{Q}{4\pi\varepsilon_0 r^2}$$
$$\therefore r^2 = \frac{Q}{4\pi\varepsilon_0 E} = \frac{0.1 \times 10^{-6}}{4\pi(10^{-9}/36\pi) \cdot 180} = 5$$

となり，$r = \sqrt{5}$ と求められます．したがって，点 P から距離 $r = \sqrt{5}$ の位置に 0.1[μC] の点電荷を置けばよいことになります．

つぎに，具体的な位置は

$$\left(\frac{3}{5}\boldsymbol{a}_y + \frac{4}{5}\boldsymbol{a}_z\right) \quad \rightarrow \quad \left(-\frac{3}{5}\boldsymbol{a}_y - \frac{4}{5}\boldsymbol{a}_z\right)$$

となればよいので，

$$x = 0$$
$$y = \left(3 + \sqrt{5} \cdot \frac{3}{5}\right) = \frac{15 + 3\sqrt{5}}{5}$$
$$z = \left(4 + \sqrt{5} \cdot \frac{4}{5}\right) = \frac{20 + 4\sqrt{5}}{5}$$

となり，求める座標はつぎのようになります．

$$\left(0, \frac{15 + 3\sqrt{5}}{5}, \frac{20 + 4\sqrt{5}}{5}\right)$$

▶ 3.3

円柱座標を用います．解図 3.3 のように，z 軸上の $\pm z$ の位置にある微分電荷 $\mathrm{d}Q_1, \mathrm{d}Q_2$ を考えます．微分電荷 $\mathrm{d}Q_1$ による微分電界 $\mathrm{d}\boldsymbol{E}_1$ は，解図 3.3 より

$$\mathrm{d}\boldsymbol{E}_1 = \frac{\mathrm{d}Q}{4\pi\varepsilon_0 R^2}\boldsymbol{a}_R = \frac{\rho_l \mathrm{d}z}{4\pi\varepsilon_0(a^2 + z^2)} \left(\frac{a\boldsymbol{a}_r - z\boldsymbol{a}_z}{\sqrt{a^2 + z^2}}\right)$$

となります．つぎに，微分電荷 $\mathrm{d}Q_2$ による微分電界 $\mathrm{d}\boldsymbol{E}_2$ は，解図のように z 方向が逆向きになるので，

$$\mathrm{d}\boldsymbol{E}_2 = \frac{\mathrm{d}Q}{4\pi\varepsilon_0 R^2}\boldsymbol{a}_R = \frac{\rho_l \mathrm{d}z}{4\pi\varepsilon_0(a^2 + z^2)} \left(\frac{a\boldsymbol{a}_r + z\boldsymbol{a}_z}{\sqrt{a^2 + z^2}}\right)$$

となります．そして，$\mathrm{d}\boldsymbol{E}_1$ と $\mathrm{d}\boldsymbol{E}_2$ の和を考えると，z 成分が打ち消されて r 成分のみとなるので，つぎのようになります．

$$\begin{aligned}\boldsymbol{E} &= \int_{-\infty}^{\infty} \frac{\rho_l \mathrm{d}z}{4\pi\varepsilon_0(a^2+z^2)} \left(\frac{a\boldsymbol{a}_r}{\sqrt{a^2+z^2}}\right) = \frac{\rho_l\, a}{4\pi\varepsilon_0} \int_{-\infty}^{\infty} \frac{1}{(a^2+z^2)^{3/2}} \mathrm{d}z\, \boldsymbol{a}_r \\ &= \frac{\rho_l\, a}{4\pi\varepsilon_0}\left[\frac{z}{a^2\sqrt{a^2+z^2}}\right]_{-\infty}^{\infty} \boldsymbol{a}_r = \frac{\rho_l}{4\pi\varepsilon_0\, a}\left[\frac{z}{\sqrt{a^2+z^2}}\right]_{-\infty}^{\infty} \boldsymbol{a}_r \\ &= \frac{2\rho_l}{4\pi\varepsilon_0\, a}\boldsymbol{a}_r = \frac{\rho_l}{2\pi\varepsilon_0\, a}\boldsymbol{a}_r\ [\mathrm{V/m}]\end{aligned}$$

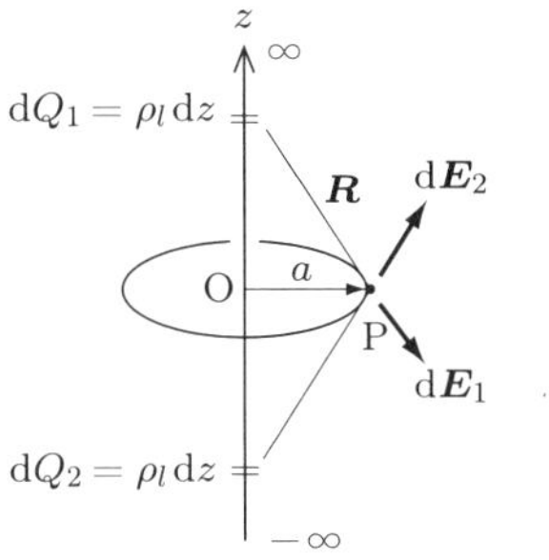

解図 3.3　演習問題 3.3 の図

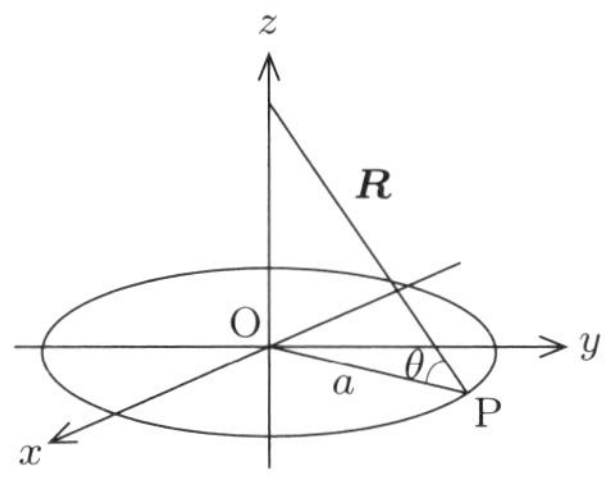

解図 3.4　演習問題 3.3 の積分範囲を角度に変換

ここで，上式の定積分に関しては，以下のように考えてもかまいません．解図 3.4 に示すように，OP とベクトル $\boldsymbol{R}$ のなす角を θ とします．$\sin\theta = z/R$ ですから，$\sin\theta = z/\sqrt{a^2+z^2}$ となり，積分の範囲を長さから角度に変換することができ，つぎのように計算できます．

$$\begin{aligned}\boldsymbol{E} &= \frac{\rho_l}{4\pi\varepsilon_0\, a}\Big[\sin\theta\Big]_{-\pi/2}^{\pi/2} \boldsymbol{a}_r = \frac{\rho_l}{4\pi\varepsilon_0\, a}\left\{\sin\frac{\pi}{2} - \sin\left(-\frac{\pi}{2}\right)\right\}\boldsymbol{a}_r \\ &= \frac{\rho_l}{4\pi\varepsilon_0\, a}\cdot 2\boldsymbol{a}_r = \frac{\rho_l}{2\pi\varepsilon_0\, a}\boldsymbol{a}_r\ [\mathrm{V/m}]\end{aligned}$$

▶ 3.4

無限に広がる平面なので，直角座標ではなく，円柱座標を用います．解図 3.5 から，x-y 平面上の微小面積 $\mathrm{d}s$ から点 $\mathrm{P}(0,0,h)$ へのベクトル $\boldsymbol{R}$ は $\boldsymbol{R} = -r\boldsymbol{a}_r + z\boldsymbol{a}_z = -r\boldsymbol{a}_r + h\boldsymbol{a}_z$ で，距離は，$R = \sqrt{r^2+z^2} = \sqrt{r^2+h^2}$ となります．したがって，単位ベクトル $\boldsymbol{a}_R$ は，

$$\boldsymbol{a}_R = \frac{-r\boldsymbol{a}_r + h\boldsymbol{a}_z}{\sqrt{r^2+h^2}}$$

となります．また，解図にも示しているように，微分面素 $\mathrm{d}s$ 内に含まれる微分電荷 $\mathrm{d}Q$ は，$\mathrm{d}Q = \rho_s \mathrm{d}s = \rho_s r\mathrm{d}r\mathrm{d}\phi$ ですから，微分電界 $\mathrm{d}\boldsymbol{E}$ は，式 (3.10) から

$$\mathrm{d}\boldsymbol{E} = \frac{\mathrm{d}Q}{4\pi\varepsilon_0 R^2}\boldsymbol{a}_R = \frac{\rho_s r\mathrm{d}r\mathrm{d}\phi}{4\pi\varepsilon_0(r^2+h^2)}\left(\frac{-r\boldsymbol{a}_r + h\boldsymbol{a}_z}{\sqrt{r^2+h^2}}\right)$$

となります．そして，z 軸に対する対称性から r 成分は打ち消されて z 成分のみになり，求める電界 $\boldsymbol{E}$ は，式 (3.11) から面積積分を用いて

$$\boldsymbol{E} = \int_0^{2\pi}\int_0^{\infty} \frac{\rho_s h r \mathrm{d}r\mathrm{d}\phi}{4\pi\varepsilon_0 (r^2+h^2)^{3/2}}\,\boldsymbol{a}_z = \frac{\rho_s h}{4\pi\varepsilon_0}\int_0^{2\pi}\mathrm{d}\phi\int_0^{\infty}\frac{r}{(r^2+h^2)^{3/2}}\mathrm{d}r\,\boldsymbol{a}_z$$
$$= \frac{\rho_s h}{4\pi\varepsilon_0}\Big[\phi\Big]_0^{2\pi}\left[\frac{-1}{\sqrt{r^2+h^2}}\right]_0^{\infty}\boldsymbol{a}_z = \frac{2\pi\rho_s h}{4\pi\varepsilon_0}\left(\frac{-1}{\sqrt{\infty+h^2}}+\frac{1}{\sqrt{0+h^2}}\right)\boldsymbol{a}_z$$
$$= \frac{\rho_s}{2\varepsilon_0}\,\boldsymbol{a}_z \ [\mathrm{V/m}]$$

と求められます．

点 $\mathrm{P}'(0,0,-h)$ では $\boldsymbol{R} = -r\boldsymbol{a}_r - h\boldsymbol{a}_z$ となりますから，符号がマイナスとなり，つぎのようになります．

$$\boldsymbol{E} = -\frac{\rho_s}{2\varepsilon_0}\,\boldsymbol{a}_z \ [\mathrm{V/m}]$$

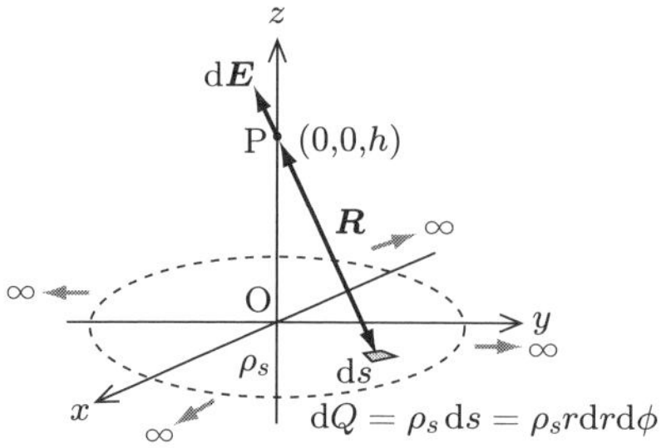

解図 **3.5**　演習問題 3.4 の図

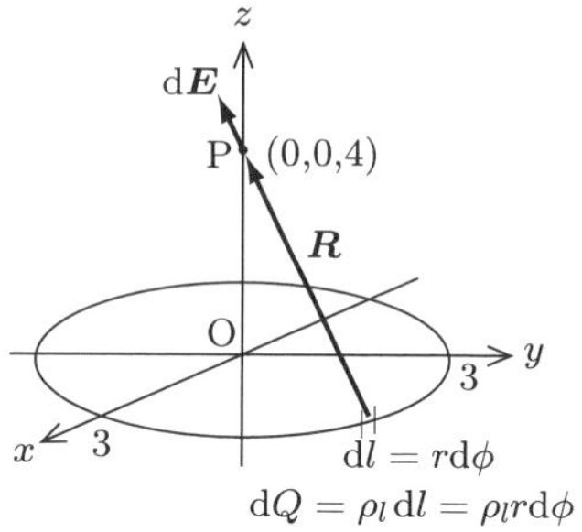

解図 **3.6**　演習問題 3.5 の図

▶ **3.5**

円柱座標を用います．解図 3.6 から，微分線素 $\mathrm{d}l$ から点 $\mathrm{P}(0,0,4)$ へのベクトルは $\boldsymbol{R} = -r\boldsymbol{a}_r + z\boldsymbol{a}_z = -3\boldsymbol{a}_r + 4\boldsymbol{a}_z$ で，距離は，$R = \sqrt{(-3)^2+4^2} = 5$ となります．したがって，単位ベクトル $\boldsymbol{a}_R$ は，

$$\boldsymbol{a}_R = \frac{-3\boldsymbol{a}_r + 4\boldsymbol{a}_z}{5}$$

となります．また，解図にも示しているように，微分線素 $\mathrm{d}l$ 内に含まれる微分電荷 $\mathrm{d}Q$ は $\mathrm{d}Q = \rho_l \mathrm{d}l = \rho_l r\mathrm{d}\phi$ ですから，微分電界 $\mathrm{d}\boldsymbol{E}$ は，式 (3.8) から

$$\mathrm{d}\boldsymbol{E} = \frac{\mathrm{d}Q}{4\pi\varepsilon_0 R^2}\,\boldsymbol{a}_R = \frac{(25\times10^{-9})\,3\mathrm{d}\phi}{4\pi(10^{-9}/36\pi)\,5^2}\left(\frac{-3\boldsymbol{a}_r+4\boldsymbol{a}_z}{5}\right) = 27\,\mathrm{d}\phi\left(\frac{-3\boldsymbol{a}_r+4\boldsymbol{a}_z}{5}\right)$$

となります．そして，**演習問題 3.4** と同様に，z 軸に対する対称性から r 成分は打ち消されて z 成分のみになり，求める電界 $\boldsymbol{E}$ は，式 (3.9) から線積分を用いて，つぎのようになります．

$$\boldsymbol{E} = \int_0^{2\pi} 27\left(\frac{4}{5}\right)\mathrm{d}\phi\,\boldsymbol{a}_z = \frac{108}{5}\int_0^{2\pi}\mathrm{d}\phi\,\boldsymbol{a}_z = \frac{2\pi\cdot108}{5}\,\boldsymbol{a}_z = 135.6\,\boldsymbol{a}_z \ [\mathrm{V/m}]$$

▶ **3.6**

演習問題 3.5 の $\boldsymbol{E} = 135.6\,\boldsymbol{a}_z[\mathrm{V/m}]$ と同じ値になればよい．点電荷による電界は，式 (3.7) から

$$\boldsymbol{E} = \frac{Q}{4\pi\varepsilon_0 r^2}\,\boldsymbol{a}$$

となりますので,

$$135.6\,\boldsymbol{a}_z = \frac{1}{4\pi\varepsilon_0}\cdot\frac{Q}{4^2}\,\boldsymbol{a}_z$$

から，電荷量 Q はつぎのようになります.

$$Q = 135.6\cdot 4\pi\varepsilon_0\cdot 16 = \frac{135.6\times 16}{9\times 10^9} = 241.1\times 10^{-9} = 241.1\ [\mathrm{nC}] = 0.24\ [\mu\mathrm{C}]$$

第 4 章

▶ 4.1

解図 4.1 に示すように，底面積 A で x-y 平面を挟む任意の高さの閉じた円柱を，この場合のガウス面とします.

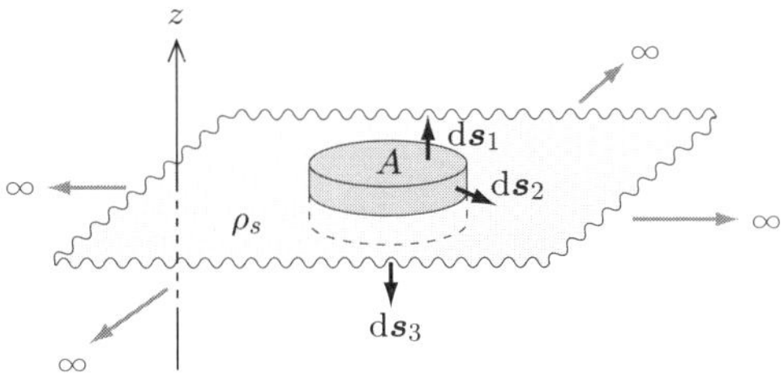

解図 4.1　演習問題 4.1 のガウス面

ガウスの法則より,

$$Q = \int_{\text{上面}} \boldsymbol{D}\cdot \mathrm{d}\boldsymbol{s}_1 + \int_{\text{側面}} \boldsymbol{D}\cdot \mathrm{d}\boldsymbol{s}_2 + \int_{\text{下面}} \boldsymbol{D}\cdot \mathrm{d}\boldsymbol{s}_3$$

$$= D\int \mathrm{d}s_1 + 0 + D\int \mathrm{d}s_3 = DA + 0 + DA = 2DA$$

が成り立ちます．上式において，側面では $\boldsymbol{D}$ と面素ベクトル $\mathrm{d}\boldsymbol{s}_2$ は直交していますから，その内積はゼロとなっています．また，上下面において $\boldsymbol{D}$ の大きさ D は一定で，定数扱いすることができますから，積分の外に出しています．そして，ガウス面の内部にある電荷量 Q は，面電荷密度 ρ_s を面積分することにより,

$$Q = \int_A \rho_s \mathrm{d}s = \rho_s A$$

となり，$2DA = \rho_s A$ より

$$D = \frac{\rho_s A}{2A} = \frac{\rho_s}{2} \quad \text{および} \quad \boldsymbol{D} = \frac{\rho_s}{2}\,\boldsymbol{a}_z$$

となります.

以上のことから，点 $\mathrm{P}(0,0,h)$ での電束密度は

$$\boldsymbol{D} = \frac{\rho_s}{2}\,\boldsymbol{a}_z$$

となります．また，$\boldsymbol{D} = \varepsilon_0 \boldsymbol{E}$ より，電界はつぎのようになります.

$$\boldsymbol{E} = \frac{\rho_s}{2\varepsilon_0}\,\boldsymbol{a}_z$$

▶ 4.2

演習問題 4.1 と同様に考えます．解図 4.2 に示すように，板の厚さ $(z_2 - z_1)$ よりも高さが大きいような閉じた円柱をガウス面とします．

ガウスの法則より

$$Q = \int_{\text{上面}} \boldsymbol{D}\cdot \mathrm{d}\boldsymbol{s}_1 + \int_{\text{側面}} \boldsymbol{D}\cdot \mathrm{d}\boldsymbol{s}_2 + \int_{\text{下面}} \boldsymbol{D}\cdot \mathrm{d}\boldsymbol{s}_3$$
$$= D\int \mathrm{d}s_1 + 0 + D\int \mathrm{d}s_3 = DA + 0 + DA = 2DA$$

が成り立ちます．つぎに，ガウス面の内部にある電荷量 Q ですが，**演習問題 4.1** とは異なり，体積電荷密度 ρ_v を体積積分することになります．

$$Q = \int_V \rho_v \mathrm{d}v = \rho_v A(z_2 - z_1)$$

よって，$2DA = \rho_v A(z_2 - z_1)$ より

$$D = \frac{\rho_v A(z_2 - z_1)}{2A} = \frac{\rho_v(z_2 - z_1)}{2} \quad \text{および} \quad \boldsymbol{D} = \frac{\rho_v(z_2 - z_1)}{2}\,\boldsymbol{a}_z$$

となります．したがって，領域 $z \geq z_2$ における電束密度 $\boldsymbol{D}_2$ と領域 $z \leq z_1$ における電束密度 $\boldsymbol{D}_1$ は，それぞれ

$$\boldsymbol{D}_2 = \frac{\rho_v(z_2 - z_1)}{2}\,\boldsymbol{a}_z$$
$$\boldsymbol{D}_1 = -\frac{\rho_v(z_2 - z_1)}{2}\,\boldsymbol{a}_z$$

となります．つぎに，領域 $z_1 < z < z_2$ に関しては，位置 z に対する電束密度の大きさ D が解図 4.3 のように変化しており，解図中の $z = z_0$ の位置は

$$z_0 = z_1 + \frac{z_2 - z_1}{2} = \frac{z_1 + z_2}{2}$$

となりますから，任意の位置 z における電束密度 $\boldsymbol{D}$ はつぎのようになります．

$$\boldsymbol{D} = \rho_v\left(z - \frac{z_1 + z_2}{2}\right)\boldsymbol{a}_z$$

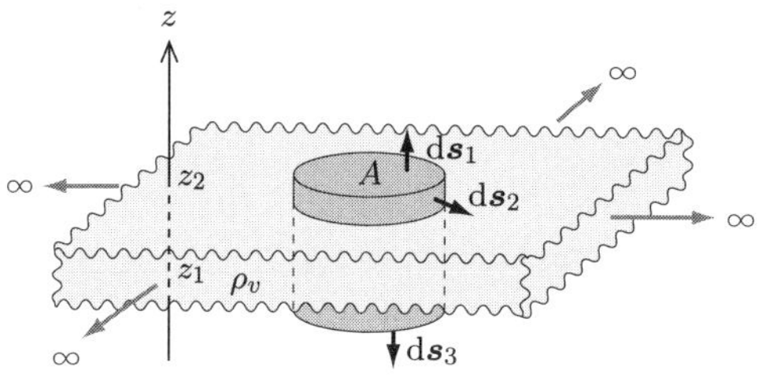

解図 4.2　演習問題 4.2 のガウス面

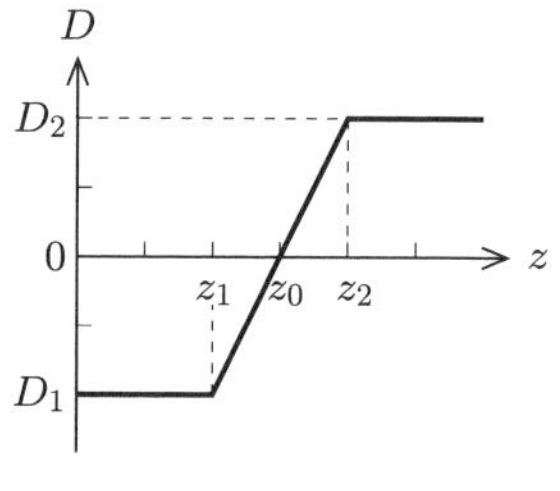

解図 4.3　z に対する電束密度の大きさ D の値

第 5 章

▶ 5.1

問題の経路は，$x^2 = 8y$ または $y = x^2/8$ と与えられています．x の変化範囲は 0〜4 なので，媒介変数 t の範囲を 0〜1 とすると，

$$x = 4t \quad \text{および} \quad y = 2t^2$$

となります．x と y を t で微分すると

$$\mathrm{d}x = 4\mathrm{d}t \quad \text{および} \quad \mathrm{d}y = 4t\mathrm{d}t$$

となるので，微分線素 $\mathrm{d}\boldsymbol{l}$ を媒介変数を使って表すと

$$\mathrm{d}\boldsymbol{l} = \mathrm{d}x\,\boldsymbol{a}_x + \mathrm{d}y\,\boldsymbol{a}_y = 4\mathrm{d}t\,\boldsymbol{a}_x + 4t\mathrm{d}t\,\boldsymbol{a}_y$$

となります．

つぎに，電界 $\boldsymbol{E}$ も媒介変数で表すと

$$\boldsymbol{E} = 2(x+4y)\boldsymbol{a}_x + 8x\,\boldsymbol{a}_y = 2(4t+8t^2)\boldsymbol{a}_x + 32t\,\boldsymbol{a}_y$$

となるので，微分仕事量 $\mathrm{d}W$ は，式 (5.1) より

$$\begin{aligned}
\mathrm{d}W &= -Q\,\boldsymbol{E}\cdot\mathrm{d}\boldsymbol{l}\\
&= -(-20\times10^{-6})\{2(4t+8t^2)\boldsymbol{a}_x + 32t\,\boldsymbol{a}_y\}\cdot(4\mathrm{d}t\,\boldsymbol{a}_x + 4t\mathrm{d}t\,\boldsymbol{a}_y)\\
&= 20\times10^{-6}\{2(4t+8t^2)\times4\mathrm{d}t + 32t\times4t\mathrm{d}t\}\\
&= 640t\mathrm{d}t + 3840t^2\mathrm{d}t
\end{aligned}$$

となります．よって，つぎのようになります．

$$\begin{aligned}
W &= 640\int_0^1 t\mathrm{d}t + 3840\int_0^1 t^2\mathrm{d}t = 640\left[\frac{t^2}{2}\right]_0^1 + 3840\left[\frac{t^3}{3}\right]_0^1\\
&= 1600\times10^{-6}\ [\mathrm{J}] = 1.6\ [\mathrm{mJ}]
\end{aligned}$$

▶ 5.2

直線導体の長さが l のとき，電位と電界の関係は，式 (5.9) より $V = El$ ですから，つぎのようになります．

$$E = \frac{V}{l} = \frac{52\times10^{-3}}{0.2} = 260\times10^{-3} = 260\ [\mathrm{mV/m}]$$

▶ 5.3

$Q = 0.5\ [\mathrm{nC}] = 0.5\times10^{-9}\ [\mathrm{C}]$ であり，4 個の点電荷から点 $\mathrm{P}(0,0,4)$ までの距離 r は，いずれも $r = \sqrt{3^2+4^2} = 5$ です．1 個の点電荷による距離 r の電位 V は，式 (5.13) より

$$V = \frac{Q}{4\pi\varepsilon_0 r} = \frac{0.5\times10^{-9}}{4\pi\varepsilon_0\cdot5} = 9\times10^9\times0.5\times10^{-9}\times\frac{1}{5} = 0.9\ [\mathrm{V}]$$

となります．4 個の点電荷なので電位は 4 倍となりますから，つぎのようになります．

$$V = 4\times0.9 = 3.6\,[\mathrm{V}]$$

▶ 5.4

(1) 各電荷から点 P までの距離を $r_1, \cdots, r_4$ とすると

$$r_1 = r_2 = \sqrt{x^2+z^2}, \quad r_3 = r_4 = \sqrt{y^2+z^2}$$

ですから，4 個の点電荷による電位は

$$V = \frac{Q_1}{4\pi\varepsilon_0\sqrt{x^2+z^2}} + \frac{Q_2}{4\pi\varepsilon_0\sqrt{x^2+z^2}} + \frac{Q_3}{4\pi\varepsilon_0\sqrt{y^2+z^2}} + \frac{Q_4}{4\pi\varepsilon_0\sqrt{y^2+z^2}} \qquad ①$$

となります．そして，$x=y=\pm a$ と $z=b$ をそれぞれ代入して，

$$V=\frac{Q_1+Q_2+Q_3+Q_4}{4\pi\varepsilon_0\sqrt{a^2+b^2}}$$

と求められます．

(2) $\boldsymbol{E}=-\mathrm{grad}\,V$ の計算は，各電荷の値が異なっていますから $Q_1 \sim Q_4$ を別々に行います．具体的には，式①の第 1 項を V_1，以下同様に V_2，V_3，V_4 とし，

$$\boldsymbol{E}=-\mathrm{grad}\,V=-\mathrm{grad}(V_1+V_2+V_3+V_4)$$

を計算することになります．

まず，V_1 についての計算を行います．

$$\begin{aligned}
-\mathrm{grad}\,V_1&=-\frac{\partial V_1}{\partial x}\,\boldsymbol{a}_x-\frac{\partial V_1}{\partial y}\,\boldsymbol{a}_y-\frac{\partial V_1}{\partial z}\,\boldsymbol{a}_z\\
&=-\frac{Q_1}{4\pi\varepsilon_0}\,\frac{\partial}{\partial x}\left(\frac{1}{\sqrt{x^2+z^2}}\right)\boldsymbol{a}_x-\frac{Q_1}{4\pi\varepsilon_0}\,\frac{\partial}{\partial y}\left(\frac{1}{\sqrt{x^2+z^2}}\right)\boldsymbol{a}_y\\
&\qquad-\frac{Q_1}{4\pi\varepsilon_0}\,\frac{\partial}{\partial z}\left(\frac{1}{\sqrt{x^2+z^2}}\right)\boldsymbol{a}_z\\
&=-\frac{Q_1}{4\pi\varepsilon_0}\left\{\frac{-x}{(x^2+z^2)^{3/2}}\right\}\boldsymbol{a}_x-\frac{Q_1}{4\pi\varepsilon_0}\left\{\frac{-z}{(x^2+z^2)^{3/2}}\right\}\boldsymbol{a}_z\\
&=\frac{Q_1}{4\pi\varepsilon_0(x^2+z^2)^{3/2}}(x\boldsymbol{a}_x+z\boldsymbol{a}_z)
\end{aligned}$$

Q_2，Q_3，Q_4 についても同様になりますから，電界 $\boldsymbol{E}$ は

$$\begin{aligned}
\boldsymbol{E}&=\frac{Q_1}{4\pi\varepsilon_0(x^2+z^2)^{3/2}}(x\,\boldsymbol{a}_x+z\,\boldsymbol{a}_z)+\frac{Q_2}{4\pi\varepsilon_0(x^2+z^2)^{3/2}}(x\,\boldsymbol{a}_x+z\,\boldsymbol{a}_z)\\
&\qquad+\frac{Q_3}{4\pi\varepsilon_0(y^2+z^2)^{3/2}}(y\,\boldsymbol{a}_y+z\,\boldsymbol{a}_z)+\frac{Q_4}{4\pi\varepsilon_0(y^2+z^2)^{3/2}}(y\,\boldsymbol{a}_y+z\,\boldsymbol{a}_z)
\end{aligned}$$

となります．そして，各電荷の置かれた座標の具体的な値を代入すると，つぎのようになります．

$$\begin{aligned}
\boldsymbol{E}&=\frac{Q_1}{4\pi\varepsilon_0(a^2+b^2)^{3/2}}(a\,\boldsymbol{a}_x+b\,\boldsymbol{a}_z)+\frac{Q_2}{4\pi\varepsilon_0(a^2+b^2)^{3/2}}(-a\,\boldsymbol{a}_x+b\,\boldsymbol{a}_z)\\
&\qquad+\frac{Q_3}{4\pi\varepsilon_0(a^2+b^2)^{3/2}}(a\,\boldsymbol{a}_y+b\,\boldsymbol{a}_z)+\frac{Q_4}{4\pi\varepsilon_0(a^2+b^2)^{3/2}}(-a\,\boldsymbol{a}_y+b\,\boldsymbol{a}_z)\\
&=\frac{a(Q_1-Q_2)}{4\pi\varepsilon_0(a^2+b^2)^{3/2}}\boldsymbol{a}_x+\frac{a(Q_3-Q_4)}{4\pi\varepsilon_0(a^2+b^2)^{3/2}}\boldsymbol{a}_y+\frac{b(Q_1+Q_2+Q_3+Q_4)}{4\pi\varepsilon_0(a^2+b^2)^{3/2}}\boldsymbol{a}_z
\end{aligned}$$

第 6 章

▶ 6.1

与えられた電流密度が $\boldsymbol{J}=100\cos 2y\,\boldsymbol{a}_x\,[\mathrm{A/m^2}]$ ですから，式 (6.5) より，つぎのようになります．

$$I=\int_S \boldsymbol{J}\cdot \mathrm{d}\boldsymbol{s}$$

$$= \int_{-0.01}^{0.01}\int_{-\pi/4}^{\pi/4} 100\cos 2y\,\boldsymbol{a}_x\cdot \mathrm{d}y\mathrm{d}z\,\boldsymbol{a}_x = 100\int_{-0.01}^{0.01}\mathrm{d}z\int_{-\pi/4}^{\pi/4}\cos 2y\,\mathrm{d}y$$

$$= 100\Big[z\Big]_{-0.01}^{0.01}\left[\frac{1}{2}\sin 2y\right]_{-\pi/4}^{\pi/4} = 2.0\ [\mathrm{A}]$$

▶ 6.2

まず，解図 6.1(a) に示すように，四角錐の頂点を原点とし，底面を $+z$ 方向にとった立体を考えます．ここで，面積 $S_1 = A$ は任意の値ですから，図のように面積 S_1 の正方形の一辺の長さを 1 とすると，面積 S_2 は S_1 の k 倍ですから，正方形の一辺の長さは $\sqrt{k}$ となります．さらに，この解図 (a) を $+x$ 方向から見た図を解図 (b) に示します．

はじめに，解図 (b) の距離 m を求めるために $\tan\theta$ の値を考えると

$$\tan\theta = \frac{1/2}{m} = \frac{\sqrt{k}/2}{m+l}$$

となりますから，この関係式から m は

$$m = \frac{l}{\sqrt{k}-1}$$

となります．また，$m+l$ は

$$m + l = \frac{l}{\sqrt{k}-1} + l = \frac{l\sqrt{k}}{\sqrt{k}-1}$$

となります．つぎに，四角錐の任意の位置 z における一辺の長さを n とすると，解図 (a) からも明らかなように

$$z = m = \frac{l}{\sqrt{k}-1}\ \text{のとき}\quad n = 1$$

であり，また，

$$z = m + l = \frac{l\sqrt{k}}{\sqrt{k}-1}\ \text{のとき}\quad n = \sqrt{k}$$

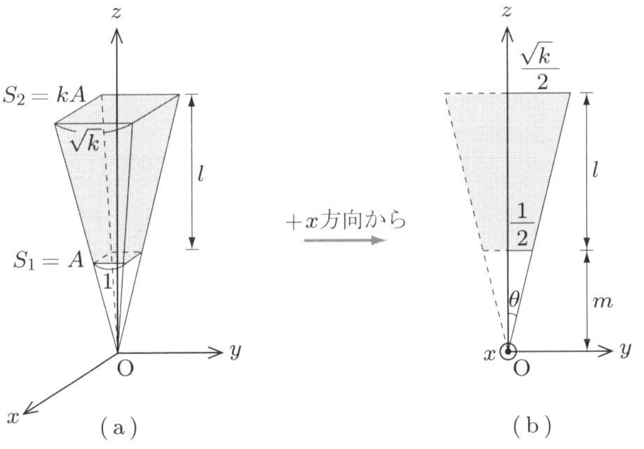

解図 6.1　演習問題 6.2 の図形

ですから，z と一辺の長さ n の関係は，z の増加分 Δz と n の増加分 Δn の比を考えればよいので，

$$\Delta z = m + l - m = l$$
$$\Delta n = \sqrt{k} - 1$$
$$\therefore\ \frac{\Delta n}{\Delta z} = \frac{\sqrt{k}-1}{l}$$

となり，つぎの関係式が得られます．

$$z = \left(\frac{l}{\sqrt{k}-1}\right) n$$

したがって，任意の z における一辺の長さ n は

$$n = \frac{(\sqrt{k}-1)z}{l}$$

と求められます．任意の位置 z における一辺の長さ n が求められましたから，任意の z における正方形の面積 S は

$$S = n^2 = \left\{\frac{(\sqrt{k}-1)z}{l}\right\}^2 = \frac{(\sqrt{k}-1)^2 z^2}{l^2}$$

となります．

電流密度の定義は単位面積当たりの電流ですから，任意の z における面積 S を用いて

$$\boldsymbol{J} = \frac{I}{S}\boldsymbol{a}_z$$

となり，式 (6.4) の $\boldsymbol{J} = \sigma\boldsymbol{E}$ から

$$\boldsymbol{E} = \frac{\boldsymbol{J}}{\sigma} = \frac{I}{\sigma S}\boldsymbol{a}_z = \frac{l^2 I}{\sigma(\sqrt{k}-1)^2 z^2}\boldsymbol{a}_z$$

となります．よって

$$\begin{aligned}
V &= -\int_{m+l}^{m} \boldsymbol{E}\cdot \mathrm{d}\boldsymbol{l} = \int_{m}^{m+l} \boldsymbol{E}\cdot \mathrm{d}\boldsymbol{l} = \int_{l/(\sqrt{k}-1)}^{l\sqrt{k}/(\sqrt{k}-1)} \frac{l^2 I}{\sigma(\sqrt{k}-1)^2 z^2}\boldsymbol{a}_z\cdot \mathrm{d}z\boldsymbol{a}_z \\
&= \frac{l^2 I}{\sigma(\sqrt{k}-1)^2}\int_{l/(\sqrt{k}-1)}^{l\sqrt{k}/(\sqrt{k}-1)} \frac{1}{z^2}\mathrm{d}z = \frac{l^2 I}{\sigma(\sqrt{k}-1)^2}\left[-\frac{1}{z}\right]_{l/(\sqrt{k}-1)}^{l\sqrt{k}/(\sqrt{k}-1)} \\
&= \frac{l^2 I}{\sigma(\sqrt{k}-1)^2}\left(-\frac{\sqrt{k}-1}{l\sqrt{k}} + \frac{\sqrt{k}-1}{l}\right) = \frac{l^2 I}{\sigma(\sqrt{k}-1)^2}\left(\frac{\sqrt{k}-1}{l}\right)\left(1-\frac{1}{\sqrt{k}}\right) \\
&= \frac{lI}{\sigma(\sqrt{k}-1)}\left(\frac{\sqrt{k}-1}{\sqrt{k}}\right) = \frac{lI}{\sigma\sqrt{k}}
\end{aligned}$$

と求められます．そして，オームの法則から

$$R = \frac{V}{I} = \frac{l}{\sigma\sqrt{k}}$$

となります．ただし，$S_1 = 1$ としましたので，面積 $S_1 = A$ と表記すると，求める抵抗 R はつぎのようになります．

$$R = \frac{l}{\sigma A\sqrt{k}}$$

▶ **6.3**

解図 6.2 に問題の立方体を示します．電流の連続性から，立方体に入る電流が，そのまま立方体から出ていくことになります．したがって，立方体から外へ流出する全電流を求めるためには，図に示した $x = 1$ の面①，$y = 1$ の面②，$z = 1$ の面③についてそれぞれを積分して，その合計を求めればよいことになります．

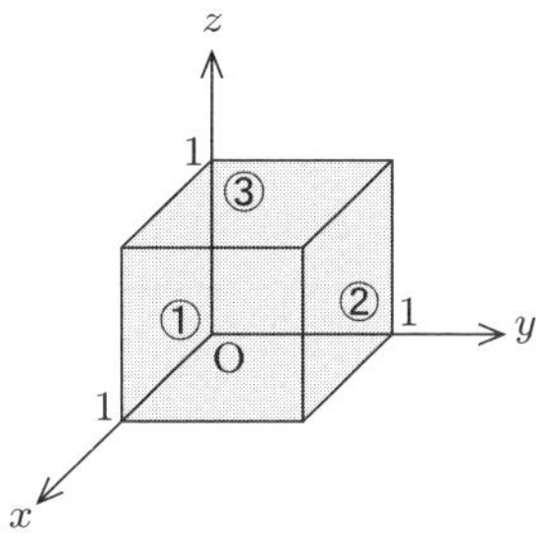

解図 6.2　演習問題 6.3 の立方体

したがって，全電流 I は

$$\begin{aligned} I &= \int \boldsymbol{J}\cdot \mathrm{d}\boldsymbol{s} \\ &= \int_{①} \boldsymbol{J}\cdot \mathrm{d}\boldsymbol{s}_1 + \int_{②} \boldsymbol{J}\cdot \mathrm{d}\boldsymbol{s}_2 + \int_{③} \boldsymbol{J}\cdot \mathrm{d}\boldsymbol{s}_3 \\ &= \int_0^1\int_0^1 2x^2\boldsymbol{a}_x\cdot \mathrm{d}y\mathrm{d}z\boldsymbol{a}_x + \int_0^1\int_0^1 2xy^3\boldsymbol{a}_y\cdot \mathrm{d}x\mathrm{d}z\boldsymbol{a}_y + \int_0^1\int_0^1 2xy\boldsymbol{a}_z\cdot \mathrm{d}x\mathrm{d}y\boldsymbol{a}_z \\ &= 2x^2\int_0^1 \mathrm{d}y\int_0^1 \mathrm{d}z + 2y^3\int_0^1 x\mathrm{d}x\int_0^1 \mathrm{d}z + 2\int_0^1 x\mathrm{d}x\int_0^1 y\mathrm{d}y \\ &= 2x^2\Big[y\Big]_0^1\Big[z\Big]_0^1 + 2y^3\left[\frac{x^2}{2}\right]_0^1\Big[z\Big]_0^1 + 2\left[\frac{x^2}{2}\right]_0^1\left[\frac{y^2}{2}\right]_0^1 \\ &= 2x^2 + 2y^3\cdot\frac{1}{2} + 2\cdot\frac{1}{2}\cdot\frac{1}{2} = 2x^2 + y^3 + 0.5 \end{aligned}$$

となります．そして，面の値は $x = y = z = 1$ ですから，これらの値を上式に代入すると，つぎのようになります．

$$I = 2(1)^2 + (1)^3 + 0.5 = 3.5\ [\mathrm{A}]$$

▶ **6.4**

図 6.14 の上面の円の部分では，半径 r に対して一様に電流が分布しており，円周は $2\pi r$ ですから

$$\boldsymbol{K} = \frac{I}{2\pi r}\boldsymbol{a}_r\ [\mathrm{A/m}]$$

となります．側面では，円周上で一様に電流が分布して下方に向かって流れているので，つぎのようになります．

$$\boldsymbol{K} = \frac{I}{2\pi a}(-\boldsymbol{a}_z)\ [\mathrm{A/m}]$$

第 7 章

▶ **7.1**

半径 a の導体球がもつ静電容量 C は，**例題 7.1** で示したように

$$C = 4\pi\varepsilon_0 a$$

ですから，$C = 0.001 \times 10^{-6}$ を代入すると

$$0.001 \times 10^{-6} = 4\pi\varepsilon_0 a$$

より，つぎのようになります．

$$a = 0.001 \times 10^{-6} \times 9 \times 10^9 = 9.0\ [\mathrm{m}]$$

▶ **7.2**

演習問題 7.1 と同様に，半径 a の導体球がもつ静電容量 C は

$$C = 4\pi\varepsilon_0 a$$

ですから，$a = 6.378 \times 10^6$ を代入すると，つぎのようになります．

$$C = 4\pi \times 8.854 \times 10^{-12} \times 6.378 \times 10^6 = 709 \times 10^{-6} = 709\ [\mu\mathrm{F}]$$

▶ **7.3**

式 (7.9) より，電極面積 S はつぎのようになります．

$$S = \frac{C\,d}{\varepsilon_0\varepsilon_r} = \frac{0.001 \times 10^{-6} \times 1 \times 10^{-3}}{8.854 \times 10^{-12} \times 3.5} = 0.032\ [\mathrm{m}^2]$$

ここで，**演習問題 7.1** と**例題 7.2**，および**演習問題 7.3** を比較することにより，同じ 0.001 [μF] の静電容量をもつには，導体球の場合は半径 9 [m] 必要であるのに対し，正方形電極の場合は，真空中ならば一辺が 33.6 [cm] の正方形，誘電体を挿入すれば一辺が 17.9 [cm] となり，素子としての大きさは，ずっと小さくつくることができます．

▶ **7.4**

図 7.13 の静電容量 C は，完全な円柱の $(\pi/6)/2\pi$ の比となります．**例題 7.3** で示したように，円柱の場合の静電容量は

$$C_{\text{円柱}} = \frac{2\pi\varepsilon_0\varepsilon_r L}{\ln(b/a)}\ [\mathrm{F}]$$

ですので，問題の静電容量はつぎのようになります．

$$C = \frac{\pi/6}{2\pi}\left\{\frac{2\pi\varepsilon_0\varepsilon_r L}{\ln(b/a)}\right\} = \frac{\pi}{6}\left(\frac{10^{-9}}{36\pi}\right)\frac{5.5 \times 3}{\ln(2/1)} = \frac{5.5 \times 3 \times 10^{-9}}{216 \times 0.693}$$
$$= 0.1102 \times 10^{-9} = 110\ [\mathrm{pF}]$$

▶ **7.5**

解図 7.1 に電力用シールドケーブルの断面を示します．そして，$D = \varepsilon_0\varepsilon_r E$，$D = Q/A$ より，中心導体の電荷量 Q は

$$Q = DA = \varepsilon_0\varepsilon_r E \cdot 2r\pi L = 2\pi\varepsilon_0\varepsilon_r EL \quad (\because\ r = 1)$$

となります．つぎに，同軸コンデンサの静電容量の式は，**例題 7.3** より，

$$C = \frac{2\pi\varepsilon_0\varepsilon_r L}{\ln(b/a)}$$

でしたから，$Q = CV$ より，電圧 V はつぎのようになります．

$$V = \frac{Q}{C} = \frac{2\pi\varepsilon_0\varepsilon_r EL}{2\pi\varepsilon_0\varepsilon_r L/\ln(b/a)} = E \cdot \ln\frac{b}{a} = 0.181 \times 10^6 \cdot \ln 8$$
$$= 0.376 \times 10^6 = 0.376\ [\mathrm{MV}]$$

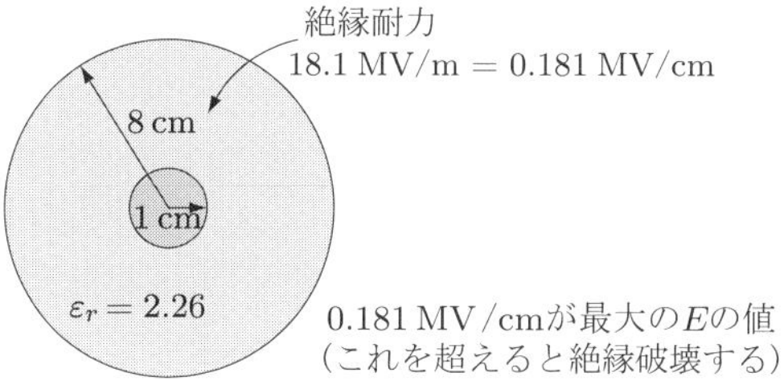

解図 7.1　電力用シールドケーブルの断面

▶ 7.6

同軸コンデンサの長さを L とすると，それぞれの単位長さ当たりの静電容量は

$$\frac{C_1}{L} = \frac{2\pi\varepsilon_0}{\ln(50/1)} = 2\pi\left(\frac{10^{-9}}{36\pi}\right)\frac{1}{\ln 50} = 14.2 \text{ [pF/m]}$$

$$\frac{C_2}{L} = \frac{2\pi\varepsilon_0\varepsilon_r}{\ln(100/50)} = 2\pi\left(\frac{10^{-9}}{36\pi}\right)\frac{2}{\ln 2} = 160.3 \text{ [pF/m]}$$

となります．したがって，それぞれにかかる電圧はつぎのようになります．

$$V_1 = \frac{C_2}{C_1 + C_2}V = \frac{160.3}{14.2 + 160.3} \times 100 = 91.9 \text{ [V]}$$

$$V_2 = \frac{C_1}{C_1 + C_2}V = \frac{14.2}{14.2 + 160.3} \times 100 = 8.1 \text{ [V]}$$

▶ 7.7

電極間距離が d のときの値を添え字 1 で，$d/2$ のときの値を添え字 2 で示すことにします．電源を接続したままですから，電圧は変化せず，$V = V_1 = V_2$ です．まず，静電容量 C は，式 (7.9) の $C = \varepsilon_0 S/d$ より

$$C_1 = \frac{\varepsilon_0 S}{d}, \quad C_2 = \frac{\varepsilon_0 S}{d/2} = 2\frac{\varepsilon_0 S}{d} \qquad \therefore\ C_2 = 2C_1$$

となります．つぎに，式 (7.1) を変形した $Q = CV$ より

$$Q_1 = C_1 V, \quad Q_2 = C_2 V = 2C_1 V = 2Q_1 \qquad \therefore\ Q_2 = 2Q_1$$

となります．面電荷密度の定義から，$\rho_s = Q/S$ ですから，それぞれの電荷密度はつぎのようになります．

$$\rho_{s1} = \frac{Q_1}{S}, \quad \rho_{s2} = \frac{Q_2}{S} = \frac{2Q_1}{S} = 2\rho_{s1} \qquad \therefore\ \rho_{s2} = 2\rho_{s1}$$

電束密度 D は，式 (7.7) の $D = Q/S$ より，面電荷密度と同じですから

$$D_2 = 2D_1$$

となり，電界と電束密度の関係は，式 (7.5) の $D = \varepsilon_0 E$ より

$$E_1 = \frac{D_1}{\varepsilon_0}, \quad E_2 = \frac{D_2}{\varepsilon_0} = \frac{2D_1}{\varepsilon_0} = 2E_1 \qquad \therefore\ E_2 = 2E_1$$

となります．コンデンサに蓄えられるエネルギーは，式 (7.30) の $W_E = CV^2/2$ より，つぎのようになります．

$$W_{E1} = \frac{C_1 V^2}{2}, \quad W_{E2} = \frac{C_2 V^2}{2} = \frac{2C_1 V^2}{2} = C_1 V^2 \quad \therefore W_{E2} = 2W_{E1}$$

第 8 章

▶ 8.1

図 8.10(a) では，ビオ－サバールの法則を適用します．ここで，$R = a$，$\boldsymbol{a}_R = -\boldsymbol{a}_r$ および $\mathrm{d}\boldsymbol{l} = a\mathrm{d}\phi\,\boldsymbol{a}_\phi$ となっていますから，

$$\boldsymbol{H}_1 = \oint \frac{I_1 \mathrm{d}\boldsymbol{l} \times \boldsymbol{a}_R}{4\pi R^2} = \oint \frac{I_1 a \mathrm{d}\phi \boldsymbol{a}_\phi \times (-\boldsymbol{a}_r)}{4\pi a^2} = \frac{I_1 a}{4\pi a^2} \int_0^{2\pi} \mathrm{d}\phi\,\boldsymbol{a}_z = \frac{I_1}{2a}\,\boldsymbol{a}_z$$

となります．

つぎに，図 (b) では，アンペアの法則を適用して，

$$\oint \boldsymbol{H}_2 \cdot \mathrm{d}\boldsymbol{l} = H_2 \oint \mathrm{d}l = H_2(2\pi a) = I_2, \quad \therefore H_2 = \frac{I_2}{2\pi a}$$

となります．したがって，$H_1 = H_2$ の条件より，つぎのようになります．

$$\frac{I_1}{2a} = \frac{I_2}{2\pi a}, \quad \therefore \pi I_1 = I_2$$

▶ 8.2

$\mathrm{rot}\,\boldsymbol{A} = \boldsymbol{B}$ および $\boldsymbol{B} = \mu_0\,\boldsymbol{H}$ より，

$$\boldsymbol{H} = \frac{1}{\mu_0}\,\boldsymbol{B} = \frac{1}{\mu_0}\,\mathrm{rot}\,\boldsymbol{A}$$

を計算すれば $\boldsymbol{H}$ が求められます．問題より，ベクトルポテンシャル $\boldsymbol{A}$ は A_z 成分のみなので，式 (2.91) より

$$\begin{aligned}
\mathrm{rot}\,\boldsymbol{A} &= \frac{1}{r}\frac{\partial A_z}{\partial \phi}\,\boldsymbol{a}_r - \frac{\partial A_z}{\partial r}\,\boldsymbol{a}_\phi \\
&= \frac{1}{r}\frac{\partial}{\partial \phi}\left(-\frac{\mu_0 I r^2}{4\pi a^2}\right)\boldsymbol{a}_r - \frac{\partial}{\partial r}\left(-\frac{\mu_0 I r^2}{4\pi a^2}\right)\boldsymbol{a}_\phi \\
&= \frac{1}{r}\,(0)\,\boldsymbol{a}_r + \frac{\mu_0 I}{4\pi a^2}\frac{\partial}{\partial r}\,(r^2)\,\boldsymbol{a}_\phi \\
&= \frac{\mu_0 I}{4\pi a^2}\,2r\boldsymbol{a}_\phi = \frac{\mu_0 I r}{2\pi a^2}\,\boldsymbol{a}_\phi \equiv \boldsymbol{B}
\end{aligned}$$

となります．よって，つぎのようになります．

$$\boldsymbol{H} = \frac{1}{\mu_0}\,\mathrm{rot}\boldsymbol{A} = \frac{Ir}{2\pi a^2}\,\boldsymbol{a}_\phi$$

▶ 8.3

解図 8.1 に問題の正方形ループ電流を示します．ビオ－サバールの法則により，微分電流線素 $I\mathrm{d}z\boldsymbol{a}_x$ がループ電流の中心につくる磁界 $\mathrm{d}\boldsymbol{H}$ は

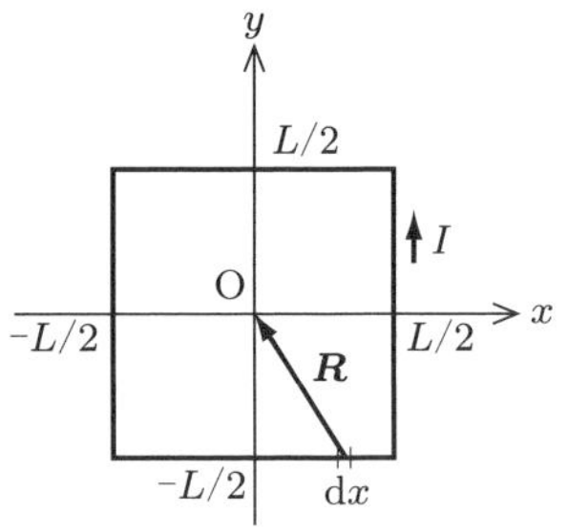

解図 8.1　演習問題 8.3 の正方形ループ電流

$$\begin{aligned}
\mathrm{d}\boldsymbol{H} &= \frac{I}{4\pi R^2} \cdot \frac{\mathrm{d}z\,\boldsymbol{a}_x \times \boldsymbol{R}}{R} \\
&= \frac{I}{4\pi} \cdot \frac{\mathrm{d}z\,\boldsymbol{a}_x \times \{-x\,\boldsymbol{a}_x + (L/2)\,\boldsymbol{a}_y\}}{\{x^2 + (L/2)^2\}^{3/2}}
\end{aligned}$$

$$= \frac{I}{4\pi} \cdot \frac{(L/2)\mathrm{d}z\,\boldsymbol{a}_z}{\{x^2+(L/2)^2\}^{3/2}}$$

となります．電流はすべての部分で z 軸方向の磁界をつくることから，$0 \leq x \leq L/2$, $y=-L/2$ の部分の寄与を計算し，それを 8 倍すればよいので

$$\boldsymbol{H} = 8 \cdot \frac{I}{4\pi} \int_0^{L/2} \frac{(L/2)\mathrm{d}x\,\boldsymbol{a}_z}{\{x^2+(L/2)^2\}^{3/2}}$$

となります．ここで，以下の変数変換を行います．

$$x = \frac{L}{2}\tan\theta, \quad \mathrm{d}x = \frac{L/2}{\cos^2\theta}\mathrm{d}\theta$$

$$x : 0 \to L/2, \quad \theta : 0 \to \pi/4$$

これにより，

$$\boldsymbol{H} = \frac{4I}{\pi L}\int_0^{\pi/4} \cos\theta \mathrm{d}\theta\,\boldsymbol{a}_z = \frac{4I}{\pi L}\Big[\sin\theta\Big]_0^{\pi/4}\boldsymbol{a}_z = \frac{4I}{\pi L}\frac{1}{\sqrt{2}}\boldsymbol{a}_z = \frac{2\sqrt{2}I}{\pi L}\boldsymbol{a}_z$$

と求められます．

▶ **8.4**

解図 8.2 に，問題の一対のループ電流（円電流）を示します．問題において向きの指定はありませんが，計算しやすくするために，下側のループ電流を，原点を中心とする x-y 平面とします．

まず，下側のループ電流による $z = 5\,\mathrm{m}$ の点における $\boldsymbol{H}$ を求めます．

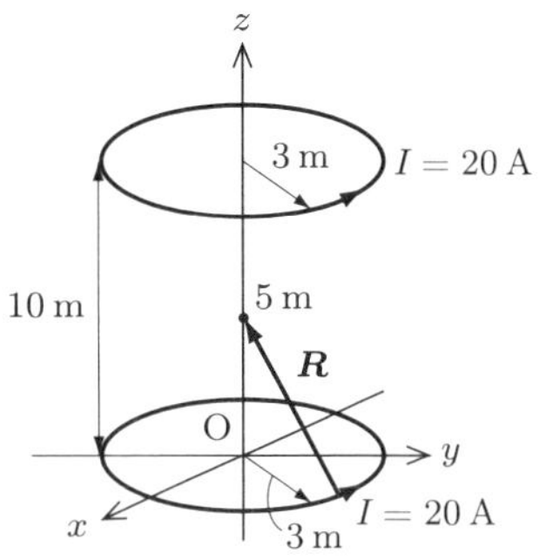

解図 8.2　演習問題 8.4 の一対のループ電流

$$\boldsymbol{R} = -3\boldsymbol{a}_r + 5\boldsymbol{a}_z, \quad |\boldsymbol{R}| = \sqrt{3^2+5^2}$$

$$\boldsymbol{a}_R = \frac{-3\boldsymbol{a}_r + 5\boldsymbol{a}_z}{\sqrt{3^2+5^2}}$$

ですので，微分電流要素は，$I\mathrm{d}\boldsymbol{l} = I\mathrm{d}l\,\boldsymbol{a}_\phi = 3I\mathrm{d}\phi\,\boldsymbol{a}_\phi$ となります．したがって，ビオ－サバールの法則から，微分磁界 $\mathrm{d}\boldsymbol{H}$ は

$$\mathrm{d}\boldsymbol{H} = \frac{I\mathrm{d}\boldsymbol{l}\times\boldsymbol{a}_R}{4\pi R^2} = \frac{3I\mathrm{d}\phi\,\boldsymbol{a}_\phi \times (-3\boldsymbol{a}_r + 5\boldsymbol{a}_z)}{4\pi(3^2+5^2)^{3/2}}$$

$$= \frac{-9I\mathrm{d}\phi(\boldsymbol{a}_\phi\times\boldsymbol{a}_r) + 15I\mathrm{d}\phi(\boldsymbol{a}_\phi\times\boldsymbol{a}_z)}{4\pi(3^2+5^2)^{3/2}}$$

$$= \frac{9I\mathrm{d}\phi\,\boldsymbol{a}_z + 15I\mathrm{d}\phi\,\boldsymbol{a}_r}{4\pi(3^2+5^2)^{3/2}} \quad (\text{注：}\boldsymbol{a}_\phi\times\boldsymbol{a}_r = -\boldsymbol{a}_z,\ \boldsymbol{a}_\phi\times\boldsymbol{a}_z = \boldsymbol{a}_r)$$

となります．ここで，中心軸上では対称性から r 成分は相殺されますから，最終的に下側のループ電流による微分磁界は

$$\mathrm{d}\boldsymbol{H} = \frac{9I\mathrm{d}\phi\,\boldsymbol{a}_z}{4\pi(3^2+5^2)^{3/2}}$$

となります．よって，磁界 $\boldsymbol{H}$ は ϕ を 0 から 2π にわたって積分すればよいので

$$\boldsymbol{H} = \int_0^{2\pi} \frac{9I}{4\pi(3^2+5^2)^{3/2}} \mathrm{d}\phi\, \boldsymbol{a}_z = \frac{9I}{4\pi(3^2+5^2)^{3/2}} \int_0^{2\pi} \mathrm{d}\phi\, \boldsymbol{a}_z$$
$$= \frac{9I}{2(3^2+5^2)^{3/2}} \boldsymbol{a}_z$$

のように求められます．つぎに，上側のループ電流の場合は

$$\boldsymbol{R} = -3\boldsymbol{a}_r - 5\boldsymbol{a}_z, \quad |\boldsymbol{R}| = \sqrt{3^2+5^2}, \quad \boldsymbol{a}_R = \frac{-3\boldsymbol{a}_r - 5\boldsymbol{a}_z}{\sqrt{3^2+5^2}}$$

となるので，

$$\mathrm{d}\boldsymbol{H} = \frac{9I\mathrm{d}\phi\, \boldsymbol{a}_z - 15I\mathrm{d}\phi\, \boldsymbol{a}_r}{4\pi(3^2+5^2)^{3/2}}$$

のように，$\boldsymbol{a}_r$ の項の符号が下側のループ電流の場合と逆になります．しかし，この場合も中心軸上では対称性から r 成分は相殺されますから，最終的には磁界 $\boldsymbol{H}$ は同じ値になります．したがって，磁界 $\boldsymbol{H}$ は 2 倍となり

$$\boldsymbol{H} = \frac{9I}{(3^2+5^2)^{3/2}} \boldsymbol{a}_z = \frac{9 \times 20}{(3^2+5^2)^{3/2}} \boldsymbol{a}_z = 0.908\, \boldsymbol{a}_z$$

と求められます．そして，はじめに述べたように，問題では向きの指定がありませんから，単位法線ベクトル $\boldsymbol{a}_n$ を用いて

$$\boldsymbol{H} = 0.908\, \boldsymbol{a}_n$$

となります．

▶ 8.5

電流密度 $\boldsymbol{J}$ は z 成分のみなので，電流 I も z 方向となっています．したがって，$\boldsymbol{H}$ の成分は H_ϕ しかもたないので，円柱座標における回転の式 (2.91) より

$$\mathrm{rot}\boldsymbol{H} = -\frac{\partial H_\phi}{\partial z} \boldsymbol{a}_r + \frac{1}{r}\frac{\partial (rH_\phi)}{\partial r} \boldsymbol{a}_z = 10^5(\cos^2 2r)\boldsymbol{a}_z$$

となります．そして，右辺は $\boldsymbol{a}_z$ のみですから

$$\frac{\partial (rH_\phi)}{\partial r} = 10^5 r(\cos^2 2r)$$

となりますから，H_ϕ を求めるために，この両辺を r で積分すると

$$H_\phi = \frac{10^5}{r} \int r(\cos^2 2r)\mathrm{d}r$$

となります．ここで，部分積分を用いるために $g(r) = r$ および $f'(r) = \cos^2 2r$ と置くと

$$f(r) = \int \cos^2 2r \mathrm{d}r = \int \left(\frac{1}{2} + \frac{\cos 4r}{2}\right) \mathrm{d}r = \frac{r}{2} + \frac{\sin 4r}{8}$$

となりますから，求める H_ϕ は

$$H_\phi = \frac{10^5}{r} \int f'(r)g(r)\mathrm{d}r = \frac{10^5}{r} \left\{ f(r)g(r) - \int f(r)g'(r)\mathrm{d}r \right\}$$
$$= \frac{10^5}{r} \left\{ \frac{r^2}{2} + \frac{r\sin 4r}{8} - \int \left(\frac{r}{2} + \frac{\sin 4r}{8}\right)\mathrm{d}r \right\}$$

$$= \frac{10^5}{r}\left(\frac{r^2}{2} + \frac{r\sin 4r}{8} - \frac{r^2}{4} + \frac{\cos 4r}{32} - C\right) \quad \text{ただし，} C\text{：積分定数}$$

$$= 10^5\left(\frac{r}{4} + \frac{\sin 4r}{8} + \frac{\cos 4r}{32r} - \frac{1}{32r}\right) \quad \text{ただし，} C = \frac{1}{32}$$

となり，磁界 $\boldsymbol{H}$ は

$$\boldsymbol{H} = 10^5\left(\frac{r}{4} + \frac{\sin 4r}{8} + \frac{\cos 4r}{32r} - \frac{1}{32r}\right)\boldsymbol{a}_\phi$$

と求められます．つぎに，$\mathrm{rot}\boldsymbol{H} = \boldsymbol{J}$ による確認をします．

$$\mathrm{rot}\boldsymbol{H} = -\frac{\partial H_\phi}{\partial z}\boldsymbol{a}_r + \frac{1}{r}\frac{\partial(rH_\phi)}{\partial r}\boldsymbol{a}_z$$

$$= -(0)\boldsymbol{a}_r + \frac{10^5}{r}\frac{\partial}{\partial r}\left(\frac{r^2}{4} + \frac{r\sin 4r}{8} + \frac{\cos 4r}{32} - \frac{1}{32}\right)\boldsymbol{a}_z$$

$$= \frac{10^5}{r}\left[\frac{1}{4}\cdot 2r + \frac{1}{8}\{r'\sin 4r + r(\sin 4r)'\} + \frac{1}{32}\cdot 4(-\sin 4r) - 0\right]\boldsymbol{a}_z$$

$$= \frac{10^5}{r}\left(\frac{r}{2} + \frac{\sin 4r}{8} + \frac{4r\cos 4r}{8} - \frac{\sin 4r}{8}\right)\boldsymbol{a}_z$$

$$= 10^5\left(\frac{1}{2} + \frac{\cos 4r}{2}\right)\boldsymbol{a}_z = 10^5(\cos^2 2r)\boldsymbol{a}_z$$

となり，$\boldsymbol{J}$ と一致します．

第 9 章

▶ 9.1

磁界中で運動する陽子の軌道半径 r_p は，式 (9.8) より

$$r_p = \frac{m_p U}{Q_p B}$$

で与えられます．ただし，m_p は陽子の質量で，U は接線方向の速度です．問題より，直径 1 [cm] の円周軌道ですから，軌道半径は 0.5×10^{-2} [m] となります．したがって，上式からつぎのようになります．

$$U = \frac{r_p Q_p B}{m_p} = \frac{0.5 \times 10^{-2} \times 1.6 \times 10^{-19} \times 30 \times 10^{-6}}{1.67 \times 10^{-27}} = 14.4 \text{ [m/s]}$$

▶ 9.2

式 (9.3) より，周期 T は，$T = 2\pi r/U$ で与えられます．この式に**演習問題 9.1** で使った

$$r_p = \frac{m_p U}{Q_p B}$$

を代入すると

$$T = \frac{2\pi r}{U} = \frac{2\pi}{U}\frac{m_p U}{Q_p B} = \frac{2\pi m_p}{Q_p B}$$

となります．よって，磁束密度の大きさはつぎのようになります．

$$B = \frac{2\pi m_p}{Q_p T} = \frac{2\pi \times 1.67 \times 10^{-27}}{1.6 \times 10^{-19} \times 2.35 \times 10^{-6}} = 2.79 \times 10^{-2}\ [\mathrm{T}]$$

▶ **9.3**

力 $\boldsymbol{F}$ は，式 (9.11) より，つぎのようになります．

$$\boldsymbol{F} = I(\boldsymbol{L} \times \boldsymbol{B}) = 5.0\{2\,\boldsymbol{a}_z \times (2.0\,\boldsymbol{a}_x + 6.0\,\boldsymbol{a}_y)\} = 5.0(-12\,\boldsymbol{a}_x + 4\,\boldsymbol{a}_y)$$
$$= -60\,\boldsymbol{a}_x + 20\,\boldsymbol{a}_y\ [\mathrm{N}]$$

▶ **9.4**

導体にはたらく力は，式 (9.11) より，

$$\boldsymbol{F} = I(\boldsymbol{L} \times \boldsymbol{B}) = 10(4\,\boldsymbol{a}_y \times 0.05\,\boldsymbol{a}_x) = -2\,\boldsymbol{a}_z\ [\mathrm{N}]$$

となります．仕事をする力は，大きさが等しく方向は逆向きなので

$$\boldsymbol{F}_c = 2\,\boldsymbol{a}_z$$

となります．

解図 9.1 に示すように，導体をまず z 軸に沿って動かし，つぎに x 軸に沿って動かします．したがって，

$$W = \int \boldsymbol{F}_c \cdot \mathrm{d}\boldsymbol{l} = \int_0^2 (2\,\boldsymbol{a}_z) \cdot \mathrm{d}z\,\boldsymbol{a}_z + \int_0^2 (2\,\boldsymbol{a}_z) \cdot \mathrm{d}x\,\boldsymbol{a}_x$$
$$= 2\int_0^2 \mathrm{d}z\,(\boldsymbol{a}_z \cdot \boldsymbol{a}_z) + \int_0^2 \mathrm{d}x\,(\boldsymbol{a}_z \cdot \boldsymbol{a}_x) = 4.0 + 0 = 4.0\ [\mathrm{J}]$$

となります．このとき，力 $\boldsymbol{F}_c$ は z 方向なので，上式のように，x 方向に動かすための仕事は不必要となります．

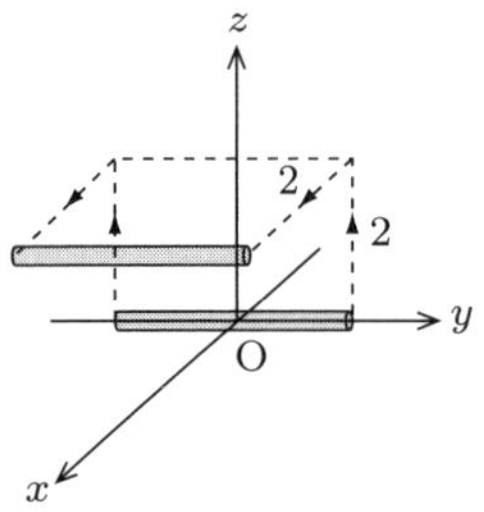

解図 9.1　導体の移動経路

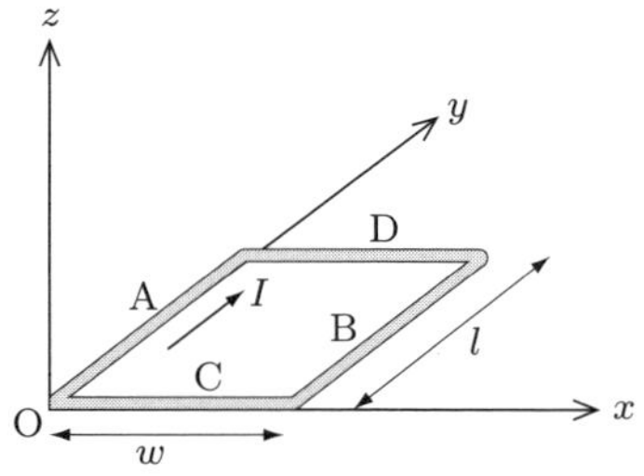

解図 9.2　コイルの各辺の記号

▶ **9.5**

コイルの各辺にはたらく力を求めるため，コイルの各辺に解図 9.2 に示すように，A～D の記号を付けておきます．辺 A から辺 D にはたらく力は，それぞれ

$$\boldsymbol{F}_\mathrm{A} = I(\boldsymbol{L} \times \boldsymbol{B}) = I(l\,\boldsymbol{a}_y \times B\,\boldsymbol{a}_z) = IlB\,\boldsymbol{a}_x$$
$$\boldsymbol{F}_\mathrm{B} = I(\boldsymbol{L} \times \boldsymbol{B}) = I\{l\,(-\boldsymbol{a}_y) \times B\,\boldsymbol{a}_z\} = IlB\,(-\boldsymbol{a}_x)$$
$$\boldsymbol{F}_\mathrm{C} = I(\boldsymbol{L} \times \boldsymbol{B}) = I\{w\,(-\boldsymbol{a}_x) \times B\,\boldsymbol{a}_z\} = IwB\,\boldsymbol{a}_y$$
$$\boldsymbol{F}_\mathrm{D} = I(\boldsymbol{L} \times \boldsymbol{B}) = I(w\,\boldsymbol{a}_x \times B\,\boldsymbol{a}_z) = IwB\,(-\boldsymbol{a}_y)$$

となります．この結果から，全体としてはコイルを縮める力がはたらくことがわかります．そして，x 方向の力 $\boldsymbol{F}_x$ は

$$\boldsymbol{F}_x = \boldsymbol{F}_{\mathrm{A}} + \boldsymbol{F}_{\mathrm{B}} = \boldsymbol{0}$$

となりますから，$W = \int \boldsymbol{F}_c \cdot \mathrm{d}\boldsymbol{l}$ の $\boldsymbol{F}_c = -\boldsymbol{F}_x = \boldsymbol{0}$ であり，仕事もゼロとなります．

▶ **9.6**

まず，左側の導体にはたらく力 $\boldsymbol{F}_1$ は

$$\boldsymbol{F}_1 = Il\,\boldsymbol{a}_y \times B\,\boldsymbol{a}_x = BIl(-\boldsymbol{a}_z)$$

となりますから，この力によるトルク $\boldsymbol{T}_1$ は

$$\boldsymbol{T}_1 = \frac{w}{2}(-\boldsymbol{a}_x) \times BIl(-\boldsymbol{a}_z) = BIl\frac{w}{2}(-\boldsymbol{a}_y)$$

となります．同様に，右側の導体にはたらく力 $\boldsymbol{F}_2$ は

$$\boldsymbol{F}_2 = Il\,(-\boldsymbol{a}_y) \times B\,\boldsymbol{a}_x = BIl\,\boldsymbol{a}_z$$

となり，トルク $\boldsymbol{T}_2$ は

$$\boldsymbol{T}_2 = \frac{w}{2}\,\boldsymbol{a}_x \times BIl\,\boldsymbol{a}_z = BIl\frac{w}{2}(-\boldsymbol{a}_y)$$

となりますから，全体のトルクはつぎのようになります．

$$\boldsymbol{T} = \boldsymbol{T}_1 + \boldsymbol{T}_2 = BIlw(-\boldsymbol{a}_y)$$

▶ **9.7**

$\phi = 0$ の導体にはたらく力を $\boldsymbol{F}_1$，$\phi = \pi$ の導体にはたらく力を $\boldsymbol{F}_2$ とすると

$$\boldsymbol{F}_1 = I(\boldsymbol{L} \times \boldsymbol{B}) = 10\{4(-\boldsymbol{a}_z) \times 0.5\,\boldsymbol{a}_x\} = 20(-\boldsymbol{a}_y)$$

$$\boldsymbol{F}_2 = I(\boldsymbol{L} \times \boldsymbol{B}) = 10\{4\,\boldsymbol{a}_z \times 0.5(-\boldsymbol{a}_x)\} = 20(-\boldsymbol{a}_y)$$

となります．したがって，合力 $\boldsymbol{F}$ は

$$\boldsymbol{F} = \boldsymbol{F}_1 + \boldsymbol{F}_2 = -40\,\boldsymbol{a}_y$$

となります．つぎに，トルクを求めるために，原点から $\phi = 0$ の導体までの腕の長さを $\boldsymbol{r}_1$，原点から $\phi = \pi$ の導体までの腕の長さを $\boldsymbol{r}_2$ とすると

$$\boldsymbol{T}_1 = \boldsymbol{r}_1 \times \boldsymbol{F}_1 = 2\,\boldsymbol{a}_x \times 20(-\boldsymbol{a}_y) = 40(-\boldsymbol{a}_z)$$

$$\boldsymbol{T}_2 = \boldsymbol{r}_2 \times \boldsymbol{F}_2 = 2(-\boldsymbol{a}_x) \times 20(-\boldsymbol{a}_y) = 40\,\boldsymbol{a}_z$$

となりますから，トルク $\boldsymbol{T}$ はつぎのようになります．

$$\boldsymbol{T} = \boldsymbol{T}_1 + \boldsymbol{T}_2 = 40(-\boldsymbol{a}_z) + 40\,\boldsymbol{a}_z = \boldsymbol{0}$$

▶ **9.8**

まず，導体にはたらく力 $\boldsymbol{F}$ は

$$\boldsymbol{F} = I(\boldsymbol{L} \times \boldsymbol{B}) = 25(0.25\,\boldsymbol{a}_y \times 0.06\,\boldsymbol{a}_z) = 0.375\,\boldsymbol{a}_x$$

となります．したがって，移動させるための外力 $\boldsymbol{F}_c$ は

$$\boldsymbol{F}_c = -0.375\,\boldsymbol{a}_x$$

となりますから，これを積分して，仕事 W は

$$W = \int \boldsymbol{F}_c \cdot \mathrm{d}\boldsymbol{l} = \int_0^5 -0.375\,\boldsymbol{a}_x \cdot \mathrm{d}x\,\boldsymbol{a}_x = -1.875 \text{ [J]}$$

と求められます．そして，仕事率 P は，移動時間が 3.0 秒ですから，つぎのようになります．

$$P = \frac{W}{t} = \frac{-1.875}{3.0} = -0.625 \text{ [W]}$$

▶ 9.9

最大トルクなので，磁気モーメント $\boldsymbol{m}$ と $\boldsymbol{B}$ は直交しています．したがって，$\boldsymbol{T} = \boldsymbol{m} \times \boldsymbol{B}$ より

$$m = \frac{T_{max}}{B} = \frac{7.85 \times 10^{-26}}{4 \times 10^{-2}} = 1.96 \times 10^{-24}$$

となります．また，式 (9.20)

$$\boldsymbol{m} = \frac{\omega}{2\pi} QA\,\boldsymbol{a}_n$$

より，つぎのようになります．

$$m = \frac{\omega}{2\pi} QA = \frac{\omega}{2\pi} \times 1.6 \times 10^{-19} \times \pi (0.35 \times 10^{-10})^2 = \omega (9.8 \times 10^{-41})$$

$$\therefore\ \omega = \frac{1.96 \times 10^{-24}}{9.8 \times 10^{-41}} = 2.0 \times 10^{16} \text{ [rad/s]}$$

第 10 章

▶ 10.1

移動する導体における見かけの電界は，それぞれ

$$\boldsymbol{E}_{m1} = \boldsymbol{U}_1 \times \boldsymbol{B} = 4.38(-\boldsymbol{a}_x) \text{ [V/m]}$$

$$\boldsymbol{E}_{m2} = \boldsymbol{U}_2 \times \boldsymbol{B} = 2.8\,\boldsymbol{a}_x \text{ [V/m]}$$

となります．したがって，a-b 間の誘起電圧は

$$V_{\mathrm{ab}} = \int_0^{0.5} 4.38(-\boldsymbol{a}_x) \cdot \mathrm{d}x\,\boldsymbol{a}_x = -2.19 \text{ [V]}$$

であり，d-c 間の誘起電圧は

$$V_{\mathrm{dc}} = \int_0^{0.5} 2.8\,\boldsymbol{a}_x \cdot \mathrm{d}x\,\boldsymbol{a}_x = 1.4 \text{ [V]}$$

となりますから，電圧計が挿入された b-c 間の電圧は，つぎのようになります．

$$V_{\mathrm{bc}} = V_{\mathrm{ba}} + V_{\mathrm{ad}} + V_{\mathrm{dc}} = 2.19 + 0 + 1.4 = 3.59 \text{ [V]}$$

▶ 10.2

コイルの大きさと比べると，地球磁界は平等磁界と考えることができます．平等磁界中でコイルを回転させるとき，鎖交磁束が最大となるのは磁界とコイルが垂直の場合です．このときに，コイルと鎖交する磁束 Φ は，コイルの面積を S とすると，解図 10.1 より

$$\Phi = BS \sin\theta = BS \sin\omega t \text{ [Wb]}$$

となります．ただし，ω はコイルの角速度です．したがって，コイルに誘起される電圧 V は，コイルの巻数を n とすると

$$V = -n\frac{\mathrm{d}\Phi}{\mathrm{d}t} = -n\omega BS\cos\omega t \text{ [V]}$$

となります．そして，コイルは円形ですから，半径を r とすると，$S = \pi r^2$ より

$$V = -n\omega B\pi r^2 \cos\omega t$$

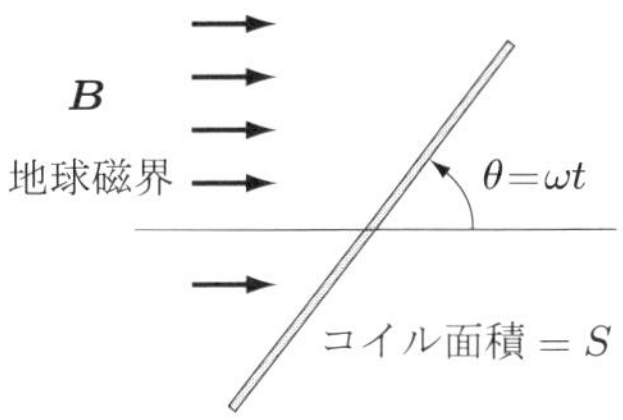

解図 10.1　円形コイルと地球磁界

となり，実効値 V_e [V] は

$$V_e = \frac{n\omega B\pi r^2}{\sqrt{2}} \text{ [V]}$$

となります．この式から，磁束密度 B は

$$B = \frac{\sqrt{2}V_e}{n\omega\pi r^2} \text{ [Wb/m}^2\text{]}$$

ですから，問題で与えられた数値を代入すると，つぎのようになります．

$$B = \frac{\sqrt{2}\times 35\times 10^{-3}}{400\times 2\pi\times 50\times\pi\times(5\times 10^{-2})^2} = 5\times 10^{-5} \text{ [Wb/m}^2\text{]}$$

▶ 10.3

伝導電流密度 J_c は，式 (6.4) の $\boldsymbol{J}_c = \sigma\boldsymbol{E}$ から

$$\begin{aligned} J_c &= \sigma E = 5\times 10^{-4}\times 6\sin(3\times 10^7)t \\ &= 3\times 10^{-3}\sin(3\times 10^7)t \text{ [A/m}^2\text{]} \end{aligned}$$

となります．つぎに，変位電流密度 J_d は，式 (10.16) の $\boldsymbol{J}_d = \partial\boldsymbol{D}/\partial t$ と式 (7.5) の $\boldsymbol{D} = \varepsilon\boldsymbol{E}$ から，つぎのようになります．

$$\begin{aligned} J_d &= \frac{\partial D}{\partial t} = \varepsilon_r\varepsilon_0\frac{\partial E}{\partial t} = 3\times\left(\frac{10^{-9}}{36\pi}\right)\times 3\times 10^7\times 6\cos(3\times 10^7)t \\ &= 4.77\times 10^{-3}\cos(3\times 10^7)t \text{ [A/m}^2\text{]} \end{aligned}$$

第 11 章

▶ 11.1

問題において，$\Phi = 6\times 10^{-2}$ [Wb] と与えられています．したがって，コイルの磁束鎖交数 ψ は

$$\psi = n\Phi = 500\times 6\times 10^{-2} = 30 \text{ [Wb]}$$

となり，式 (11.1) より，つぎのようになります．

$$L = \frac{\psi}{I} = \frac{30}{5} = 6 \text{ [H]}$$

▶ 11.2

(1) $F = NI = 200\times 5 = 1000$ [A]

(2) 全リラクタンスは $\mathcal{R} = \mathcal{R}_i + \mathcal{R}_a$ ですから，磁心と空隙のリラクタンスをそれぞれ求めます．ここでは具体的な磁心の寸法は与えられていませんが，磁心が正方形であるとすると，一辺の長さ a は

$$a = \sqrt{S_i} = \sqrt{2 \times 10^{-3}} = 4.5 \times 10^{-2}\ [\mathrm{m}]$$

となりますから，空隙の見かけの面積 S_a は，式 (11.37) より

$$S_a = (4.5 \times 10^{-2} + 0.3 \times 10^{-2})^2 = 2.3 \times 10^{-3}\ [\mathrm{m}^2]$$

と求められます．したがって，つぎのようになります．

$$\mathcal{R}_i = \frac{l_i}{S_i \mu_r \mu_0} = \frac{2}{2 \times 10^{-3} \times 1000 \times \mu_0} = \frac{1}{\mu_0}$$

$$\mathcal{R}_a = \frac{l_a}{S_a \mu_0} = \frac{3 \times 10^{-3}}{2.3 \times 10^{-3} \times \mu_0} = \frac{1.3}{\mu_0}$$

$$\therefore\ \mathcal{R} = \frac{1}{\mu_0} + \frac{1.3}{\mu_0} = \frac{2.3}{\mu_0} = 1.8 \times 10^6\ [\mathrm{A/Wb}]$$

(3) 磁心内の磁束は，つぎのようになります．

$$\Phi = \frac{NI}{\mathcal{R}} = \frac{1000 \times \mu_0}{2.3} = 434.8\mu_0 = 5.5 \times 10^{-4}\ [\mathrm{Wb}]$$

また，後のために磁心内の磁束密度を求めておくと，

$$B_i = \frac{\Phi}{S_i} = \frac{434.8\mu_0}{2 \times 10^{-3}} = 2.17\mu_0 \times 10^5 = 0.27\ [\mathrm{T}]$$

となります．

(4) 磁心内と空隙では磁束は等しいので，

$$B_a = \frac{\Phi}{S_a} = \frac{434.8 \times \mu_0}{2.3 \times 10^{-3}} = 1.89\mu_0 \times 10^5 = 0.24\ [\mathrm{T}]$$

となります．

(5) $$H_i = \frac{B_i}{\mu} = \frac{B_i}{\mu_r \mu_0} = \frac{2.17\mu_0 \times 10^5}{1000 \times \mu_0} = 2.2 \times 10^2\ [\mathrm{A/m}]$$

(6) $$H_a = \frac{B_a}{\mu_0} = \frac{1.89\mu_0 \times 10^5}{\mu_0} = 1.9 \times 10^5\ [\mathrm{A/m}]$$

第 12 章

▶ 12.1

電束密度 $\boldsymbol{D}$ は

$$\boldsymbol{D} = \varepsilon_0 \boldsymbol{E} = \varepsilon_0 E_m \sin(\omega t - \beta z)\boldsymbol{a}_y$$

となります．つぎに，ファラデーの法則 $\mathrm{rot}\boldsymbol{E} = -\partial \boldsymbol{B}/\partial t$（式 (10.9)）より

$$\begin{vmatrix} \boldsymbol{a}_x & \boldsymbol{a}_y & \boldsymbol{a}_z \\ \dfrac{\partial}{\partial x} & \dfrac{\partial}{\partial y} & \dfrac{\partial}{\partial z} \\ 0 & E_m \sin(\omega t - \beta z) & 0 \end{vmatrix} = -\frac{\partial \boldsymbol{B}}{\partial t}$$

となりますから，

$$-\frac{\partial \boldsymbol{B}}{\partial t} = \beta E_m \cos(\omega t - \beta z)\, \boldsymbol{a}_x$$

が得られます．そして，上式を t で積分すると

$$\boldsymbol{B} = -\frac{\beta E_m}{\omega} \sin(\omega t - \beta z)\, \boldsymbol{a}_x$$

と磁束密度 $\boldsymbol{B}$ が求められます．さらに，$\boldsymbol{B} = \mu \boldsymbol{H}$ の関係から

$$\boldsymbol{H} = -\frac{\beta E_m}{\omega \mu_0} \sin(\omega t - \beta z)\, \boldsymbol{a}_x$$

と磁界 $\boldsymbol{H}$ が求められます．

ここで，$\boldsymbol{E}$，$\boldsymbol{H}$ は，ともに $\sin(\omega t - \beta z)$ のように変化しており，$\omega t - \beta z$ が同じですから，これを ωt_0 とおくと

$$\omega t - \beta z = \omega t_0, \quad \therefore\ z = \frac{\omega}{\beta}(t - t_0)$$

となり，波の伝播速度 c は

$$c = \frac{\omega}{\beta}$$

であることがわかります．そして，具体的な波の伝播速度 c を求めるために，アンペアの法則 $\mathrm{rot}\boldsymbol{H} = -\partial \boldsymbol{D}/\partial t$（式 (10.17)）を用いると，

$$\begin{vmatrix} \boldsymbol{a}_x & \boldsymbol{a}_y & \boldsymbol{a}_z \\ \dfrac{\partial}{\partial x} & \dfrac{\partial}{\partial y} & \dfrac{\partial}{\partial z} \\ -\dfrac{\beta E_m}{\omega \mu_0} \sin(\omega t - \beta z) & 0 & 0 \end{vmatrix} = -\frac{\partial}{\partial t}\{\varepsilon_0 E_m \sin(\omega t - \beta z)\, \boldsymbol{a}_y\}$$

$$\frac{\beta^2 E_m}{\omega \mu_0} \cos(\omega t - \beta z)\, \boldsymbol{a}_y = \varepsilon_0 E_m \omega \cos(\omega t - \beta z)\, \boldsymbol{a}_y$$

となり，

$$c^2 = \frac{\omega^2}{\beta^2} = \frac{1}{\varepsilon_0 \mu_0}$$

から，伝播速度 c は

$$c = \sqrt{\frac{1}{\varepsilon_0 \mu_0}} = 2.998 \times 10^8\ [\mathrm{m/s}]$$

と求められます．

参考文献

[1] 安達三郎・大貫繁雄：基礎電気・電子工学シリーズ 電気磁気学 [第 2 版], 森北出版 (2002)
[2] 新井宏之：基本を学ぶ電磁気学, オーム社 (2011)
[3] 飯尾勝矩・上川井良太郎・小野昱郎：基礎電磁気学, 森北出版 (2013)
[4] 遠藤雅守：電磁気学 –はじめて学ぶ電磁場理論–, 森北出版 (2013)
[5] 大木義路・田中康寛・若尾真治：教えて？ わかった！ 電磁気学, オーム社 (2011)
[6] 太田浩一：電磁気学の基礎 I, II, シュプリンガー・ジャパン (2007)
[7] 川村雅恭：電磁気学 –基礎と例題–, 昭晃堂 (1974)
[8] 後藤尚久：なっとくシリーズ なっとくする電磁気学の疑問 55, 講談社 (2007)
[9] 柴田尚志：例題と演習で学ぶ電磁気学, 森北出版 (2012)
[10] 正田英介・高木正蔵：アルテ 21 電磁気, オーム社 (1997)
[11] 白石清：絶対わかる電磁気学, 講談社 (2006)
[12] 砂川重信：電磁気学 –初めて学ぶ人のために–, 培風館 (1995)
[13] 田口俊弘・井上雅彦：エッセンシャル電磁気学 –エネルギーで理解する–, 森北出版 (2012)
[14] 中山正敏：基礎演習シリーズ 電磁気学, 裳華房 (1986)
[15] 浜口智尋・福井萬壽夫・富永喜久雄：電気工学入門シリーズ 電気磁気 1, 2, 森北出版 (1991)
[16] 浜松芳夫・山﨑恒樹・伊藤洋一・大貫進一郎：一番わかる！ 電磁気学演習, オーム社 (2013)
[17] 松瀬貢規・工藤勝利・磯田八郎：電磁気学入門, オーム社 (2011)
[18] J. A. Edminister 原著, 村﨑憲雄・飽本一裕・小黒剛成 共訳：マグロウヒル大学演習 電磁気学 (改訂 2 版), オーム社 (1996)
[19] 山口昌一郎：基礎電磁気学 [改訂版], 電気学会 (2002)
[20] 山村泰道・北川盈雄：理工基礎物理学演習ライブラリ 電磁気学演習 [新訂版], サイエンス社 (2014)

索　引

英　数

あ　行

か　行

さ　行

た　行

な　行

は　行

ま　行

や　行

ら　行

わ　行

著　者　略　歴
浜松　芳夫（はままつ・よしお）
1976 年　日本大学大学院理工学研究科電気工学専攻修士課程修了
1976 年　玉川大学工学部電子工学科　助手
1982 年　玉川大学工学部電子工学科　講師
1984 年　工学博士（北海道大学）
1985 年　米国デラウェア大学　客員研究教授
1988 年　玉川大学工学部電子工学科　助教授
1992 年　茨城大学工学部システム工学科　助教授
1998 年　茨城大学工学部システム工学科　教授
1999 年　ポーランド日本情報工科大学　国際協力事業団派遣専門家
2008 年　日本大学理工学部電気工学科　教授
2008 年　茨城大学　名誉教授
2016 年　日本大学理工学部電気工学科　特任教授
現在に至る

編集担当　藤原祐介（森北出版）
編集責任　富井　晃（森北出版）
組　　版　中央印刷
印　　刷　　同
製　　本　ブックアート

ベクトル解析の基礎から学ぶ電磁気学

2015 年 1 月 15 日　第 1 版第 1 刷発行
2023 年 3 月 10 日　第 1 版第 3 刷発行

著　　者　浜松芳夫
発 行 者　森北博巳
発 行 所　**森北出版株式会社**
東京都千代田区富士見 1-4-11（〒102-0071）
電話 03-3265-8341／FAX 03-3264-8709
https://www.morikita.co.jp/
日本書籍出版協会・自然科学書協会　会員

Printed in Japan／ISBN978-4-627-77491-9